脆肉鲩品质控制与加工技术

林婉玲　王锦旭　主编

科学出版社

北京

内 容 简 介

本书内容主要包括脆肉鲩的养殖历史、肉质特性及品质、生长发育及肉质形成、冷冻冷藏保鲜、调理制品加工技术及烹调加工技术等。本书系统地分析了脆肉鲩肉质特性、影响肉质的因素以及形成肉质的机理，重点论述了脆肉鲩的精深加工技术以及烹调加工技术，为脆肉鲩的肉质控制、规范化养殖及产业发展、产品开发与消费提供了科学的指导。

本书深入浅出、实用性强，可供脆肉鲩养殖、加工企业的技术人员、科研人员、相关专业的高校师生以及喜爱脆肉鲩的消费者参考阅读。

图书在版编目（CIP）数据

脆肉鲩品质控制与加工技术 / 林婉玲，王锦旭主编. —北京：科学出版社，2021.9
ISBN 978-7-03-069463-8

Ⅰ.①脆… Ⅱ.①林… ②王… Ⅲ.①草鱼-淡水养殖 ②草鱼-肉制品-食品加工 Ⅳ.①S965.112 ②TS254.5

中国版本图书馆 CIP 数据核字(2021)第 151643 号

责任编辑：贾 超 侯亚薇 / 责任校对：杜子昂
责任印制：吴兆东 / 封面设计：东方人华

科 学 出 版 社 出版
北京东黄城根北街 16 号
邮政编码：100717
http://www.sciencep.com

北京九州迅驰传媒文化有限公司 印刷
科学出版社发行 各地新华书店经销

＊

2021 年 9 月第 一 版 开本：720×1000 1/16
2021 年 9 月第一次印刷 印张：13
字数：260 000
定价：98.00 元
（如有印装质量问题，我社负责调换）

编写委员会

主　编：林婉玲　　王锦旭
副主编：刘汉旭
编　委：

林婉玲　韩山师范学院
王锦旭　韩山师范学院
刘汉旭　韩山师范学院
章　斌　韩山师范学院
黄乙生　韩山师范学院
陈育楷　韩山师范学院
朱　慧　韩山师范学院
刘谋泉　韩山师范学院
郑玉忠　韩山师范学院
王忠合　韩山师范学院
侯小桢　韩山师范学院
李来好　中国水产科学研究院南海水产研究所
杨贤庆　中国水产科学研究院南海水产研究所
胡　蕾　韩山师范学院
丁　莫　韩山师范学院
刘芳芳　中国水产科学研究院南海水产研究所

前　　言

脆肉鲩是通过改喂蚕豆一定时间后，肉质从松软、鲜嫩变为紧硬、爽脆和久煮不烂的一种鲩鱼，已经成为我国一种高值淡水养殖鱼种。广东省中山市是脆肉鲩的原产地，经过40多年的发展，该市已经成为我国最大的脆肉鲩养殖基地，中山市东升镇被授予"中国脆肉鲩之乡"称号，并且脆肉鲩被评为国家地理标志产品，拥有广东省著名商标等。

1973年，广东省中山市长江水库以蚕豆为主要饲料，利用水库的清澈水质，将鲩鱼培育成肉质结实、清爽、脆口的脆肉鲩。改变饲料养殖，养出来的脆肉鲩外形不变，品质却得到改善，蛋白质含量增加，味道更鲜美，肉质爽脆，深受消费者喜欢。经过多年的发展，脆肉鲩在广东已形成规模化生产。脆肉鲩养殖成为一个产业链较长的产业，同时带动了相关产业的同步发展，随着脆肉鲩养殖技术的推广，脆肉鲩发展并逐渐辐射到广东省周边省市。

脆肉鲩经过了多年的养殖，已经形成了基地化、规模化、规范化的养殖模式，但是在脆肉鲩养殖过程中肉质控制及深加工方面存在许多问题。①脆度控制问题。在养殖过程中，如何控制蚕豆的饲喂量和饲喂时间是关键点，蚕豆饲喂量过多或者饲喂时间过长，脆肉鲩的脆度超过极限，肌肉会出现肿胀导致鱼体死亡。②脆化机理。在脆肉鲩的养殖过程中，蚕豆中的物质如何对鲩鱼进行作用和影响，从而形成特殊的脆性；如何从基因层面揭示脆肉鲩脆性的形成机理；究竟是哪种成分对脆性的形成起关键的作用；如何利用引起脆性的主要成分配制饲料。这些研究对脆肉鲩脆性精准调控、规模化和规范化养殖起重要作用。③加工产品少。目前脆肉鲩一般都是活销或者鲜销，但是这种模式成本高、销量少，随着养殖量的增高，这种营销模式很难满足市场的需要；另外，脆肉鲩深加工技术水平低，对产品多样化的开发非常少。因此，开发多样化的脆肉鲩产品对促进脆肉鲩产业的发展非常重要。

为了解决脆肉鲩产业所存在的问题，本书作者对脆肉鲩肌肉脆性、营养特性、脆化机理、冷冻保藏、产品开发等进行了系统性研究，解决了脆肉鲩产业所存在的基本性问题。在本团队的研究基础上，本书编写人员系统地总结了脆肉鲩养殖历史、肉质特性及品质、生长发育及肉质形成、冷冻冷藏保鲜、调理制品加工技术以及烹调加工技术等领域的科学研究成果与文献资料。本书第1章由刘芳芳、杨贤庆共同编写，第2章由林婉玲、李来好共同编写，第3章由黄乙生、丁莫、朱慧共同编写，第4章由王锦旭、刘谋泉、郑玉忠、王忠合共同编写，第5章由章斌、侯小桢、胡蕾共同编写,第 6 章由陈育楷编写;全书由刘汉旭进行统稿、修改和校正。

本书编写过程中借鉴和参考了国内外大量的相关文献和互联网共享资料,并引用了部分内容,在此向原作者表示衷心感谢。本书涉及的部分研究内容得到了国家自然科学基金项目(31401625、31972108)、广东省科技计划项目以及广州市科技计划项目的资助,在此表示衷心的感谢。

尽管编者在撰写的过程中付出了很大努力和很多心血,但限于编者的学识水平,加之时间仓促,书中难免存在疏漏之处,敬请专家、学者和读者们批评指正。

　　　　　　　　　　　　　　　　　　　　　　　　　　　　　　林婉玲

　　　　　　　　　　　　　　　　　　　　　　　　　　　　2021 年 9 月

目　　录

第 1 章 　认识脆肉鲩

1.1 　脆肉鲩的命名

脆肉鲩，生物学意义上仍属于鲩鱼(*Ctenopharyngodon idellus* C. et V)，鲤形目，鲤科，雅罗鱼亚科，草鱼属，是我国一种高值淡水养殖鱼种，已经有 40 多年的养殖历史。脆肉鲩是在特定的环境条件下饲养出来的优质鲩鱼。在养殖过程中，通过改变鲩鱼的饵料构成，以浸泡并破碎的蚕豆为主要饵料，辅以少量的青草，养殖一定时间后，鲩鱼形成了紧密而爽脆、富有弹性且经热处理后不易变烂的肉质特性，同时味道鲜美可口，风味独特，因此这种脆化后的鲩鱼称为"脆肉鲩"。

1.2 　脆肉鲩的养殖历史

1973 年，广东省中山市长江水库以蚕豆为主要饲料，将鲩鱼养殖于特定的环境条件下，培育成的鲩鱼具有肉质结实、爽脆和清香可口的特点。用蚕豆喂的鲩鱼，肌肉较坚韧，富有弹性，加热后保持鱼片的完整性，并且久煮不烂，别有风味，很受消费者欢迎，价格比鲩鱼高。后来这种经特殊技术培育的鲩鱼流传开来，形成了"脆肉鲩"。

20 世纪 80 年代初，广东省中山市东升镇采用池塘试养脆肉鲩，经过多年摸索、实践和积累，掌握了一套成熟的养殖技术，亩①产量由过去的 750 kg 提高到 1750 kg。2006 年，中山市东升镇被授予"中国脆肉鲩之乡"称号。2008 年，中山脆肉鲩被评为国家地理标志产品。脆肉鲩在广东已形成规模化生产，并带动了相关产业的同步发展。随着脆肉鲩养殖技术的提升，从 21 世纪初期，脆肉鲩养殖技术逐步在全国各地推广，主要集中在广东省中山市、江西省、湖南省、福建省等南方省市。

1.3 　中山脆肉鲩

广东省中山市东升镇是脆肉鲩的原产地和主产区。21 世纪以来，中山市积极鼓励和大力发展以脆肉鲩为主导的水产养殖业，不断培育壮大"东裕"牌脆肉鲩

---

① 1 亩≈666.7 m²。

品牌，使脆肉鲩养殖产业得到了前所未有的发展。2009 年，广东省中山市脆肉鲩养殖面积达 10240 亩；2020 年，中山市脆肉鲩养殖总面积约 3 万亩，年产量 5.8 万 t，占全国的 60%以上，占广东省的 70%，是全国最大的脆肉鲩养殖生产基地。

1.3.1 地理标志产品

地理标志产品，是指产自特定地域，所具有的质量、声誉或其他特性本质上取决于该产地的自然因素和人文因素，经审核批准以地理名称进行命名的产品。2008 年 12 月，国家质量监督检验检疫总局批准对中山脆肉鲩实施地理标志产品保护。按中山脆肉鲩广东省质量标准(DB44/T 845—2010)的基本要求，喂食经浸泡的蚕豆的时间为 110～130 d。

1.3.2 保护范围

中山脆肉鲩地理标志产品保护范围以广东省中山市人民政府《关于划定中山脆肉鲩产地范围的函》(中府函〔2007〕161 号)提出的范围为准，为广东省中山市所辖行政区域。

1.4 绿色脆肉鲩的品质要求

1.4.1 体重规格

大规格脆肉鲩体重≥5.0 kg，中等规格脆肉鲩体重在 4.0～5.0 kg。

1.4.2 感官要求

活鱼的健康程度和新鲜程度主要通过人的感官进行检验。脆肉鲩的品级主要通过感官检验，其要求见表 1-1。

表 1-1 脆肉鲩活鱼特征要求

项目	一级品	二级品
活鱼	对水流刺激反应敏感，身体摆动有力	对水流刺激反应欠敏感，身体乏力
体表	鱼体色泽光亮，体色偏黄，鳞片紧密，不脱落，体态均匀，不畸形	鱼体光泽稍差，鳞片易脱
鳃	色鲜红，鳃丝清晰，无异味	色淡红或暗红，鳃丝稍有黏连，无异味
眼	眼球明亮饱满，角膜透明	眼球平坦，角膜略浑浊
肌肉	肉质紧实，有弹性	肉质稍松弛，弹性略差
肛门	紧缩不突	略发软，稍突出
内脏	无印胆现象	允许微印胆

1.4.3 质量特色

1. 感官特征

脊骨较僵硬，肉质紧密、爽脆软滑、带有韧性，肉丝不易拉断。

2. 理化特征

将鱼肉切成 2~3 mm 薄片，在开水中煮 30 min 以上不破碎；鱼背肌肉水分 ≤79.00%，脂肪≥1.63%，钙≥0.47 mg/g，谷氨酸≥0.47 mg/g。

参 考 文 献

陈永乐，杨朝声，朱新平，等. DB44/T 845—2010 地理标志产品 中山脆肉鲩. 广东省地方标准.
戴银根，赵利，陈丽丽，等. DB36/T 1048—2018 鄱阳湖 脆肉鲩. 江西省地方标准.
廖静. 2017. 中山脆肉鲩探索品牌推广. 海洋与渔业，(2)：41-42.
林婉玲，丁莫，李来好，等. 2018. 调理脆肉鲩鱼片冷藏过程风味成分变化. 南方水产科学，14(4)：112-121.

第 2 章 脆肉鲩肉质特性及品质

鲩鱼是我国四大家鱼之一，具有生长快、疾病少等特点，是我国主要养殖的淡水鱼类。脆肉鲩是我国新兴的一种淡水养殖鱼，通过改用以蚕豆为主的饲料对鲩鱼进行喂养一段时间，使其肉质发生改变。脆化后的脆肉鲩肌肉硬度、咀嚼性和弹性均比鲩鱼高，蛋白质组成、脂肪含量、水分含量、必需氨基酸含量、营养模式、蛋白质特性和超微结构都发生了明显的变化。

2.1 质 构 特 征

2.1.1 质构研究方法

食品质构是指用力学的、触觉的、视觉的、听觉的方法能够感知的食品流变学特性的综合感觉。其实食品质构是一个综合的过程，包括食品的结构要素和人口腔咀嚼过程的感觉，特别是口腔的咀嚼过程，包括咬、切、刺、磨和混合等口腔综合运动。食品质构的研究方法有感官评价和仪器测定两种。感官评价是一种通过人口腔运动所得到的综合结果，是最直接和准确的方法，但存在评定程序复杂、耗时长、花费大及人为因素影响等缺点。目前用于测定质构的方法普遍有Warner-Bratzler 剪切法、压缩法和穿刺法。在这三种方法中，较能全面反映口腔运动的方法是压缩法中的质构剖面分析法(texture profile analysis，TPA)，主要是模拟人口腔的咀嚼运动，对样品进行两次压缩，主要作用是作为食品质构的感官评价和仪器分析间的桥梁，从而使质构测量从模糊的感官评价过渡到使用仪器进行准确地量值表述。它包括硬度、脆度、弹性、内聚性、胶黏性、咀嚼性和回复性。典型的特征曲线如图 2-1 所示，特征参数如下所示。

硬度(hardness)：定义为给定变形率下样品对压缩的抵抗力，第一次压缩循环中出现的峰值所对应的力，代表使样品变形所需的力，单位为 g。

脆度(fracturability)：TPA 曲线中出现的第一个明显的断裂峰，表示破碎样品所需要的力，单位为 g。

弹性(springiness)：样品经过第一次压缩后所能够再恢复的程度，即第二次压缩中所检测到的样品恢复高度和第一次的压缩变形量值之比，量纲为一。

内聚性(cohesiveness)：第二次压缩出现的峰面积与第一次压缩的峰面积的比

值，表示形成样品形态所需的内部结合力，量纲为一。

胶黏性（gumminess）：描述测试样品的黏性特性，反映为破碎胶态食品到可咀嚼状态时所需的能量，数值上表示为硬度和内聚性的乘积，单位为 g。

咀嚼性（chewiness）：用于描述测试样品被咀嚼时的性质，反映食品从可咀嚼状态到可吞咽状态所需的能量，数值上用胶黏性和弹性的乘积表示，单位为 g。

回复性（resilience）：表示样品在第一次压缩过程中的回弹能力，可用第一次压缩回撤时的峰面积除以第一次压缩时的峰面积表示，量纲为一。

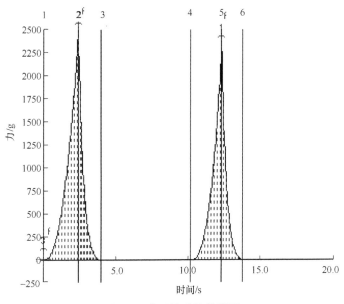

图 2-1 典型的质构曲线图

质构剖面分析法是模拟人的触觉对特定食品选择利用形状各异的柱塞进行测定，这种方法具有简单、方便、快捷的特点，但容易受鱼不同部位、待测样品规格大小所影响。因此，结合质构剖面分析法和感官评价法更有利于脆肉鲩质构的研究。

2.1.2 质构特性

1. 质构剖面分析法

脆肉鲩肌肉的质构特性一般采用质构仪进行质构剖面分析法测定。采用质构仪测定质构特征取决于探头、测试速度和压缩比。一般采用圆柱形探头，探头直径范围为 3.6～6 mm，测试速度为 0.5～1.0 mm/s，压缩比为 30%～40%。测定的质构特征指标包括硬度、咀嚼性、回复性、弹性和胶黏性。

脆肉鲩的硬度为 1137～1500 g，胶黏性为-26～-1.9 g，咀嚼性为 162～730 g，回复性为 0.2～0.9，弹性为 0.5～0.9。脆化后，生脆肉鲩与生鲩鱼的各质构参数有一定的差别。鲩鱼的硬度为 973～1390 g，胶黏性为-36～-19 g，咀嚼性为 92～650 g，回复性为 0.2～0.9，弹性为 0.6～0.9。质构特性与养殖模式、饲料成分及生长环境等有关，造成鲩鱼的质构特性范围较广泛，差异较大。另外在测定鲩鱼质构特性时，选用的检测条件不一致，质构特性的变动范围较大(表 2-1)。

表 2-1 鲩鱼和脆肉鲩肌肉弹性的对比

样品	弹性(关磊等，2011)	弹性(李道友，2011)	弹性(林婉玲等，2013)	
			背部	腹部
鲩鱼	0.89	0.70	0.56	0.77
脆肉鲩	0.88	0.74	0.78	0.91
增加率/%	-1.12	5.71	39.29	18.18

在不同的样品中，有些生脆肉鲩的质构特性与生鲩鱼的质构特性差别不明显。脆肉鲩的特殊脆性主要表现在热处理后肌肉紧致，弹性和咀嚼性更好。因此，对于脆肉鲩质构特性的定义，用加热后的脆肉鲩肌肉特性描述更好，此时脆肉鲩和鲩鱼的质构差异更大(图 2-2)。经比较分析，加热后脆肉鲩和鲩鱼的质构特征差异

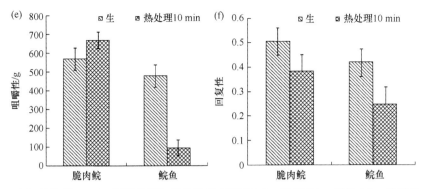

图 2-2 生和热处理 10 min 的脆肉鲩和鲩鱼肌肉的硬度(a)、脆度(b)、弹性(c)、胶黏性(d)、
咀嚼性(e)和回复性(f)的变化

性非常显著,并且脆肉鲩不同部位肌肉的质构特征差异显著(表 2-2),因此质构剖面法能显著地区分脆肉鲩和鲩鱼,并能区分脆肉鲩背肌和腹肌的质构特性。

表 2-2 脆肉鲩和鲩鱼肉质构剖面分析法的测定结果($n=20$)

样品		硬度/g	弹性	胶黏性/g	咀嚼性/g	回复性
鲩鱼	背	327.15±115.96	0.56±0.08	136.57±55.77	79.09±40.12	0.22±0.03
	腹	255.31±82.11	0.77±0.05[aa]	144.11±44.72	112.01±37.24	0.34±0.04[aa]
脆肉鲩	背	1580.94±399.66[aa]	0.78±0.07[aa]	825.76±216.99[aa]	648.09±207.49[aa]	0.38±0.06[aa]
	腹	1209.18±102.63[bbc]	0.91±0.07[bbc]	754.17±57.04[bb]	684.66±64.85[bb]	0.47±0.03[bbc]

aa. $P<0.001$,与鲩鱼背比较;bb. $P<0.001$,与鲩鱼腹比较;c. $P<0.05$,与脆肉鲩背比较。

2. 感官评价法

脆肉鲩的感官评价采用质地剖面检验法,利用参照食品模拟特殊评分下脆肉鲩和鲩鱼肌肉热处理后的特性,具体的评价指标、方法及食品参照物见表 2-3。

表 2-3 脆肉鲩和鲩鱼肉感官质构评定描述词汇、定义及参照物

指标	评价方法	分数范围
硬度	将样品放在臼齿间(口腔后方两侧的牙齿)并均匀咀嚼,评价压迫食品所需的力量(用同样的力咀嚼)	0<鸡蛋白≤1;鸡蛋白=2;鸡蛋白~胡萝卜=3~6;胡萝卜=7;>胡萝卜≥8
黏聚性	将样品放在臼齿间压迫它并评价在样品断裂前的变形量	三明治面包=3;葡萄干=5
弹性	将样品放在臼齿间并进行局部压迫,取消压迫并评价样品恢复变形的速度和程度	0<法兰克香肠<5;法兰克香肠=5;果冻=15

续表

指标	评价方法	分数范围
咀嚼性	将样品放在口腔中每秒钟咀嚼一次，所用力量与用 0.5 s 内咬穿一块口香糖所需力量相同，评价当可将样品吞咽时所咀嚼的次数	记录吞咽前咀嚼的平均数
胶黏性	将样品放在口腔中并在舌头与上腭间摆弄，评价分散食品所需的力量	很容易分散=1；容易分散=3；一般分散=5；难分散=7；很难分散=9
多脂性		没有=1；一点=3；明显=5；比较明显=7；很明显=9

由表 2-4 可知，脆肉鲩和鲩鱼肉的感官评价结果存在一定的差异，除了胶黏性外，脆肉鲩背肌的硬度、黏聚性、弹性、咀嚼性和多脂性均与鲩鱼的背肌存在差异($P<0.05$)，而脆肉鲩腹肌的硬度、黏聚性、弹性、咀嚼性、胶黏性和多脂性均与鲩鱼腹肌的感官指标存在差异($P<0.05$)。对于两种鱼不同部位之间的差异，脆肉鲩腹肌的硬度、黏聚性、弹性、咀嚼性、胶黏性和多脂性均比背肌高，而鲩鱼腹肌除了硬度和黏聚性比背肌高外，其他指标均比背肌低。感官分析中，脆肉鲩鱼肉的硬度、黏聚性、弹性、咀嚼性和多脂性均与鲩鱼鱼肉存在显著性差异。结合质构剖面分析法(表 2-3)，脆肉鲩与鲩鱼的质构特征存在明显差异性。

表 2-4　脆肉鲩和鲩鱼肉感官评价结果(n=12~15)

样品		硬度/g	黏聚性/g	弹性	咀嚼性/g	胶黏性/g	多脂性
鲩鱼	背	2.0±0.8	3.3±0.9	3.5±2.1	13.3±1.8	4.3±1.2	1.8±0.9
	腹	2.6±1.1	3.6±0.6	2.9±1.2	9.7±1.1[a]	3.3±1.7	1.6±0.5
脆肉鲩	背	4.2±1.1[aa]	4.9±1.0[a]	4.8±1.9[a]	17.1±1.9[aa]	5.4±1.8	4.0±0.9[aa]
	腹	5.0±1.1[bc]	5.0±0.7[b]	5.9±2.8[b]	20.3±6.2[b]	6.4±1.9[b]	4.4±0.7[bb]

aa. $P<0.001$，与鲩鱼背比较；a. $P<0.05$，与鲩鱼背比较；bb. $P<0.001$，与鲩鱼腹比较；b. $P<0.05$，与鲩鱼腹比较；c. $P<0.05$，与脆肉鲩背比较。

2.2　营养成分

2.2.1　基本营养成分

鱼肉中的主要成分为水分、蛋白质和脂肪，这些主要成分是肌肉组织形成空间结构的基础，也是衡量养殖水产品肌肉营养和品质的重要指标。鱼类肌肉营养成分的含量与其遗传因素、饵料组分、生长阶段和生存环境等有关。

1. 水分

鱼肉中的水分大部分是自由水，具有溶剂的作用；小部分为结合水，结合水通过与蛋白质及碳水化合物的羧基、羟基、氨基、亚基等形成氢键而结合，对蛋白质空间构象的形成有重要作用。鱼肉中水分含量越多，水合作用和存在于疏水空穴结构中的水越多，蛋白质的柔性越大，从而使肌肉的质构发生变化。鲩鱼水分含量为77%～81%，经过脆化后，脆肉鲩水分含量明显降低，含量为72%～79%。

2. 粗蛋白

蛋白质是生命的物质基础，也是食物中的七大营养素之一。蛋白质由 18 种α-氨基酸通过不同的化学键而形成稳定的空间结构，蛋白质在脆肉鲩肌肉特性中起重要作用。鲩鱼脆化后粗蛋白的含量明显增加，鲩鱼的粗蛋白含量为14%～18%，而脆肉鲩肌肉粗蛋白含量可达 21%，含量范围为 17.21%～21%。

3. 粗脂肪

脂肪是由甘油和脂肪酸组成的甘油三酯，是生物体的组成部分和储能物质。鲩鱼的粗脂肪含量为1.23%～4.61%,脆化后,脆肉鲩的脂肪含量为0.70%～3.51%。粗脂肪含量的变化可能与脆化养殖时间的长短、养殖方式及蚕豆营养组成等因素有关。例如，在脆肉鲩上市前使之饥饿一段时间，进一步使肌肉口感脆滑，但同时也降低了肌肉脂肪含量，因此，不同的养殖方式及脆化时间是造成脆肉鲩肌肉脂肪含量变化趋势不同的主要因素(表 2-5)。

表 2-5　鲩鱼和脆肉鲩肌肉粗脂肪含量

样品	粗脂肪/(db, %)(安玥琦等，2015)		粗脂肪/(wb, %)(甘承露，2010)		粗脂肪/(wb, %)(伍芳芳等，2014)
	背肌	腹肌	背肌	腹肌	背肌
鲩鱼	4.61	6.01	1.23	1.33	2.53
脆肉鲩	3.51	3.47	3.45	3.48	0.70

注：db 表示干基；wb 表示湿基。

4. 灰分

灰分是指将食品放在一定的温度下加热，使有机物灼烧氧化后残余的白色残渣，因此有机物是灰分的主要成分，在一定程度上，灰分可以反映食品的有机物含量，即矿质元素的含量。对于鱼肉来说，灰分可以反映肌肉的矿质元素含量。鲩鱼的灰分含量为 0.88%～1.20%，脆化后脆肉鲩的灰分含量明显增高，含量为0.96%～2.21%。

2.2.2 肌肉氨基酸组成

蛋白质的营养价值主要取决于其氨基酸的质量分数和组成。鲩鱼和脆肉鲩氨基酸组成相同(图 2-3),通常谷氨酸、天冬氨酸、赖氨酸、亮氨酸和丙氨酸含量较高,但氨基酸总量、必需氨基酸总量、鲜味氨基酸总量均存在显著差异。鲩鱼脆化后,必需氨基酸总量、氨基酸总量及必需氨基酸与氨基酸总量占比升高,鲜味氨基酸总量、甜味氨基酸总量及其占比降低,苦味氨基酸总量及其占比升高,并且可能由于饲喂环境、蚕豆营养组成等的差异而变化不一。经过脆化,必需氨基酸占比增加 1%左右,鲜味氨基酸占比降低约 0.5%,限制性氨基酸的种类基本不会发生变化,必需氨基酸指数会略有降低。总之而言,脆化对氨基酸组成以及整体含量影响相对较小,只是对个别氨基酸的含量有明显影响,如甲硫氨酸、组氨酸、异亮氨酸等。

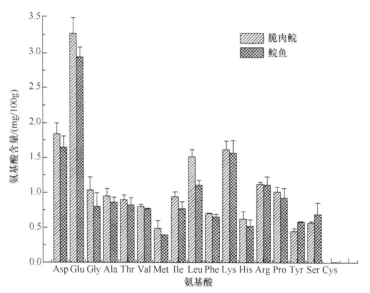

图 2-3 脆肉鲩与鲩鱼背部肌肉氨基酸组成

天冬氨酸(Asp)、谷氨酸(Glu)、甘氨酸(Gly)、丙氨酸(Ala)、苏氨酸(Thr)、缬氨酸(Val)、甲硫氨酸(Met)、异亮氨酸(Ile)、亮氨酸(Leu)、苯丙氨酸(Phe)、赖氨酸(Lys)、组氨酸(His)、精氨酸(Arg)、脯氨酸(Pro)、酪氨酸(Tyr)、丝氨酸(Ser)、半胱氨酸(Cys)

2.2.3 肌肉脂肪酸组成

肌肉因其脂肪酸组成成分不同而具有不同的熔点,从而影响肌肉的硬度和胶黏性。脆肉鲩肌肉中主要包含 26 种脂肪酸(表 2-6),即 8 种饱和脂肪酸(SFA)与 18 种不饱和脂肪酸(UFA),其中单不饱和脂肪酸(MUFA)6 种,占脂肪酸总量的

表 2-6　脆肉鲩与鲩鱼背部肌肉脂肪酸组成

	脂肪酸	脆肉鲩	鲩鱼
饱和脂肪酸含量/%	C12：0	0.037±0.014	0.031±0.004
	C14：0	0.943±0.076	0.827±0.131*
	C15：0	0.173±0.021	0.355±0.021**
	C16：0	19.570±1.364	17.527±0.850*
	C17：0	0.273±0.032	0.623±0.012**
	C18：0	4.707±0.260	3.570±0.226*
	C19：0	0.253±0.038	0.510±0.087**
	C20：0	0.187±0.021	0.223±0.032
	ΣSFA	26.143±2.015	23.666±2.726*
单不饱和脂肪酸含量/%	C14：1	0.069±0.003	0.090±0.005
	C16：1	8.271±0.367	4.132±0.784**
	C17：1	0.240±0.044	0.300±0.010
	C18：1	45.250±1.723	28.430±1.699**
	C20：1	1.680±0.255	0.823±0.159**
	C22：1	0.088±0.011	0.059±0.008
	ΣMUFA	55.598±2.403	33.834±2.755**
多不饱和脂肪酸含量/%	C16：2	0.123±0.025	0.257±0.023*
	C18：2^{n-6}	11.837±0.664	25.583±3.121**
	C18：3^{n-3}	1.177±0.287	8.997±1.126**
	C18：4^{n-3}	0.098±0.013	0.092±0.018
	C20：2^{n-6}	0.977±0.075	1.087±0.084
	C20：3^{n-3}	1.350±0.075	1.910±0.079
	C20：4^{n-6}	1.237±0.298	1.770±0.141
	C20：5^{n-3}	0.170±0.069	0.473±0.021**
	C22：3^{n-3}	0.173±0.055	0.176±0.088
	C22：4^{n-3}	0.460±0.090	0.337±0.075
	C22：5^{n-3}	0.107±0.024	0.473±0.047**
	C22：6^{n-3}	0.550±0.331	1.347±0.104**
	ΣPUFA	18.259±2.006	42.502±4.927
	EPA+DHA/%	0.720±0.355	1.820±0.151**
	Σn−3/%	4.085±0.854	13.805±1.483**
	Σn−6/%	13.074±1.052	27.353±3.337**
	Σn−3/Σn−6	0.312±0.063	0.505±0.054*
	ΣHUFA/%	17.159±0.942	41.158±0.555
	总量/%	100.000±6.424	100.002±10.40

*. 与脆肉鲩相比，$P<0.05$；**. 与脆肉鲩相比，$P<0.01$。

55.60%，C18：1 含量最高，占总脂肪酸的 45.25%；多不饱和脂肪酸（PUFA）12 种，占脂肪酸总量的 18.26%。脆肉鲩的高度不饱和脂肪酸（HUFA）总质量分数为 17.159%，Σn–3 和 Σn–6 质量分数分别为 4.08% 和 13.07%，低于鲩鱼。二十碳五烯酸（eicosapentaenoic acid，EPA，C20：5）与二十二碳六烯酸（docosahexaenoic acid，DHA，C22：6）是人体必需脂肪酸。DHA 能促进大脑和视网膜发育，起到增强记忆力和提高智力等重要作用。EPA 能够减少血栓的形成，增进血液循环，预防心脑血管疾病。然而，EPA 和 DHA 的含量在鲩鱼脆化后均下降。PUFA 具有明显的降血脂、抑制血小板凝集、降血压、提高生物膜液态性、抗肿瘤和调节免疫作用，能显著降低心血管疾病的发病率。从分析结果可推测，脆肉鲩在提高口感的同时，其对人体有益的多不饱和脂肪酸含量有所下降，但脆肉鲩仍具有较高的食用价值。

2.3　风　　味

我国的感官分析术语标准（GB/T 10221—2012）对食品风味的定义是：食品品尝过程中感受到的嗅觉、味觉和三叉神经感应的复合感觉，它可能受触觉、温度感觉、痛觉和（或）动觉效应的影响。因此，食品所产生的风味是建立在复杂的物质基础之上的，包括引起嗅觉反应的挥发性物质、在口腔引起味觉的水溶性或油溶性物质，可以说，食品风味是食品中风味物质刺激人的嗅觉和味觉器官而产生的短时的综合生理感觉。食品风味是影响食品可接受性的一个重要的感官特性。它至少包括三个基本要素：一是嗅觉，即食物中各种微量挥发性成分对鼻腔的神经细胞产生的兴奋作用；二是味觉，即食物的甜、咸、酸、苦等基本味对舌的味蕾产生的刺激；三是三叉神经感应，即食物中触觉刺激物质刺激三叉神经引起的辣、麻、涩等感觉。鱼肉中风味物质的来源主要由鱼肉体内的一些小分子物质和加热引起的化学反应所产生，主要包括非挥发性滋味物质和挥发性风味物质。目前已鉴定的滋味物质有：游离氨基酸、低聚肽、核苷酸及其关联化合物、季铵盐类化合物、有机酸、糖、无机盐等，挥发性风味物质主要是：醛、醇、酮、酸、酚类和含氮、含硫及杂环化合物。

2.3.1　呈味氨基酸

哺乳动物味觉能感受到的呈味氨基酸种类较多。L-丙氨酸、L-甘氨酸、L-丝氨酸、L-苏氨酸呈现甜味，L-缬氨酸、L-亮氨酸、L-异亮氨酸、L-甲硫氨酸、L-组氨酸、L-酪氨酸和 L-精氨酸呈现苦味。而 D-氨基酸也可按味道进行分类，并且大多数 D-氨基酸呈现较甜的味道。通常也按疏水性将氨基酸进行分类，疏水性较小的游离氨基酸呈现甜味，而疏水性较大的氨基酸则呈现苦味。如表 2-7 所示，呈味氨基酸（Glu、Asp、Gly、Ala）的组成与含量决定鱼肉蛋白质的鲜美程度，Glu、Asp

是呈鲜味的特征性氨基酸，其中 Glu 的鲜味最强。在这四种鲜味氨基酸中，味蕾对谷氨酸最为敏感，脆肉鲩肌肉谷氨酸含量比黄鳝、鳜鱼、鲶鱼、沟鲶和黄颡鱼含量要高，因此食用口感好。

表 2-7　鲩鱼和脆肉鲩与其他几种淡水鱼鲜味氨基酸的含量　　（单位：%）

氨基酸	鲩鱼	脆肉鲩	黄鳝	鳜鱼	鲶鱼	沟鲶	黄颡鱼
天冬氨酸 Asp	0.54	0.75	1.56	1.79	1.53	1.86	1.50
谷氨酸 Glu	2.84	3.96	2.66	2.72	2.43	2.71	2.34
甘氨酸 Gly	0.16	0.22	1.40	0.83	0.59	0.75	0.65
丙氨酸 Ala	1.22	2.12	1.30	1.07	0.81	1.04	0.81
合计	4.76	7.05	6.92	6.41	5.36	6.36	5.30

2.3.2　挥发性成分

食品中挥发性物质是引起人类嗅觉反应的物质，在食品的风味中起重要的作用。电子鼻和气质联用仪是目前对食品风味物质研究较简便的测定仪器，其中电子鼻是一种新型的电子装置，对气味进行分析、识别，分析简便、高效。但电子鼻分析中得到的是样品中挥发性成分和风味成分的整体信息，可对样品进行归类判别，但不能检测出样品挥发性成分中的具体物质。顶空固相微萃取（HS-SPME）具有操作简单、无需试剂等优点，能够很好地吸附样品中的挥发性成分，联合气质联用仪对挥发性成分进行定性定量，是目前最常用的一种检测和分析手段。

脆肉鲩鱼肉挥发性物质以己醛、壬醛、1-己醇、1-辛烯-3-醇等为主（表 2-8），而挥发性化合物相对含量与风味特征并没有直接的关系，其对总体风味的贡献由挥发性组分在风味体系中的浓度和感觉阈值共同决定。脆肉鲩鱼肉的挥发性气味以醛类化合物为主，在鲩鱼脆化过程中，醛类物质种类减少，但相对含量增加，以脂肪气味为主，对鱼肉风味有主要贡献。而酮类物质逐渐减少，其中 2,3-辛二酮产生的腥味有一定的减少，相对于醛，其对鱼肉风味贡献较小，主要对腥味起到一定的增强作用。醇类大多数是由脂质氧化分解而来的，一般认为，饱和醇的风味阈值较高，对鱼肉风味的整体贡献较小。例如，己醇在脆肉鲩鱼肉中的相对含量较高，但其阈值也较高，为 250 μg/kg，相对气味活度值（ROAV）<1，对鱼肉的风味贡献不大。而烃类物质在脆化前期含量增加，在之后相对含量大幅度减少，其中长叶烯、十五烷在整个脆化阶段均检出，长叶烯具有木香、丁香香气。鲩鱼脆化过程中，与前面两种烃类物质相比，其他烃类物质变化差异大。烃类物质主要通过脂肪酸烷氧自由基的均裂而产生，大量研究表明，各种烷烃在鱼类挥发性

成分中普遍存在，但是其阈值较高，因而对整体风味影响不大。而 *E*-3-十六碳烯、8-十七碳烯等烯烃可能在某些特殊条件下形成醛或酮，对腥味有潜在影响。

表 2-8　脆肉鲩鱼肉挥发性成分的感觉阈值及其气味特征

化合物	气味特征	感觉阈值/(μg/kg)
壬醛	鱼腥味、脂肪香气、青草香气	1
1-己醇		250
2-乙基己醇	新鲜的、脂肪样的	270000
1-辛烯-3-醇	土腥味、蘑菇味	10
己醛	青草味	4.5
庚醛	鱼腥味	3
2-辛烯醛	鱼腥味	3
辛酮		28
戊酸异丁酯	树脂味、醚味	1.5~5
柠檬烯	柠檬味、橘子味	10

2.3.3　其他呈味成分

多肽、核苷酸以及无机盐和糖类等物质也与水产品的呈味有关，但是目前关于脆肉鲩脆化过程中此类呈味物质的变化尚不明确，还需进一步研究。一般水产品在加工过程中，蛋白质会水解为多肽，从而使味道变得更丰富。肌苷一磷酸(inosine monophosphate，IMP)和腺苷一磷酸(adenosine monophosphate，AMP)是鱼肉中的两种主要呈味核苷酸，二者均可以由腺苷三磷酸(adenosine triphosphate，ATP)分解产生。其中，IMP 是鲜味极强的增鲜剂，为鱼肉等肉类物质中的主要呈味物质，IMP 作为鲜味物质与其分子结构中 5′-位的磷酸酯化有关。5′-IMP 与谷氨酸钠有协同作用，二者复合使用具有明显的强味效果，例如 5′-IMP 与谷氨酸钠以质量比 1∶5~1∶20 的比例混合，可使谷氨酸钠的鲜味增加 6 倍。乳酸被认为是鱼片的呈味成分，它赋予酸味并促进形成融合的风味。对鲩鱼进行研究发现，其红肉部分的乳酸含量大于背部和腹部肌肉，并且在冷冻过程中，乳酸含量逐渐增加。水产品也含有丰富的无机盐，一般对呈味影响较大的物质是氯化钠，不仅可以赋予产品咸味，也对甜味和鲜味有一定的影响。另外，人类味觉器官的味蕾中存在能感知钙离子的受体，因此钙盐对水产品的呈味也有一定的影响。而对于糖类，一般在鱼类肌肉中含量极少，因此对呈味贡献较少，但是其可增强产品的浓稠度，从而赋予味道的持久性和风味的融合性。

2.4　影响肉质因素

肉质是一个复杂的性状，是组织特性、加工特性和营养特性的总和，这些特性都由肉的化学成分所决定。肌肉中的化学成分通过物质之间的相互作用而形成特有的结构，从而形成特有的品质。肌肉特有的品质包括食用品质和加工品质，其中食用品质中的可口性是决定消费者对肉品接受程度的重要因素。肉的可口性包括肉的软硬程度、风味和多汁性等，其中软硬程度是肉品主要的感官和理化标志。肉的可口性主要体现在热处理后肉的可口性。因此，影响肉质的主要因素不仅包括肌肉的化学成分、结构，而且还包括加工后化学成分和结构的变化。对于鱼肉来说，其肌肉比较嫩，受热时间不能过长，否则肉变得很松散，口感很差。脆肉鲩是一种通过喂养蚕豆而使肉质紧密、受热处理后不易变烂的鱼种，不同于大部分鱼种。因此，脆肉鲩脆性因素包含蚕豆、肌肉组织成分、蛋白质特性、超微结构、热处理等。

2.4.1　蚕豆

1. 营养成分

脆肉鲩饲料以蚕豆为主，其他饲料为辅，蚕豆在脆肉鲩脆性形成过程中起关键的作用，蚕豆中的成分是决定脆肉鲩脆性的根本原因，有必要对脆化过程中投喂的配合饲料和蚕豆进行营养成分的测定。从表 2-9～表 2-11 中可以看出，相对于配合饲料，投喂的蚕豆具有以下几个特点：①蚕豆含有较少的水分、灰分和脂肪，蛋白质含量却高达 28.11%，显著高于配合饲料(14.40%)；②蚕豆中矿质元素含量丰富，尤其是钾、钙、镁、铁和锌等，但部分元素含量却低于配合饲料，这是由于配合饲料中会添加多种复合添加剂；③通过比较发现，蚕豆和配合饲料的氨基酸种类相同，但含量却有所差异，其中含量最高的均为谷氨酸，分别高达 5.08 g/100g、5.42 g/100g，其次为天冬氨酸、亮氨酸等。两者的必需氨基酸含量与非必需氨基酸含量的比值分别为 55.06% 和 58.19%，且蚕豆的氨基酸总量和必需氨基酸含量均稍高于配合饲料。

表 2-9　蚕豆和配合饲料的基本营养成分

营养成分	蚕豆	配合饲料
水分/%	9.65±1.61	7.99±0.23
灰分/%	3.43±0.12	7.42±0.20
粗脂肪/%	0.92±0.09	1.79±0.13
粗蛋白/%	28.11±0.43	14.40±3.39

表 2-10　蚕豆和配合饲料的矿质元素含量　　　　（单位：mg/kg，n=3）

矿质元素	蚕豆	配合饲料
K	8649.11±584.87	8482.92±95.65
Na	253.57±74.51	1625.22±110.79
Ca	330.21±105.90	3232.95±542.34
Mg	1129.08±133.79	1959.66±73.79
Fe	76.97±6.25	126.79±50.69
Zn	37.24±1.50	115.37±9.93
Cd	0.03±0.01	0.09±0.03
Cu	7.87±2.43	9.72±2.84
Cr	0.85±0.06	3.65±1.19

表 2-11　蚕豆和配合饲料的氨基酸组成

	氨基酸	蚕豆	配合饲料
氨基酸含量/（g/100g）	天冬氨酸**Asp	3.34±0.02	2.14±0.01
	苏氨酸*Thr	1.12±0.01	1.17±0.01
	丝氨酸 Ser	1.49±0.01	1.24±0.00
	谷氨酸**Glu	5.08±0.02	5.42±0.01
	脯氨酸 Pro	1.11±0.00	1.81±0.01
	甘氨酸**Gly	1.37±0.01	1.38±0.01
	丙氨酸**Ala	1.32±0.02	1.42±0.01
	缬氨酸*Val	1.61±0.01	1.61±0.01
	甲硫氨酸*Met	0.23±0.01	0.51±0.02
	异亮氨酸*Ile	1.34±0.00	1.18±0.02
	亮氨酸*Leu	2.22±0.01	2.18±0.02
	酪氨酸 Tyr	0.70±0.01	0.69±0.00
	苯丙氨酸*Phe	1.36±0.02	1.28±0.02
	赖氨酸*Lys	2.08±0.02	1.70±0.01
	组氨酸 His	0.79±0.01	0.76±0.02
	精氨酸 Arg	2.89±0.01	1.69±0.02
	羟脯氨酸 Hyp	0.04±0.00	0.17±0.01
TAA/（g/100g）		28.09±0.21	26.35±0.06
EAA/（g/100g）		9.96±0.06	9.63±0.01
NEAA/（g/100g）		18.09±0.14	16.55±0.04
EAA/NEAA/%		55.06	58.19
EAA/TAA/%		35.46	36.55

*. 必需氨基酸；**. 鲜味氨基酸。

注：TAA. 氨基酸总量；EAA. 必需氨基酸含量；NEAA. 非必需氨基酸含量；下同。

2. 蚕豆饲喂量和饲喂时间

蚕豆饲喂量和饲喂时间是影响脆化效果的关键。蚕豆饲喂量存在临界点，适宜的蚕豆饲喂剂量约为 4.3 kg/kg 体重，当饲喂量达到 6.67～8.34 kg/kg 体重时，为过度脆化水平，表征为肌肉坚韧，煮熟后食用难嚼烂。蚕豆饲喂量小或饲喂时间短，肌肉达不到脆化效果。当投饲量达到脆化极限后，继续饲喂蚕豆，脆肉鲩会出现肿身性死亡。

2.4.2 肌肉组织成分

1. 基本化学组成

在鱼肉的基本化学组成中，水分含量最高（60%～85%），其次是蛋白质（20%左右），但脂肪的含量较水分和蛋白质的含量波动较大，因种类而异，灰分最少（1.23%～2%）。生鱼肉的硬度与鱼肉的水分、脂肪和蛋白质等的含量有关。从基本组成（表 2-12）可见，脆肉鲩的水分含量比鲩鱼的低 5.36%，脂肪和蛋白质含量却分别比鲩鱼的高 160.66%和 6.37%。脆肉鲩的水分含量降低和脂肪含量增加，并且各种质构特性都比鲩鱼的高，这说明低水分含量是决定脆肉鲩鱼肉特性的一个主要因素。鱼肉中水分大部分是自由水，具有溶剂的作用；小部分为结合水，结合水通过与蛋白质及碳水化合物的羧基、羟基、氨基、亚基等形成氢键而结合。这与肌肉的结构有关，水分对肌肉的质构起着一定的作用。在脆肉鲩鱼肉中，低水分含量使水的溶剂作用减弱从而使肌肉的硬度、咀嚼性等增强。蛋白质是鱼肉最主要的成分，肌肉的主要骨架是由各种蛋白质通过各种共价键或非共价键的作用与其他物质（如脂肪、水分、矿物质）作用形成的。因此，脆肉鲩鱼肉的特殊脆性与水分和蛋白质的含量有关，水分含量越高，脆性越差，蛋白质含量越高，脆性越大。

表 2-12　脆肉鲩和鲩鱼水分、脂肪、蛋白质和灰分的含量（单位：g/100g）

样品	水分含量	脂肪含量	蛋白质含量	灰分含量
脆肉鲩	73.47±0.15[a]	6.36±0.06[a]	18.88±0.03[a]	1.23±0.01[a]
鲩鱼	77.63±0.05[b]	2.44±0.02[b]	17.75±0.01[a]	1.06±0.01[a]

注：同列右上角不同字母表示存在显著性差异（$P<0.05$）。

2. 蛋白质组分

鱼类肌肉中的蛋白质可分为肌浆蛋白、肌原纤维蛋白、碱溶性蛋白、基质蛋白和非蛋白氮。鱼肉的硬度、弹性和咀嚼性等与蛋白质的组成密切相关。如表 2-13所示，鲩鱼脆化形成脆肉鲩后，肌原纤维蛋白、肌浆蛋白和基质蛋白含量增多，而碱溶性蛋白含量减少。肌原纤维蛋白是主要的蛋白质组分，占总蛋白的 50%以上，基质蛋白含量最少，占 3.89%～5.42%。

表 2-13　脆肉鲩与鲩鱼背部肌肉蛋白质组成

组分	脆肉鲩		鲩鱼	
	含量/(g/100g)	占总蛋白含量/%	含量/(g/100g)	占总蛋白含量/%
非蛋白氮	1.68±0.09[a]	8.84	1.41±0.08[b]	7.96
肌浆蛋白	3.46±0.04[a]	18.20	2.90±0.08[b]	16.37
肌原纤维蛋白	10.22±0.12[a]	53.76	9.00±0.34[b]	50.79
碱溶性蛋白	2.62±0.05[a]	13.78	3.57±0.01[b]	20.15
基质蛋白	1.03±0.45[a]	5.42	0.84±0.07[b]	4.74

注：同列右上角不同字母表示存在显著性差异($P<0.05$)。

　　基质蛋白主要包含胶原蛋白、弹性蛋白和连接蛋白，弹性蛋白在鱼类肌肉中含量极少，几乎没有，因此在脆肉鲩中，研究较多的为胶原蛋白，并且鲩鱼的胶原蛋白一般高于其他淡水鱼类。在脆化后，胶原蛋白的含量明显增加，胶原蛋白是肌肉结缔组织的主要成分，鱼肉中的胶原蛋白对保持肌肉完整性和韧性具有重要作用。胶原对生鱼肉质构的影响比较大，胶黏性随着胶原含量的增加而增大，硬度也随胶原含量的增加而增大。脆肉鲩鱼肉的基质蛋白比鲩鱼高，硬度、弹性、咀嚼性、回复性及脆度也比鲩鱼的高。由以上分析可推测，脆肉鲩鱼肉和鲩鱼鱼肉脆性的差别与蛋白质的不同组分有关。肌肉的硬度与肌肉结缔组织中胶原蛋白的含量密切相关，肌肉结缔组织含量越多，肉质越硬，含量越少，肉质越嫩。

　　鱼肉蛋白质组分及其在肌肉中的作用各不相同。脆肉鲩鱼肉和鲩鱼鱼肉中各种蛋白质组分的含量明显不同，这表明脆肉鲩鱼肉的脆性与蛋白质的组分有关。有人提出，蛋白质的类型和功能是影响肉制品质构的主要因素。肌原纤维蛋白是支撑肌肉运动的结构蛋白质。在肌原纤维蛋白中，肌球蛋白和肌动蛋白是肌原纤维蛋白的主要成分，是决定肌肉运动的主要蛋白。肌原纤维蛋白这种特定的功能与结构影响着肌肉的质构。Godiksen 等指出，肌原纤维蛋白中的肌球蛋白和肌动蛋白与肌肉的硬度有关。肌原纤维蛋白的含量越高，鱼肉的弹性越好。由此可知，脆肉鲩鱼片特殊的脆性与其高的肌原纤维蛋白含量有关。肌浆蛋白是另一种影响肌肉质构特性的蛋白质。肌浆蛋白由肌原纤维细胞质中存在的蛋白质和代谢中的各种蛋白酶以及色素等构成，存在于肌纤维鞘与肌原纤维、肌原纤维之间和核、线粒体、肌浆网等细胞器中。也就是说，肌浆蛋白作为一种间隙中的填充物，其含量越高，肌原纤维之间的填充物越多，相应的硬度也就越高。基质蛋白虽然在脆肉鲩鱼肉中的含量比较低，但它也是决定肌肉质构特性的因素之一。

2.4.3　蛋白质特性

1. 热稳定性

蛋白质的热稳定性是蛋白质结构及各种氨基酸组成的外在表现。差示扫描量热法(DSC)能直接给出蛋白质热变性过程的温度和能量的变化，是研究蛋白质构象变化和结构稳定性的一种非常有效的方法。蛋白质在热变性过程中吸收热量时由有序状态变为无序状态，分子内相互作用被破坏，多肽链展开。当达到蛋白质的变性温度时，在热分析图谱上会出现一个吸热峰，根据吸热峰的峰值温度、峰面积可以确定蛋白质的变性温度、变性热焓(ΔH)等参数。

不同种类的鱼肉蛋白有不同的热变性温度和变性焓值，从表 2-14 中可以看出，脆肉鲩鱼肉和鲩鱼鱼肉的蛋白质变性温度与变性焓值不一样。总变性焓值等于三个峰的热变性焓总值。在蛋白质 DSC 测定的图谱中出现的峰Ⅰ、峰Ⅱ和峰Ⅲ分别代表肌球蛋白、肌浆蛋白、肌动蛋白的变性峰。由表 2-14 可知，脆肉鲩鱼肉中肌球蛋白的变性温度为 44.99℃，比鲩鱼的高 1.06℃，相对应的变性焓值也比鲩鱼高。脆肉鲩肌动蛋白的变性温度和变性焓值分别为 76.60℃和 0.48 J/g，分别比鲩鱼的高 1.54℃和 0.2 J/g，并且总的变性焓值比鲩鱼的高出 9.15%。这些结果说明了脆肉鲩肌球蛋白和肌动蛋白的热稳定性比鲩鱼的高。

表 2-14　脆肉鲩与鲩鱼肌肉的变性温度和蛋白质变性焓值

	脆肉鲩	鲩鱼
峰Ⅰ的变性温度/℃	44.99±0.71[a]	43.93±0.69[b]
峰Ⅰ的变性焓值/(J/g)	0.13±0.03[a]	0.10±0.02[b]
峰Ⅱ的变性温度/℃	54.31±0.38[a]	53.98±0.16[a]
峰Ⅱ的变性焓值/(J/g)	0.94±0.12[a]	1.04±0.17[a]
峰Ⅲ的变性温度/℃	76.60±0.68[a]	75.06±0.17[b]
峰Ⅲ的变性焓值/(J/g)	0.48±0.11[a]	0.28±0.06[b]
总变性焓值/(J/g)	1.55±0.10[a]	1.42±0.17[b]

注：同行右上角不同字母表示存在显著性差异($P<0.05$)。

从表 2-14 可知脆肉鲩与鲩鱼的变性峰的焓值各不相同，而变性焓值的不同与氨基酸组成和蛋白质的空间构象有关。有资料显示，氨基酸的组成影响蛋白质的热稳定性，并且含有较高比例疏水性氨基酸的蛋白质比含有较高比例亲水性氨基酸的蛋白质更为稳定。蛋白质结构的最稳定状态在热力学上表现为自由能最低。

在稳定状态时，蛋白质总是趋于将疏水基团聚集，使其与水分子接触的面积降到最小（疏水作用），而疏水基团之间的相互作用使蛋白质折叠成独特的三级结构。在脆肉鲩肌肉蛋白中，疏水性氨基酸比鲩鱼的多，亲水性氨基酸比鲩鱼的少（表 2-15），由此可知，脆肉鲩肌肉蛋白的疏水相互作用比鲩鱼的强，而这种强的疏水相互作用使脆肉鲩肌肉蛋白结构更加稳定，从而使脆肉鲩的肌肉更耐咀嚼，硬度更高。

表 2-15　脆肉鲩与鲩鱼背部肌肉不同 *R*-基氨基酸占总氨基酸的含量（单位：%）

样品	含硫氨基酸	含羟基氨基酸	含羧基氨基酸	亲水性氨基酸	疏水性氨基酸
脆肉鲩	2.84	1.48	27.69	45.13	36.03
鲩鱼	2.62	1.53	24.37	46.32	33.92

另外，水分能够显著地促进蛋白质的热变性，因为水分含量的增多，水合作用增强，存在疏水空穴结构中的水增多，蛋白质的柔性增加，受热时水更容易与蛋白质中的化学键作用，使其稳定性下降。脆肉鲩鱼肉的水分含量比鲩鱼的低，变性温度和变性焓值比鲩鱼的高，这说明了脆肉鲩肌肉的蛋白质从有序的状态改变为无序的状态需要更高的能量，进一步证明了脆肉鲩肌肉蛋白结构比鲩鱼的稳定。

2. 蛋白质结构

拉曼光谱已经成为一种分析固体和液体食品中蛋白质结构的有效手段，可鉴别蛋白质及其组分的差异，通过获得侧链微环境的化学信息及主链的信息来判断。它能提供食品蛋白质的信息，如通过主链中的 C—C、C—N、C—H 等伸缩振动、氨基酸侧链基团的振动跃迁、酰胺 Ⅰ 和酰胺 Ⅲ 的骨架延伸模型来鉴别。蛋白质的结构直接影响肉类食品的结构，从而影响肉类的硬度，所以本研究通过对脆肉鲩肌肉蛋白和鲩鱼肌肉蛋白进行拉曼光谱分析，研究这两种鱼在蛋白质结构上的差别对质构特性的影响。

1）蛋白质二级结构

酰胺 Ⅰ 和酰胺 Ⅲ 是研究蛋白质二级结构的最有用的物质，它们的振动谱带范围分别在 1580～1690 cm^{-1} 和 1200～1500 cm^{-1}。α螺旋、β折叠、β回折和无规则卷曲通常被定义为蛋白质二级结构的构象。一般来说，在酰胺 Ⅰ 谱带中α螺旋含量高的蛋白质在 1650～1658 cm^{-1} 处有强峰，β折叠含量高的蛋白质在 1665～1680 cm^{-1} 处有强峰，而无规则卷曲含量高的蛋白质在 1660 cm^{-1} 处有强峰。

如图 2-4 所示，脆肉鲩鱼肉蛋白和鲩鱼鱼肉蛋白在酰胺 Ⅰ 区的 1653 cm^{-1} 和 1655 cm^{-1} 处分别有强峰，但鲩鱼的峰强（*I*，3.126）比脆肉鲩的（2.483）强，这表明两种鱼肌肉蛋白的二级结构以α螺旋为主。酰胺Ⅰ区出现的谱带是肌球蛋白中具有α螺旋结构部分的特征谱带。脆肉鲩肌肉蛋白在 1671 cm^{-1} 出现一个明显的肩带，但是在鲩鱼肌肉蛋白中不明显，表明脆肉鲩肌肉蛋白中的β折叠结构的含量比鲩鱼的高。从表 2-16 也可以看出，脆肉鲩肌肉蛋白α螺旋的含量比鲩鱼的低，两者含量分别为 22.06%和42.83%，但是对于β折叠来说，脆肉鲩肌肉蛋白中的含量为 2.51%，但是在鲩鱼中的含量为 1.03%。在一些研究中也同样发现鱼肉蛋白质中α螺旋含量的减少伴随β折叠的增加。其实蛋白质的α螺旋和β折叠结构的含量与蛋白质的氨基酸组成有关，其中脯氨酸和甘氨酸是最主要的两种氨基酸。α螺旋是靠链内氢键来维持的，脯氨酸是亚氨基酸，它参与的肽键中的二面角 φ 受到限制，并且酰胺 N 上没有 H 可提供形成氢键，不利于α螺旋的形成。另外，甘氨酸没有侧链的取代基团，它参与的肽链容易旋转使α螺旋不稳定。在脆肉鲩肌肉中，脯氨酸和谷氨酸的含量分别比鲩鱼高 8.73%和21.83%，进一步说明了脆肉鲩肌肉蛋白与鲩鱼肌肉蛋白α螺旋和β折叠存在差别，也证明了脆肉鲩肌肉和鲩鱼肌肉质构的不同与肌肉蛋白质中α螺旋和β折叠的含量有关。

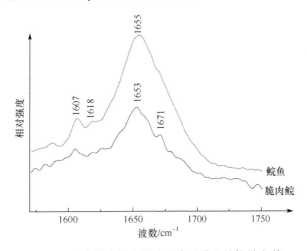

图 2-4　脆肉鲩和鲩鱼肌肉蛋白酰胺Ⅰ的拉曼光谱

表 2-16　酰胺Ⅰ蛋白质二级结构的含量和酪氨酸残基双峰峰强比

	α螺旋/%	β折叠/%	$I_{850cm^{-1}}/I_{823cm^{-1}}$
脆肉鲩	22.06±1.78^a	2.51±0.69^a	1.57
鲩鱼	42.83±1.34^b	1.03±0.78^b	0.71

注：同列右上角不同字母表示存在显著性差异（$P<0.05$）。

酰胺Ⅲ区的谱带范围为 1200~1500 cm^{-1}，α螺旋结构的蛋白质集中在 1260~

1300 cm⁻¹ 有强峰，β折叠含量高的蛋白质集中在 1238～1245 cm⁻¹ 处有强峰，而无规则卷曲含量高的蛋白质在 1250 cm⁻¹ 处有强峰。在肌球蛋白中具有α螺旋结构的部分在酰胺Ⅲ区域有特征谱带。如图 2-5 所示，脆肉鲩肌肉蛋白在 1283 cm⁻¹ 和 1308 cm⁻¹ 处分别有强峰，鲩鱼肌肉蛋白同样分别在 1287cm⁻¹ 和 1306 cm⁻¹ 处有强峰。这两个α螺旋特征谱带分别对应形成肌球蛋白头部的球状结构和形成尾部的超螺旋结构，不同鱼种的肌球蛋白头部和尾部在拉曼光谱酰胺Ⅲ谱带中的α螺旋引起强峰的频率有差别。对于β折叠来说，脆肉鲩肌肉蛋白和鲩鱼肌肉蛋白分别在 1242 cm⁻¹ 和 1238 cm⁻¹ 出现强峰，但无规则卷曲在酰胺Ⅲ谱带没出现强峰。有文献提到，在酰胺Ⅲ的 1240～1250 cm⁻¹ 谱带中，由于β折叠和无规则卷曲之间的交叠使β折叠在该谱带中不明显，这也说明了酰胺Ⅰ中β折叠含量会随α螺旋含量的减少而增加，这是由于疏水基团分子之间相互作用的增强引起折叠结构的形成。在脆肉鲩肌肉中，疏水性氨基酸的含量高于鲩鱼中的含量使脆肉鲩肌肉的折叠结构多于鲩鱼的折叠结构。由此可见，脆肉鲩鱼肉特殊的脆性与酰胺Ⅰ和酰胺Ⅲ中多的折叠结构有关。

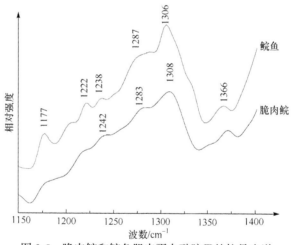

图 2-5　脆肉鲩和鲩鱼肌肉蛋白酰胺Ⅲ的拉曼光谱

　　α螺旋和β折叠是蛋白质主要的二级结构，除了在酰胺Ⅰ和酰胺Ⅲ中有这两种二级结构外，在 C—C 链的振动谱带的 940 cm⁻¹ 和 900 cm⁻¹ 附近的谱峰分别是α螺旋和β折叠，C—C 伸缩振动的谱线是多肽和蛋白质模型，它的多肽骨架的构象是灵敏的。在图 2-6 中可以看到，鲩鱼肌肉在 937 cm⁻¹ 有明显的峰，这个峰为α螺旋结构的特征峰，但是在脆肉鲩中没有发现。在 900 cm⁻¹ 附近，脆肉鲩和鲩鱼分别在 901 cm⁻¹ 和 898 cm⁻¹ 处有β折叠特征峰出现，但对于脆肉鲩来说，在 923 cm⁻¹ 处有一强度为 0.766 的峰，而在鲩鱼中没有发现。综合以上分析，脆肉鲩肌肉的特殊脆性与肌肉蛋白中的β折叠结构有关。

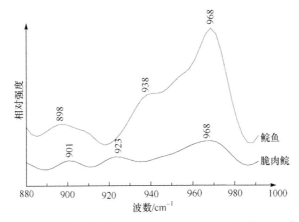

图 2-6 脆肉鲩和鲩鱼肌肉蛋白 C—C 键变化的拉曼光谱

2) 氨基酸侧链

（1）C—S 键

脆肉鲩和鲩鱼蛋白质的骨架 C—S 键的谱线在 650～750 cm⁻¹ 处。在 630～670 cm⁻¹ 出现的谱线属于扭曲曲线，而在 700～745 cm⁻¹ 出现的谱线属于反式构象。从图 2-7 可以看出，脆肉鲩在 662 cm⁻¹（强度 I=3.889）、682 cm⁻¹（I=3.999）和 726 cm⁻¹（I=1.971）都有相应的强峰，而鲩鱼肌肉蛋白 C—S 键在 679 cm⁻¹（I=3.943）和 719 cm⁻¹（I=3.132）处出现相应的强峰。从表 2-17 中可以看到，脆肉鲩 C—S 键属于扭曲曲线的峰的总强度比鲩鱼的高，大约是鲩鱼强度的 2 倍，但脆肉鲩肌肉蛋白中 C—S 属于反式构象的强度比鲩鱼弱，鲩鱼的强度大约是脆肉鲩肌肉的 1.6 倍。这说明了 C—S 键在蛋白质中的构象不同也是引起脆肉鲩和鲩鱼肌肉脆性不同的原因之一。

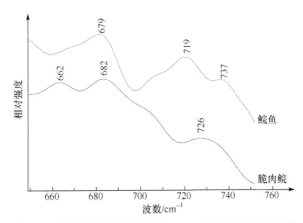

图 2-7 脆肉鲩和鲩鱼肌肉蛋白 C—S 键变化的拉曼光谱

表 2-17　脆肉鲩肌肉和鲩鱼肌肉拉曼光谱部分谱带归属

脆肉鲩		鲩鱼		归属	结构信息
波数/cm⁻¹	相对强度	波数/cm⁻¹	相对强度		
496	7.765	494	2.872	S—S	链内二硫键
—	—	516	6.114	S—S	链间，扭式-扭式-扭式
551	5.198	—	—	S—S	链间，反式-扭式-反式
661	3.889	—	—	C—S	扭式
682	3.999	679	3.943	C—S	扭式
724	1.971	716	3.132	C—S	反式
2551	1.817	2573	0.839	—SH	半胱氨酸残基
823	0.929	823	1.854	酪氨酸	
848	1.463	852	1.309	酪氨酸	
1370	6.637	1366	8.629	色氨酸	色氨酸，吲哚
1622	15.347	1629	20.406		色氨酸或苯丙氨酸
901	0.586	898	0.971	C—C	β折叠
936	0.236	937	0.602	C—C	α螺旋

(2)二硫键

二硫键(S—S)是一种共价键，它的形成使蛋白质肽链的空间结构更为紧密，对蛋白质的结构起重要的作用。490～550 cm⁻¹ 是二硫键在拉曼光谱中的特征频率，490 cm⁻¹ 附近谱带表示链内二硫键，510 cm⁻¹ 和 540 cm⁻¹ 附近的谱带则分别代表链间二硫键的扭式-扭式-扭式和反式-扭式-反式结构。

从表 2-17 可知，脆肉鲩肌肉蛋白在 496 cm⁻¹ 有强峰，相对峰强为 7.765，而鲩鱼在 494 cm⁻¹ 有强峰，脆肉鲩肌肉链内二硫键的强度是鲩鱼的 2.7 倍。对于链间二硫键来说，脆肉鲩肌肉蛋白在 551 cm⁻¹ 出现强峰，是以反式-扭式-反式结构为主，而鲩鱼是在 516 cm⁻¹ 出现峰强，是以扭式-扭式-扭式结构为主。这说明了脆肉鲩肌肉特殊的脆性与其蛋白质中二硫键的构象有关。巯基(—SH)振动的特征谱带在 2550～2580 cm⁻¹ 处。从表 2-17 还可知，脆肉鲩肌肉的巯基结构在 2551 cm⁻¹ 处有强峰，鲩鱼在 2573 cm⁻¹ 有强峰，但是脆肉鲩肌肉蛋白中巯基的强度是鲩鱼的 2.17 倍，这说明了脆肉鲩肌肉蛋白中的巯基比鲩鱼的多。从上面的分析结果来看，二硫键在脆肉鲩肌肉中的强度比巯基在脆肉鲩肌肉中的强度要大很多，结合两种鱼的氨基酸含量(表 2-15)，脆肉鲩肌肉中含硫氨基酸的含量比鲩鱼的高7.75%，进一步证明了脆肉鲩鱼肉的特殊脆性与肌肉中高含量的二硫键有关。因为二硫键的结构比巯基的结构更加稳定，这种高含量二硫键的蛋白质结构使蛋白质更加稳定，最终使脆肉鲩肌肉更有咀嚼性。

(3)酪氨酸残基

蛋白质侧链的构象受氨基酸残基微环境变化的影响。在蛋白质二级结构的变化中，芳香族氨基酸残基在拉曼光谱中体现一些变化。在 850 cm^{-1} 和 823 cm^{-1} 附近的谱线是由酪氨酸对羟苯基环的呼吸振动和环平面外弯曲振动的倍频之间的费米共振引起的，双峰的构象是非常灵敏的，可根据 $I_{850 cm^{-1}}/I_{823 cm^{-1}}$（$R_{Tyr}$）的大小来判断色氨酸残基的包埋程度。当 $R_{Tyr}>1.0$ 时，说明酪氨酸残基暴露在肌球蛋白分子表面；当 R_{Tyr} 在 0.7~1.0 之间时，说明酪氨酸残基包埋在肌球蛋白里面。脆肉鲩肌肉蛋白和鲩鱼肌肉蛋白的 R_{Tyr} 分别为 1.57 和 0.71，并且两者之间的差异性非常显著（$P<0.02$），见表 2-16。脆肉鲩肌肉蛋白中高的 R_{Tyr} 值表明其酪氨酸残基暴露在肌球蛋白的表面，易通过氢键与溶剂水分子发生作用。鲩鱼肌肉蛋白中低的 R_{Tyr} 值说明其酪氨酸残基包埋在肌球蛋白分子内部。

3)C—H 键和 O—H 键的差别

2800~3100 cm^{-1} 附近的谱带来自于 C—H 键的振动。2916~2936 cm^{-1} 附近的谱带来自于芳香族氨基酸 CH$_2$ 键的振动，而 3061~3020 cm^{-1} 附近的谱带来自于芳香族氨基酸 α-C—H 键的振动。从图 2-8 中可知，在脆肉鲩肌肉中有两个明显的峰，分别在 2910 cm^{-1} 和 3054 cm^{-1} 处，鲩鱼只有在 2910 cm^{-1} 处的一个强峰。3100~3500 cm^{-1} 附近的谱带来自于水分子羟基（O—H）的振动，它的强度反映水含量的多少。从脆肉鲩和鲩鱼的结果来看（图 2-8），在两种鱼的谱带中都出现双肩峰，并且鲩鱼的峰强比脆肉鲩的强。在脆肉鲩肌肉中，分别在 3273 cm^{-1} 和 3383 cm^{-1} 出现强峰，强度分别为 99.891 和 99.465，鲩鱼强峰分别出现在 3264 cm^{-1} 和 3398 cm^{-1} 处，强度分别为 170.888 和 187.082。从两种鱼的基本化学分析结果可知脆肉鲩肌肉中的水分比鲩鱼中的水分含量低 5.58%，结合拉曼光谱中的羟基强度，进一步说明了脆肉鲩肌肉的特殊脆性与肌肉中的低水分含量有关。

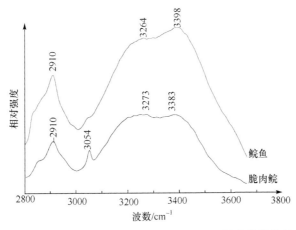

图 2-8　脆肉鲩和鲩鱼肌肉蛋白 C—H 和 O—H 键变化的拉曼光谱

2.4.4　超微结构

1. 生脆肉鲩、生鲩鱼的肌肉组织超微结构

有研究表明，肌肉的硬度与肌肉组织的超微结构有关。微观结构是肌肉化学组成的反映。从脆肉鲩肌肉和鲩鱼肌肉的超微结构来看，脆肉鲩和鲩鱼的基本结构相同，肌纤维是典型的多边形，由肌内膜包围，但是脆肉鲩和鲩鱼肌肉的超微结构之间的差别非常显著。从图 2-9、图 2-10 和表 2-18、表 2-19 可以看到，生脆肉鲩肌纤维的平均直径比生鲩鱼的小，分别为 83.03 μm 和 98.47 μm，生脆肉鲩肌纤维密度比生鲩鱼的密 19.65 条/mm^2。肌纤维密度和鱼片的硬度密切相关，肌纤维密度越高，肌肉的硬度越大，表明脆肉鲩肌肉的硬度与其短的肌纤维直径和密肌纤维密度有关。从肌纤维之间的结缔组织来看，生脆肉鲩肌肉中位于肌纤维束之间的肌束膜的厚度比生鲩鱼的厚（图 2-9 和图 2-10），其平均厚度是生鲩鱼的 3.2 倍。肌束膜的主要成分是胶原蛋白，胶原蛋白的含量越多，生鱼肉的硬度越高，肌纤维密度越高，肌纤维的表面积与体积之比越大，围绕肌纤维表面的胶原蛋白

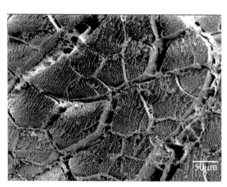

(a) 生脆肉鲩　　　　　　　　　　　　　(b) 生鲩鱼

图 2-9　生脆肉鲩和生鲩鱼肌肉横切片的扫描电镜微观结构图

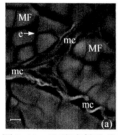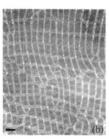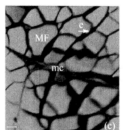

图 2-10　生脆肉鲩和生鲩鱼肌肉横切片的激光扫描共聚焦显微镜［(a)、(c)］和透射电子显微镜［(b)、(d)］的微观结构图

(a～b)生脆肉鲩，(c～d)生鲩鱼。标尺：(a)50 μm，(b)2 μm，(c)50 μm，(d)2 μm。

e：肌内膜；mc：肌节；MF：肌纤维

就越多。从表 2-18 中可以看到，生脆肉鲩肌内膜和肌纤维表面胶原纤维的直径分别为 47.06 nm 和 33.36 nm，分别比鲩鱼的高 15.44 nm 和 5.43 nm。在肌肉的蛋白质组分中(表 2-13)，脆肉鲩的基质蛋白比鲩鱼的高 22.62%，基质蛋白的主要成分为胶原蛋白，进一步说明了生脆肉鲩肌肉的硬度与胶原蛋白的含量有关。

表 2-18 生脆肉鲩和生鲩鱼肌肉的肌纤维平均直径、线粒体平均直径和胶原纤维平均直径

	肌纤维平均直径/μm	线粒体平均直径/μm	胶原纤维平均直径/nm	
			肌内膜	肌纤维表面
生脆肉鲩	83.03±8.47[a]	0.53±0.11[a]	47.06±7.44[a]	33.36±7.42[b]
生鲩鱼	98.47±3.99[b]	0.42±0.07[a]	31.62±5.02[a]	27.93±4.83[b]

注：同列右上角不同字母表示存在显著性差异($P<0.05$)。

表 2-19 肌纤维密度、肌束膜厚度和肌纤维-肌纤维间距

	生脆肉鲩	生鲩鱼	熟脆肉鲩	熟鲩鱼
肌纤维密度/(条/mm²)	115.04±5.02[a]	95.39±3.87[b]	65.05±4.12[c]	49.09±4.83[d]
肌束膜厚度/μm	56.76±4.55[a]	17.59±5.35[b]	16.87±3.07[c]	8.65±1.35[d]
肌纤维-肌纤维间距/μm	3.63±0.29[a]	4.27±0.64[b]	3.44±1.81[a]	10.42±4.44[d]

注：同行右上角不同字母表示存在显著性差异($P<0.05$)。

脆肉鲩肌肉与鲩鱼肌肉组织结构上另一个不同是肌纤维之间的间隙和填充物不同。从图 2-11 中看到，脆肉鲩鱼片肌纤维之间的填充物和肌内膜明显不同。线粒体、胞核、肌浆网、肌浆和胶原是肌纤维之间和肌内膜的主要填充物。在脆肉鲩肌肉中，脆肉鲩的线粒体直径比鲩鱼的大(表 2-18)，但是鲩鱼肌浆网中的线粒体比脆肉鲩的少[图 2-11(b)和(f)]，脆肉鲩胞核比鲩鱼的短和窄[图 2-11(a)和(e)]，肌浆网比鲩鱼的宽[图 2-11(d)和(h)]，脆肉鲩肌纤维之间的胶原层比鲩鱼的密[图 2-12(a~d)]，并且有一些小颗粒在脆肉鲩肌纤维层中出现[图 2-12(b)，箭头]，但在鲩鱼中没有发现。从肌原纤维之间分离程度来看，脆肉鲩肌纤维之间分离的单位占所有肌纤维的量和肌纤维与肌节分离单位占肌纤维的量分别为 6.38%和 2.50%，鲩鱼的分别为 59.78%和 8.33%，从图 2-11(a~c)和(e~g)中可以明显看到脆肉鲩肌肉肌纤维之间的距离比鲩鱼的小。这些肌纤维之间的特性说明了肌纤维之间间隙的大小和填充物的多少是影响鱼肌肉的一个主要因素。

在质构特性中，咀嚼性和回复性是反映肌肉弹性的主要因素，主要是反映肌肉受力压缩变形恢复到原来形状的程度，而肌肉的弹性与肌肉中肌纤维之间的间隙有关。在鲩鱼肌肉中，由于肌纤维之间的间隙比较大和填充物比较少，肌肉受力压缩变形后恢复到原来状态的程度就比较差。相反，由于脆肉鲩肌肉中肌纤维之间的间隙

小，并且有很多弹性的填充物，肌肉受力压缩变形后恢复原来状态的程度就比较高，因此可知生脆肉鲩肌肉的特殊脆性与其所具有的肌纤维之间间隙小、填充物多有关。

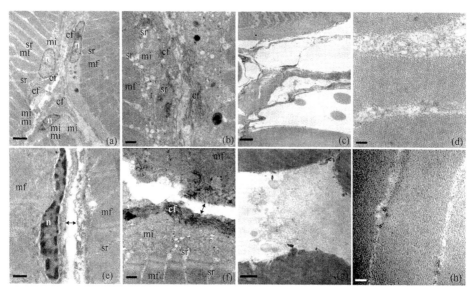

图 2-11　生脆肉鲩和生鲩鱼肌肉横切片的透射电子显微镜的微观结构图

(a~d)生脆肉鲩，(e~h)生鲩鱼。标尺：(a)2 μm，(b)500 nm，(c)7 μm，(d)200 nm，(e)500 nm，(f)500 nm，(g)5 μm，(h)200 nm。cf. 胶原纤维；mf. 肌原纤维；mi. 线粒体；n. 胞核；sr. 肌浆网；↕肌纤维-肌纤维间距

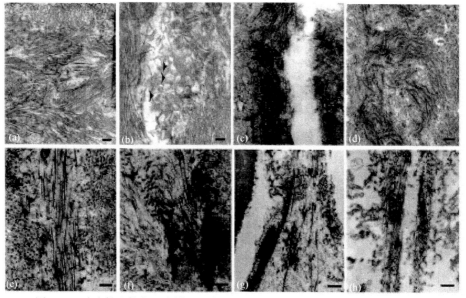

图 2-12　脆肉鲩和鲩鱼肌肉横切片中胶原纤维的透射电子显微镜的微观结构图

(a~b)生脆肉鲩，(c~d)生鲩鱼，(e~f)熟脆肉鲩，(g~h)熟鲩鱼。标尺：(a)500 nm，(b)500 nm，(c)200 nm，(d)200 nm，(e)500 nm，(f)500 nm，(g)500 nm，(h)500 nm

2. 熟脆肉鲩、熟鲩鱼的肌肉超微结构

热处理明显改变鱼肌肉的组织结构。在图 2-13 中可清楚地看到在结缔组织的边上形成一条明显的线，这是由肌膜受热后收缩形成的。另外，线粒体、肌浆网和胞核都严重地受到破坏或者已经消失。肌纤维密度和肌纤维之间间隙的变化是肌肉受热后组织结构改变的一个重要特征。从图 2-13 和表 2-19 可知，脆肉鲩肌纤维间距增大不明显，而鲩鱼增大非常明显，熟脆肉鲩和熟鲩鱼的肌纤维密度分别为 65.05 条/mm² 和 49.09 条/mm²，并且熟脆肉鲩肌纤维密度比熟鲩鱼肌纤维密度显著增加，多 15.96 条/mm²。对于肌束膜来说，热处理后，脆肉鲩和鲩鱼的肌束膜都发生收缩或者消失，脆肉鲩和鲩鱼的肌束膜厚度分别缩小了 39.89 μm 和 8.94 μm。此外，两种鱼部分肌浆网受到破坏，在鲩鱼中甚至发生部分消失 [图 2-13 (d) 和图 2-14 (h)]。加热 10 min 后，两种鱼的肌原纤维之间的结缔组织收缩和破裂，并且细胞结构的完整性受到破坏 (图 2-13 和图 2-14)，大部分的肌纤维收缩使肌纤维之间的间隙增大。从图 2-13 中可知，加热 10 min 后，由于肌束膜脱离凝结到肌纤维间隙中，脆肉鲩肌纤维之间的间隙变化不明显，但鲩鱼肌纤维之间的间隙却明显比生鲩鱼的增大。受热后肌纤维之间的间隙变化与肌纤维和胶原蛋白热变性后收缩有关。有研究指出，当肉快速加热到 65℃ 以上时，肌纤维中的结缔组织发生强有力的收缩。另外，肌纤维之间间隙的大小也与受热后结缔组织和肌浆网凝结后紧压肌原纤维有关。由于生脆肉鲩肌肉中的肌浆蛋白和结缔组织比鲩鱼的多，

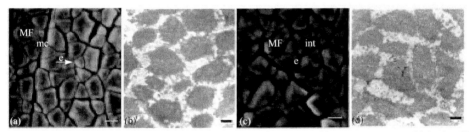

图 2-13　熟脆肉鲩和熟鲩鱼肌肉横切片的激光扫描共聚焦显微镜 [(a) 和 (c)] 和透射电子显微镜 [(b) 和 (d)] 的微观结构图

(a~b) 熟脆肉鲩，(c~d) 熟鲩鱼。标尺：(a) 100 μm，(b) 500 nm，(c) 100 μm，(d) 500 nm。
e：肌内膜；mc：肌节；MF：肌纤维；int：内部填充材料

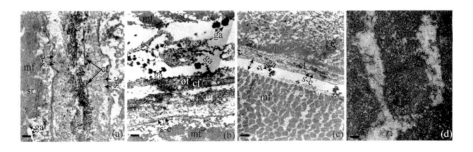

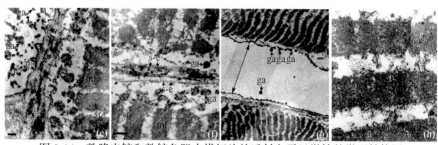

图 2-14　熟脆肉鲩和熟鲩鱼肌肉横切片的透射电子显微镜的微观结构图

(a～d) 熟脆肉鲩，(e～h) 熟鲩鱼。标尺：(a) 500 nm，(b) 500 nm，(c) 2 μm，(d) 200 nm，(e) 500 nm，

(f) 1 μm，(g) 2 μm，(h) 200 nm。cf: 胶原纤维；ga: 凝结粒；mf: 肌原纤维；s-e: 凝结肌浆网；

sr: 肌浆网；↕肌纤维-肌纤维间距

在发生变性收缩后，肌纤维的直径和肌纤维之间的间隙同时收缩，从而使脆肉鲩肌纤维收缩程度没有鲩鱼的大，最终使脆肉鲩肌肉的硬度、脆度、咀嚼性等都比鲩鱼的高。

热处理后肌肉结缔组织和肌原纤维之间的变化非常明显。从图 2-14 可以看到，两种鱼的肌原纤维和肌纤维间的结缔组织发生收缩和凝聚，同时由于鲩鱼的肌纤维的收缩程度比较大，使鲩鱼肌原纤维之间的间隙更大，而脆肉鲩的间隙却不明显。在脆肉鲩肌纤维间的间隙中，形成许多无定形组织，但在鲩鱼中却很少[图 2-14(a～b) 和 (e～f)]。因为蛋白质受热后发生胶凝作用，使肌浆蛋白凝结在肌纤维间的间隙中并且将结缔组织凝结在一起形成凝胶。越多的肌浆蛋白发生胶凝，肌肉的硬度就越大，并且肌纤维成分和肌浆蛋白热变性收缩和凝结能增强肌肉的机械强度。形成适当的热凝胶物质，肌纤维直径越小，鱼肉的硬度就越大。在热处理后的脆肉鲩肌肉中，肌纤维间隙大部分充满凝胶物质，并且与肌原纤维和肌浆网结合在一起，使得脆肉鲩的凝胶物质比鲩鱼的多，从而使脆肉鲩肌肉的硬度等质构特性比鲩鱼的高。

热处理后，随着肌原纤维与肌纤维间结缔组织的收缩和结缔组织与肌浆网的凝结与紧缩，肌纤维间分离率和肌原纤维-肌节间分离率发生改变。热处理 10 min 后，两种鱼肌肉的肌纤维间分离率比生的都下降，脆肉鲩和鲩鱼分别下降了 7.99% 和 8.26%。但是肌原纤维-肌节间分离率却比生的上升，如表 2-20 所示，熟脆肉鲩和熟鲩鱼的分别比生的高 1248.4% 和 1014.2%。肌肉中肌纤维间和肌原纤维-肌节间的分离率与鱼肉的质构有关。熟脆肉鲩的肌纤维间分离率和肌原纤维-肌节间分离率分别比熟鲩鱼的低 89.30% 和 20.96%。另外，从脆肉鲩和鲩鱼肌肉的各种蛋白质组成来看，脆肉鲩肌肉中的肌浆蛋白和肌原纤维蛋白的含量都比鲩鱼的高，因此受热后形成的胶凝物质也比鲩鱼的多。更重要的是，热处理 10 min 后脆肉鲩结缔组织中的胶原纤维比鲩鱼的多且密，受热破坏的程度没有鲩鱼的高[图 2-12(e～f)]。这进一步证明了脆肉鲩肌肉的特殊脆性与多蛋白质的凝胶和小肌纤维间的间隙有关。

表 2-20 肌纤维间分离数占总肌纤维的量(肌纤维间分离率)和肌原纤维-肌节间
分离数占总肌原纤维的量(肌原纤维-肌节间分离率)

	生脆肉鲩	生鲩鱼	熟脆肉鲩	熟鲩鱼
肌纤维间分离率/%	6.38±3.85[a]	59.78±12.31[b]	5.87±3.41[a]	54.84±10.8[b]
肌原纤维-肌节间分离率/%	2.50±1.18[a]	8.33±3.51[b]	33.71±4.17[a]	92.82±1.72[b]

注: 同行右上角不同字母表示存在显著性差异($P<0.05$)。

2.4.5 热处理

加热是鱼肉熟化的手段,加热过程中,鱼肉发生一系列复杂的生物化学反应,随着温度的升高,蛋白质凝结在肌纤维间隙,胶原蛋白和脂质形成凝胶,肌纤维收缩,微观结构发生变化,从而影响肉质。加热温度和加热时间对脆肉鲩的脆性影响不同。

1. 加热温度

1)质构特性

弹性反映了外力作用时变形及去力后的恢复程度。由图 2-15 可知,脆肉鲩的肉质弹性随着加热温度的升高而增大,而鲩鱼的弹性则随着温度的升高先增加后下降,加热温度 50℃后,脆肉鲩鱼肉的弹性明显高于鲩鱼。

生鱼肉时,脆肉鲩和鲩鱼鱼肉的回复性无差异性变化,但是一旦受热,两种鱼肉表现出显著的差异性,温度越高,差异性越大,且脆肉鲩的回复性优于鲩鱼。

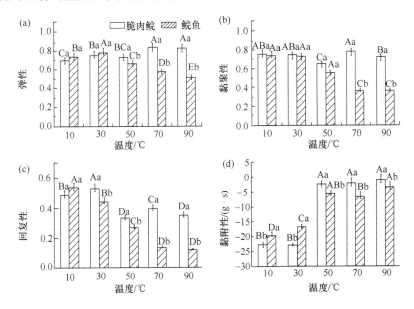

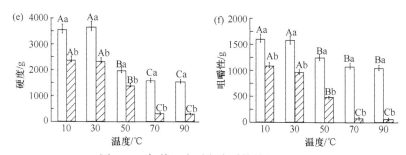

图 2-15　加热温度对鱼肉质构特性的影响

不同大写字母表示同一种鱼在不同处理方式下有显著性差异($P<0.05$)；不同小写字母表示不同种鱼在相同处理方式下有显著性差异($P<0.05$)

脆肉鲩鱼肉的回复性随温度的升高，先升高后降低，而鲩鱼鱼肉则随温度的升高而降低。回复性反映的是鱼肉在受压状态下快速恢复变形的能力，说明脆肉鲩鱼肉受热后恢复形变的能力优于鲩鱼。

黏聚性反映的是鱼肉抵抗受损、紧密连接以保持完整性的能力。由图 2-15 可知，鲩鱼的黏聚性随着温度的升高而显著降低。随着温度的升高，维持蛋白质二级结构和三级结构的化学键受到影响，细胞间的结合力逐渐降低，导致鲩鱼鱼肉的黏聚性逐渐降低。而脆肉鲩变化不明显。到 70℃时，脆肉鲩鱼肉的黏聚性明显大于鲩鱼，说明脆肉鲩细胞间的结合力大于鲩鱼，在咀嚼脆肉鲩鱼肉时，所需要的力更大些。

黏附性是探头下压一次后从试样中拔出所需的能量，反映了鱼肉细胞间的结合力大小，细胞间结合力越小，则黏附性越大。由图 2-15 可知，随着温度的升高，鱼肉的黏附性逐渐增大。加热过程中，鱼肉蛋白质的结构受到破坏，细胞间的结合力逐渐降低，导致鱼肉的黏附性逐渐增加。温度低于 50℃，鲩鱼鱼肉的黏附性好于脆肉鲩；温度大于等于 50℃，脆肉鲩鱼肉的黏附性好于鲩鱼，50℃后，高温段对鱼肉的黏附性影响不大。这意味着熟的脆肉鲩鱼肉与口腔器官黏在一起的力要大于鲩鱼。

硬度是使样品产生变形所必须使用的最小力量。鱼肉的本底硬度是由结缔组织、肌浆蛋白和肌原纤维蛋白产生的。脆肉鲩鱼肉的硬度明显高于鲩鱼，随着温度的升高，鱼肉的硬度呈下降趋势。加热温度 50℃是个转折点，鱼肉的硬度下降迅速，维持肌肉组织内部结构的氢键、疏水键等二级结构遭到破坏，热引起蛋白的变性，组织脆弱化，鱼块变性所需的外力迅速降低。脆肉鲩和鲩鱼的硬度分别下降了 56.70%和 87.11%。两者鱼肉的硬度表现出明显的差异性。

咀嚼性就是所说的咬劲，反映出鱼肉对咀嚼的持续抵抗能力，是一项质地综合评价参数。它是肌肉硬度、肌肉细胞间凝聚力、肌肉弹性等综合作用的结果。由图 2-15 可知，鱼肉的咀嚼性随着温度的升高而降低，温度低于 50℃，鱼肉的咀嚼性变化不大,温度高于 50℃,鱼肉的咀嚼性明显降低,脆肉鲩的咀嚼性明显强于鲩鱼,两者表现出明显的差异性,反映出在咀嚼脆肉鲩鱼肉时所用的咬劲大于鲩鱼。

总的来说,随着温度的升高,脆肉鲩和鲩鱼肌肉的硬度和回复性逐渐降低。50℃是脆肉鲩肌肉形变的关键温度,50℃加热时,脆肉鲩肌肉的硬度和咀嚼性下降更迅速,而黏附性增加幅度更大,回复性和黏聚性均在 50℃时降至最小。到 90℃脆肉鲩的质构参数显著高于鲩鱼,脆肉鲩肌肉质地变化的关键温度为 50℃,而鲩鱼则是 50℃和 70℃,鲩鱼肌肉质地随温度的变化更明显,加热对鲩鱼质地的影响显著大于脆肉鲩。

2) 微观结构

微观结构是直接反映肌肉变化形态的指标。由图 2-16 可知,生鲜鱼肉的肌原纤维排列整齐,紧密相连,肌纤维间的间隙小,间隙间的物质含量少,间隙间呈细丝状的物质为胶原蛋白。随着温度的升高,鱼肉的肌原纤维明显膨胀,直径增大,肌纤维间隙增大,呈细丝状的胶原蛋白在一定程度上变形或混乱,间隙间填充的无定形的凝固物质明显增多,填充的物质为肌浆蛋白,肌浆蛋白释放或者是从收缩的肌纤维中挤压出来,然后由于热变性聚集在间隙中,导致肌纤维膜和肌

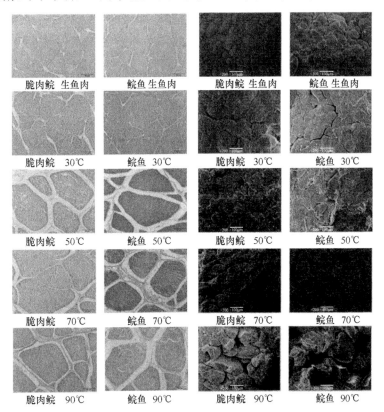

图 2-16　加热温度对微观结构的影响

内膜破裂。加热对脆肉鲩肌肉的影响小些，肌纤维间隙比鲩鱼的小，间隙溶出的肌浆蛋白比鲩鱼的少，肌纤维膜破坏程度小。

由图 2-16 可知，随着温度的升高，肌原纤维的直径逐渐增大，肌原纤维间的间距逐渐增大，肌原纤维的密度逐渐减小。生鱼肉肌原纤维呈典型的不规则多边形，排列整齐，相互之间紧密连接，纤维被薄的结缔组织（肌内膜）所包围，肌束膜和肌内膜结构完整，分别紧紧包绕在肌纤维束和肌纤维周围。

加热温度 30℃时，肌纤维还是完整的肌束，维持原来的形状，纤维间略有缝隙，肌内膜和肌束膜结构还是完整的。加热到 50℃时，肌纤维膨胀，产生形变，肌纤维的横切面表现出不规则状，肌内膜和肌束膜发生剧烈收缩，与肌纤维出现明显分离，包裹肌纤维的相邻肌内膜因严重收缩而紧密黏靠在一起，形成一条居于两个肌纤维间隙正中间的"间隙膜"，纤维之间的间隙明显增大，间隙间有明显的溶出物，肌内膜与肌纤维分离，膜的完整结构开始破裂，肌内膜表面出现明显的"颗粒化"现象，说明可溶性的胶原蛋白开始热变性降解，也可能是肌细胞内的一些变性的肌浆蛋白溶出。温度继续升高，"颗粒化"物质逐渐减少，可能是肌纤维细胞内的汁液和因变性降解的小分子蛋白已溶出。由胶原蛋白组成的肌内膜结构发生部分断裂、崩解，膜的完整性受到破坏，间隙间出现许多片状碎片，肌纤维与肌束膜和肌内膜分离，热不溶性胶原蛋白结构在高温下发生扭曲，紧包裹着肌纤维。Ayala 在研究黑鲈鱼蒸汽加热后发现热处理后的鱼肉，在某些部位肌纤维膜和肌内膜破裂与聚集，肌纤维从肌纤维膜和肌内膜上分离，肌纤维表面出现"颗粒化"，聚集在肌纤维膜和肌内膜的间隙间。聚集物来自于肌浆蛋白、肌内膜和收缩凝固蛋白的瓦解与崩溃。

从图 2-16 看出，生鲜的脆肉鲩肌纤维排列紧密，鲩鱼肌纤维之间呈现一些间隙。随着加热温度的升高，鲩鱼肌纤维横截面的膨胀率大于脆肉鲩，纤维之间的间隙距离明显大于脆肉鲩，间隙间溶出的肌浆蛋白和肌内膜、肌束膜的碎片多于脆肉鲩。

2. 加热时间

1）质构特性

如图 2-17 所示，不同加热时间对脆肉鲩质构特性的影响非常明显。随着加热时间的延长，脆肉鲩的硬度和咀嚼性增大最明显，并且随着加热时间的延长而增大，而弹性、回复性和内聚性却是先增大后降低。加热 40 min 时，脆肉鲩的硬度和咀嚼性分别增大了 17.8%和 74.8%，然而弹性、回复性和内聚性却下降，分别下降了 4.4%、18.6%和 3.9%。对于鲩鱼来说，所有质构特性均是随着加热时间的延长而下降，并且在加热 15 min 后就开始迅速下降。因此，加热时间对脆肉鲩和鲩鱼肉质的影响完全不同。

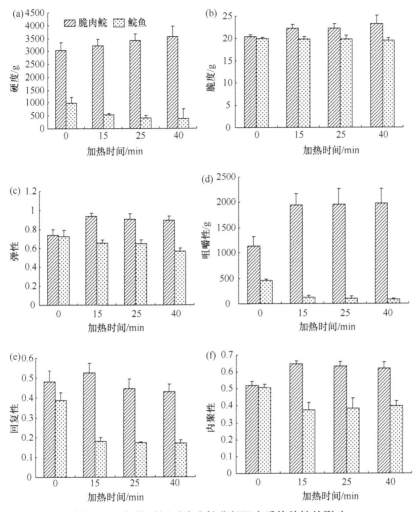

图 2-17　加热时间对脆肉鲩背部肌肉质构特性的影响

2) 微观结构

热处理对鱼肉超微结构的影响非常明显。热处理导致肌肉中的肌原纤维收缩，肌原纤维间隙增大，胶原蛋白、肌原纤维蛋白和肌浆蛋白凝结成无定形物质而填充在间隙中。这些超微结构的变化引起肌肉质构的变化，特别是硬度。

A. 肌浆网

肌浆网和结缔组织在鱼肉质构中有着重要的作用。从图 2-18 可知，加热时间的长短对肌浆网和结缔组织的影响非常明显。生脆肉鲩鱼肉的肌浆网比鲩鱼的宽，加热 15 min 后，肌浆网中的细胞器，如线粒体和胞核已经被破坏。随着加热时间的延长，肌浆网进一步收缩、破坏严重并且部分消失。脆肉鲩的肌浆网和肌原纤维蛋白凝结在一起[图 2-18(b～d)]，而鲩鱼的肌浆网从肌原纤维脱落[图 2-18(f～h)]，特别是加热 25 min 后，鲩鱼的肌浆网已经大部分被破坏，并且消失。由变性和聚集的肌浆蛋白而形成的肌间凝固物有利于硬度增加，主要是由于所形成的肌间凝固物会阻碍肌纤维的运动。间隙间形成的肌浆网凝胶物越多，肌肉的硬度就越高。随着加热处理时间的延长，脆肉鲩肌肉硬度增加，表明肌浆网形成的凝胶是加热后脆肉鲩形成特殊脆性的重要因素之一。初步结果表明，肌浆蛋白由于热变性而凝聚于肌原纤维是影响长时间热处理后脆肉鲩肌肉组织特征变化的主要因素之一。

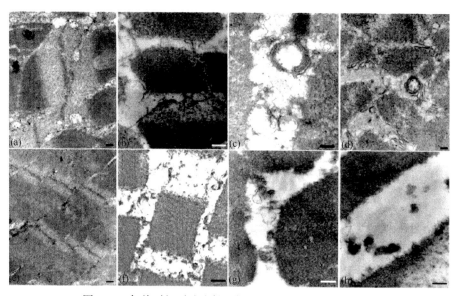

图 2-18　加热时间对脆肉鲩和鲩鱼背部肌肉肌浆网的影响

(a～d)分别为：生脆肉鲩，加热 15 min 脆肉鲩，加热 25 min 脆肉鲩，加热 40 min 脆肉鲩；

(e～h)分别为：生鲩鱼，加热 15 min 鲩鱼，加热 25 min 鲩鱼，加热 40 min 鲩鱼。

标尺：(a) 200 nm, (b) 200 nm, (c) 200 μm, (d) 200 nm, (e) 200 nm, (f) 200 nm, (g) 200 nm, (h) 200 nm

B. 结缔组织

肌间质包含细胞器、胶原纤维蛋白、弹性蛋白、蛋白多糖基质，是肌细胞中重要的物质。在生脆肉鲩和生鲩鱼肌间质中存在许多线粒体，生脆肉鲩线粒体的直径大于生鲩鱼的，且生鲩鱼线粒体的数量比生脆肉鲩的少[图 2-19(a)和(e)]。由图 2-19 可知，加热处理后的细胞器明显消失，两种鱼在加热后肌间质的线粒体已经完全消失。热处理后肌纤维膜和肌内膜发生了明显的变化，肌内膜破裂并产生电子聚焦，与肌纤维膜凝固成一条线，结构不连续。同时，在肌膜空间也出现了一些密集的粒状聚集物。此外，随着加热时间的延长，颗粒聚集物减少(图 2-19)。颗粒聚集物是由肌浆、肌凝蛋白和收缩性凝固蛋白裂解而产生。

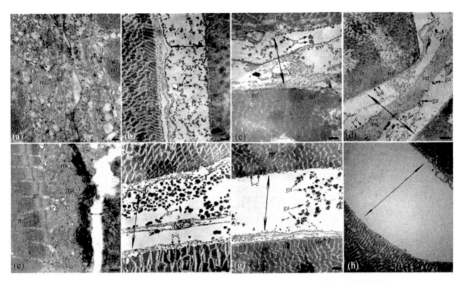

图 2-19　加热时间对脆肉鲩和鲩鱼背部肌肉肌纤维间隙的影响

(a~d)分别为：生脆肉鲩，加热 15 min 脆肉鲩，加热 25 min 脆肉鲩，加热 40 min 脆肉鲩；(e~h)分别为：生鲩
鱼，加热 15 min 鲩鱼，加热 25 min 鲩鱼，加热 40 min 鲩鱼。标尺：(a)200 nm，(b)2 μm，(c)2 μm，(d)7 μm，
(e)500 nm，(f)2 μm，(g)2 μm，(h)2 μm。ga：凝结粒；mf：肌原纤维；mi：线粒体；s-e：凝结肌浆网；
int：内部填充材料；sr：肌质网；↕肌纤维与肌纤维间距

加热后，肌原纤维被破坏并收缩，结缔组织凝结形成凝胶。分别加热 15 min
和 25 min 后，脆肉鲩肌肉的肌原纤维和结缔组织[图 2-19(b)和(c)]紧密地凝结在
一起，而鲩鱼中肌浆网和结缔组织与肌原纤维分离而填充在肌间[图 2-19(f)和
(g)]。加热 40 min 后，鲩鱼中肌浆网和结缔组织基本消失，肌原纤维破坏严重
[图 2-19(h)]，而脆肉鲩的肌浆网和结缔组织仍在组织间隙凝固[图 2-19(d)]。更
多的蛋白质凝聚在肌原纤维间隙和细胞外间隙中，是引起脆肉鲩肌肉特殊咀嚼性
的主要因素。加热后脆肉鲩的特殊脆性与肌原纤维和肌浆蛋白的变性及凝固、肌
间结缔组织的低收缩率和大量的间质物质密切相关。

C. 肌纤维直径

肌纤维直径和肌纤维密度是影响脆肉鲩特殊脆性的两个主要因素。由表 2-21
可以看出，脆肉鲩的平均肌纤维直径明显短于鲩鱼。加热后脆肉鲩和鲩鱼的平均
肌纤维直径明显下降。加热超过 25 min 后，加热对肌纤维收缩的影响不明显，但
脆肉鲩和鲩鱼的肌纤维密度在加热后变得更密。脆肉鲩的肌纤维密度明显高于鲩
鱼。加热 40 min 后，脆肉鲩和鲩鱼的肌纤维密度差异极显著。当加热时间超过
15 min 时，肌纤维密度明显增大，开始影响脆肉鲩的热脆性。结果表明脆肉鲩肌
纤维在加热后严重收缩。研究证明，肌纤维密度与鱼片的硬度密切相关。硬度是
在第一次用白齿将样品打碎成几块时所需的感知力。因此，随着加热时间的延
长，肌原纤维收缩，结缔组织和肌浆网凝聚越来越强，从而使加热后脆肉鲩的肌

纤维直径变小，肌纤维密度增大。越小的肌纤维直径和越密集的肌纤维密度使得牙齿在咬断或者咀嚼熟脆肉鲩鱼片时需要越大的力，也就是说，随着加热时间的延长，脆肉鲩肌肉的硬度越来越大。因此，肌纤维密度是影响熟脆肉鲩肌肉硬度的主要因素。

表 2-21　加热时间对脆肉鲩和鲩鱼肌纤维直径与肌纤维密度的影响

加热时间/min	平均肌纤维直径/μm		肌纤维密度/(n°/mm²)	
	脆肉鲩	鲩鱼	脆肉鲩	鲩鱼
0	73.2±17.4[d]	109.73±4.02[dd]	73.87±14.25[dd]	41.15±2.66[d]
15	55.05±3.61[a]	89.50±4.52[bcc]	169.12±7.1[aa]	66.00±2.09[bcc]
25	57.45±0.63[aa]	63.00±1.77[bbcd]	181.96±6.97[aad]	86.71±9.43[bbccd]
40	50.05±13.36[ad]	62.08±3.88[bbcd]	185.04±15.88[aad]	90.05±9.43[bbccdd]

注：aa. $P<0.001$，与生脆肉鲩肌肉比较；a. $P<0.05$，与生脆肉鲩肌肉比较；bb. $P<0.001$，与生鲩鱼肌肉比较；b. $P<0.05$，与生鲩鱼肌肉比较；cc. $P<0.001$，与脆肉鲩比较；c. $P<0.05$，与脆肉鲩比较；dd. $P<0.001$，与加热 15 min 的样品比较；d. $P<0.05$，与加热 15 min 的样品比较；下同。

D. 肌纤维架构

肌肉组织架构可以反映鱼类肌肉经过加工后的不同变化。两种鲩鱼肌肉的纤维组织如图 2-20 所示。从未经热处理的样品[图 2-20(a)和(e)]中可以看出，肌原纤维呈多边形形状，周围呈带状，内部呈杆状，被肌内膜所包围。经过热处理后，两种鲩鱼的肌肉组织结构发生了明显不同的变化。热处理 15 min 时，两种鱼的肌原纤维的形状保持多边形，但在某些区域，肌原纤维有些已被破坏[图 2-20(b)和(f)]。随着加热时间的延长，两种鱼的肌肉组织中肌原纤维的破坏更严重[图 2-20(c)、(d)、(g)、(h)]，特别是加热 40 min 后，鲩鱼的肌原纤维呈不规则形态，规则排列的肌原纤维明显消失[图 2-20(h)]，脆肉鲩的肌原纤维严重受损，但还保持了部分规则的形态和排列[图 2-20(d)]。很明显，加热破坏脆肉鲩和鲩鱼肌肉组织的肌原纤维。在鲩鱼中，肌球蛋白和肌动蛋白的变性温度分别为 50℃和 70℃。因此，经过长时间的加热处理，脆肉鲩和鲩鱼的肌球蛋白和肌动蛋白大部分变性，使两种鲩鱼肌肉组织中的肌原纤维断裂。此外，加热处理时间对两种鱼产生最重要的超微结构差异是肌原纤维间隙发生的变化。如图 2-20 所示，加热 15 min 后，脆肉鲩肌纤维之间的间隙比鲩鱼的窄。加热 25 min 和 40 min 后，脆肉鲩肌纤维之间的间隙远远比鲩鱼的窄，特别是加热 40 min 后，鲩鱼的肌纤维之间的间隙更大。肌纤维在受热后收缩从而使肌纤维之间的间隙增大。

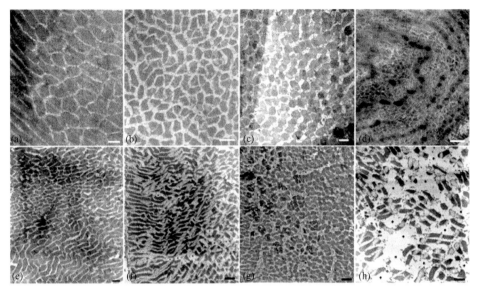

图 2-20　加热时间对脆肉鲩和鲩鱼背部肌肉肌纤维构架的影响

(a～d)分别为：生脆肉鲩，加热 15 min 脆肉鲩，加热 25 min 脆肉鲩，加热 40 min 脆肉鲩；(e～h)分别为：
生鲩鱼，加热 15 min 鲩鱼，加热 25 min 鲩鱼，加热 40 min 鲩鱼。标尺：(a) 1 μm，(b) 2 μm，(c) 2 μm，
(d) 5 μm，(e) 2 μm，(f) 5 μm，(g) 2 μm，(h) 7 μm。*. 肌原纤维之间间隙

　　肌原纤维间隙是决定鱼肉质构的主要因素。内聚性和回复性都是衡量肌肉弹性的指标，描述了肌肉从变形中恢复的能力以及对随后的变形提供抵抗的能力。从图 2-17 可以看出，脆肉鲩肌肉的内聚性和回复性明显高于鲩鱼的，特别是两种鱼肌肉在延长加热处理时间后，两者之间的内聚性和回弹性差异更为显著。由于肌肉的肌原纤维间隙越宽、越多，当肌肉受到压力时，回到初始状态就越难。可以说，当肌原纤维间隙较小的鱼肉被应力压缩时，几乎可以恢复。因此，脆肉鲩的肌原纤维间隙较小，表明脆肉鲩具有更好的内聚性和弹性。

　　E. 肌原纤维-肌节及肌纤维-肌纤维之间的分离率

　　经加热处理后，肌纤维-肌纤维分离明显发生了变化。如表 2-22 所示，随着加热处理时间的延长，两种鱼的肌原纤维-肌节分离率越来越大，均逐渐增加。不加热样品和加热样品的肌原纤维-肌节和肌纤维间分离率有显著差异（$P<0.05$）。但经加热处理后，脆肉鲩的肌原纤维-肌节和肌纤维间分离率均小于鲩鱼。肌纤维-肌纤维分离率增加，降低了加热样品的硬度，但是脆肉鲩加热到一定程度后，肌纤维之间的填充物多且与肌纤维凝结在一起，从而使脆肉鲩的硬度和咀嚼性增加。如图 2-17 所示，长时间的热处理可以增加脆肉鲩的硬度和咀嚼性。咀嚼力是咀嚼或咀嚼固体食品所需的能量，由硬度、凝聚力和弹性决定。这说明了肌原纤维和肌纤维的分离较多，使得咀嚼煮熟的脆肉鲩需要更多的能量。可以说，热处理后脆肉鲩的咀嚼性越强，其肌原纤维-肌节和肌纤维-肌纤维的分离越多。

表2-22　加热时间对肌原纤维-肌节分离率和肌纤维-肌纤维分离率的影响

加热时间/min	肌原纤维-肌节分离率/%		肌纤维-肌纤维分离率/%	
	脆肉鲩	鲩鱼	脆肉鲩	鲩鱼
0	2.73±0.8[dd]	18.72±4.38[ccdd]	7.00±1.91[dd]	57.06±12.97[ccd]
15	33.45±4.46[aa]	64.35±6.15[bbcc]	24.89±3.37[aa]	82.19±4.98[bbcc]
25	45.68±5.21[aad]	74.22±3.34[bbccd]	78.29±8.05[aadd]	95.39±1.28[bbcc]
40	60.42±8.83[aadd]	91.58±2.02[bbccdd]	94.79±1.47[aadd]	99.27±1.56[bbcd]

如表2-23所示，随着热处理时间的延长，两种鱼的平均肌纤维-肌纤维分离长度均增大。然而，脆肉鲩肌纤维-肌纤维分离长度的增长率小于鲩鱼。加热15 min后，脆肉鲩增加了4.06 μm，而鲩鱼增加了8.61 μm。加热40 min后，脆肉鲩肌纤维-肌纤维分离长度增加了12.88 μm，鲩鱼的增加了16.40 μm。弹性是由内聚力和形变来衡量的，描述了肌肉从变形中恢复的能力，并对随后的变形提供抵抗。与鲩鱼相比，脆肉鲩加热样品的肌纤维-肌纤维分离长度短(表2-23)和肌原纤维间隙窄且肌间填充物多(图2-19)，说明脆肉鲩肌肉在口腔中受牙齿挤压后恢复原来高度越容易，弹性越好。也就是说，加热25 min后脆肉鲩肌肉的弹性较差。因此，加热25 min后脆肉鲩肌肉的弹性、回复性和内聚性下降与肌纤维-肌纤维之间的间隙较大较多有关。

表2-23　加热时间对脆肉鲩和鲩鱼肌纤维-肌纤维分离长度的影响

加热时间/min	肌纤维-肌纤维分离长度/μm	
	脆肉鲩	鲩鱼
0	1.45±0.39[dd]	3.23±1.12[cdd]
15	5.51±3.93[aa]	11.84±2.61[bbcc]
25	7.58±4.00[aad]	19.47±3.33[bbccd]
40	14.33±4.34[aadd]	19.63±5.62[bbccd]

总的来说，脆肉鲩肌肉的特殊脆性与脆肉鲩肌肉中低水分含量以及高蛋白质含量的肌浆蛋白、肌原纤维蛋白和基质蛋白有关，并且肌肉蛋白质中含量高的含硫氨基酸和疏水性氨基酸使蛋白质中 C—S 键的扭曲结构和二硫键增加，使得疏水相互作用增强，α螺旋向稳定的β折叠转化，从而使脆肉鲩肌肉的蛋白质结构更加稳定，最终使脆肉鲩肌肉具有特殊的脆性。

另外，微观结构是由肌肉的组分通过化学键及物理作用力而形成的，组分的变化及化学键的变化最终导致结构的变化。对于生脆肉鲩和生鲩鱼来说，不同的质构特性与肌纤维直径、肌纤维密度、胶原蛋白含量和肌纤维之间的间隙有关。小的肌纤维直径、高的肌纤维密度、高的胶原蛋白含量、窄的肌纤维间隙是提高肌肉咀嚼性的重要因素。对于熟脆肉鲩和熟鲩鱼来说，热处理使肌肉中的蛋白质、胶原变性并且黏结在一起，进而使肌肉的超微结构发生了改变，所以咀嚼性好的脆肉鲩肌肉与肌原纤维和肌浆蛋白变性后凝结在一起有关，并且与肌纤维之间结缔组织的低收缩率、肌纤维之间多的填充物、肌纤维间与肌原纤维-肌节之间的低分离率紧密相关。总的来说，脆肉鲩肌肉质构特性的改变是由于改喂蚕豆引起脆肉鲩肌肉各种特性的改变而导致的。

参 考 文 献

安玥琦, 徐文杰, 李道友, 等. 2015. 草鱼饲喂蚕豆过程中肌肉质构特性和化学成分变化及其关联性研究. 现代食品科技, 31(5): 102-108, 261.

陈健, 肖凯军, 林福兰. 2007. 拉曼光谱在食品分析中的应用. 食品科学, 28(12): 554-558.

陈丽丽, 张树峰, 袁美兰, 等. 2019a. 不同烹饪方法对脆肉鲩挥发性风味物质的影响. 中国调味品, 44(12): 78-84.

陈丽丽, 张树峰, 袁美兰, 等. 2019b. 反复冻融对脆肉鲩鱼肉营养品质和质构特性的影响. 河南工业大学学报(自然科学版), 40(1): 72-78.

方林, 施文正, 刁玉段, 等. 2018. 冻结方式对不同部位草鱼呈味物质的影响. 食品科学, 39(12): 199-204.

甘承露. 2010. 脆肉鲩肌肉特性及其贮藏稳定性的研究. 武汉: 华中农业大学.

关磊, 朱瑞俊, 李小勤, 等. 2011. 普通草鱼与脆化草鱼的肌肉特性比较. 上海: 上海海洋大学.

鸿巢章二, 桥本周久. 1994. 水产利用化学. 郭晓风, 邹胜祥, 译. 北京: 中国农业出版社.

李道友. 2011. 草鱼脆化养殖过程中的肌肉特性及脆性表征. 武汉: 华中农业大学.

林婉玲. 2009. 脆肉鲩脆性及冷、冻藏对脆性和颜色影响的研究. 广州: 华南理工大学.

林婉玲, 杨贤庆, 李来好, 等. 2013. 脆肉鲩质构与感官评价的相关性研究. 现代食品科技, 29(1): 1-7, 72.

刘邦辉, 王广军, 郁二蒙, 等. 2011. 投喂蚕豆和普通配合饲料草鱼肌肉营养成分比较分析及营养评价. 南方水产科学, 7(6): 58-65.

荣建华. 2015. 冷冻和热加工对脆肉鲩肌肉特性的影响及其机制. 武汉: 华中农业大学.

谭乾开, 黎华寿. 2006. 食物与水环境因子对草鱼(*Ctenopharyngodon idellus* C. et V)脆化过程的影响. 生态学报, 26(7): 2409-2415.

汪之和. 2003. 水产品加工与利用. 北京: 化学工业出版社.

伍芳芳, 林婉玲, 李来好, 等. 2014. 草鱼脆化过程中肌肉品质变化. 南方水产科学, 10(4): 70-77.

肖调义, 刘建波, 陈清华, 等. 2004. 脆肉鲩肌肉营养特性分析. 淡水渔业, (3): 28-30.

许以明. 2005. 拉曼光谱及其在结构生物学中的应用. 北京: 化学工业出版社.

周敏. 2018. 冷冻及烹调方式对脆肉鲩鱼肉品质的影响. 南昌: 江西科技师范大学.

Ando M, Tsukamasa Y, Makinodan Y, et al. 1999. Muscle firmness and structure of raw and cooked arrow squid mantle as affected by freshness. Journal of Food Science, 64(4): 659-662.

Ayala M D, Albors O L, Blanco A, et al. 2005. Structural and ultrastructural changes on muscle tissue of sea bass, *Dicentrarchus labrax* L., after cooking and freezing. Aquaculture, 250: 215-231.

Ayala M D, García-Alcázar A, Abdel I, et al. 2010. Effect of thermal treatment on muscle tissue structure and ultrastructure of wild and farmed sea bass, *Dicentrarchus labrax* L. Aquaculture International, 18: 1137-1149.

Badii F, Howel N K. 2002. Changes in the texture and structure of cod and haddock fillets during frozen storage. Food Hydrocolloids, 16(4): 313-319.

Belibagli K B, Speers R A, Paulson A T. 2003. Thermophysical properties of silver hake and mackerel surimi. Journal of Food Engineering, 60(4): 439-448.

Careche M, Herrero A M, Rodriguez-Casado A, et al. 1999. Structural changes of hake(*Merluccius merluccius* L.)fillets: effects of freezing and frozen storage. Journal of Agricultural and Food Chemistry, 47(3): 952-959.

Dunajski E. 1979. Texture of fish muscle. Journal of Texture Studies, 10(4): 301-318.

Fauconneau B, Alami-Duranteb H, Larochec M, et al. 1995. Growth and meat quality relations in carp. Aquaculture, 129(2): 265-297.

Godiksen H, Morzel M, Hyldig G, et al. 2009. Contribution of cathepsins B, L and D to muscle protein profiles correlated with texture in rainbow trout(*Oncorhynchus mykiss*). Food Chemistry, 113(4): 889-896.

Guraya H S, Toledo R T. 1996. Microscopical characteristics and compression resistance as indices of sensory texture in a crunchy snack product. Journal of Texture Study, 27: 687-701.

Hatae K, Yoshimatsu F, Matsumoto J J. 1990. Role of muscle fibers in contributing firmness of cooked fish. Journal of Food Science, 55(3): 693-696 .

Hurling R, Rodell J B, Hunt H D. 1996. Fiber diameter and fish texture. Journal of Texture Study, 27: 679-685.

Johnston I A. 1999. Muscle development and growth: potential implications for flesh quality in fish. Aquaculture, 177: 99-115.

Li-Chan E C Y. 1996. The applications of Raman spectroscopy in food science. Trends in Food Science and Technology, 7(11): 361-370.

Lin W L, Yang X Q, Li L H, et al. 2016. Effect of ultrastructure on changes of textural characteristics between crisp grass carp(*Ctenopharyngodon idellus* C. et V)and grass carp(*Ctenopharyngodon idellus*)inducing heating treatment. Journal of Food Science, 81(2): E404-E411.

Lin W L, Zeng Q X, Zhu Z W. 2009. Different changes in mastication between crisp grass carp(*Ctenopharyngodon idellus* C. et V)and grass carp(*Ctenopharyngodon idellus*)after heating: the relationship between texture and ultrastructure in muscle tissue. Food Research International, 42(2): 271-278.

Lin W L, Zeng Q X, Zhu Z W, et al. 2012. Relation between protein characteristics and TPA texture characteristics of crisp grass carp(*Ctenopharyngodon idellus* C. et V)and grass carp (*Ctenopharyngodon idellus*). Journal of Texture Study, 43: 1-11.

Moral A, Morales J, Ruiz-Capillas C, et al. 2002. Muscle protein solubility of some cephalopods(pota and octopus)during frozen storage. Journal of the Science of Food and Agriculture, 82(6): 663-668.

Nielsen D, Hyldig G, Nielsen J, et al. 2005. Liquid holding capacity and instrumental and sensory texture properties of herring(*Clupea harengus* L.)related to biological and chemical parameters.

Journal of Texture Studies, 36(2): 119-138.

Ofstad R, Kidman S, Hermansson A M. 1996. Ultramicroscopical structures and liquid loss in heated cod(*Gadus morhua* L.) and salmon(*Salmo salar*) muscle. Journal of the Science of Food and Agriculture, 72: 337-347.

Periago M J, Ayala M D, López-Albors O, et al. 2005. Muscle cellularity and flesh quality of wild and farmed sea bass, *Dicentrarchus labrax* L. Aquaculture, 249(1): 175-188.

Purslow P P. 2005. Intramuscular connective tissue and its role in meat quality. Meat Science, 70(3): 435-447.

Schubring R. 1999. DSC studies on deep frozen fishery products. Thermochimica Acta, 337(1-2): 663-668.

Taylor R G, Fjaera S O, Skjervold P O. 2002. Salmon fillet texture is determined by myofiber-myofiber and myofiber-myocommata attachment. Journal of Food Science, 67: 2067-2071.

Thanonkaew A, Benjakul S, Visessanguan W. 2006. Chemical composition and thermal property of cuttlefish(*Sepia pharaonis*) muscle. Journal of Food Composition and Analysis, 19: 127-133.

Thawornchinsombut S, Park J W, Meng G, et al. 2006. Raman spectroscopy determines structural changes associated with gelation properties of fish proteins recovered at alkaline pH. Journal of Agricultural and Food Chemistry, 54(6): 2178-2187.

Thorarinsdottir K A, Arason S, Geirsdottir M, et al. 2002. Changes in myofibrillar proteins during processing of salted cod(*Gadus morhua*) as determined by electrophoresis and differential scanning calorimetry. Food Chemistry, 77(3): 377-385.

Wong H W, Choi S M, Phillips D L, et al. 2009. Raman spectroscopic study of deamidated food proteins. Food Chemistry, 113(12): 362-370.

第3章 脆肉鲩的生长发育及肉质形成

3.1 喂 养 条 件

脆肉鲩是鲩鱼在特定的环境条件下用特殊饲料饲养出来的优质活鱼。作为一种颇具特色的养殖,为大宗淡水鱼类养殖模式的提升提供了较好的示范。

脆肉鲩的养殖一般经过以下几个特殊过程。第一阶段,将育苗养成 250 g 左右的小鱼(鲩鱼);第二阶段,将小鱼养到 2.5～3.5 kg 的鲩鱼;第三阶段,将普通饲料换为蚕豆继续饲养鲩鱼,经过 120 d 以上的蚕豆喂养,形成了具有特殊脆性的脆肉鲩。

3.1.1 池塘脆肉鲩无公害养殖技术

1. 池塘条件

脆肉鲩养殖可在池塘或网箱中进行。池塘要求池底淤泥较少、水源充足、水质良好无污染、进排水方便、面积 1300～2000 m³、水深 2 m 左右,放养前按常规方法彻底清塘。在脆肉鲩养殖中保持良好水质是关键,与鲩鱼相比,脆肉鲩对水质要求更高。正常鲩鱼窒息点溶氧阈值为 0.54 mg/L,而脆肉鲩溶氧阈值则上升到 1.68 mg/L;同时,正常鲩鱼呼吸抑制值为 1.59～1.62 mg/L,而脆肉鲩呼吸抑制值上升到 2.85～3.08 mg/L,二氧化碳麻醉浓度由鲩鱼的 194 mg/L 高浓度下降至试验脆肉鲩的 52.42～65.36 mg/L。

由于脆肉鲩对水质的要求较高,脆肉鲩养殖场应是生态环境良好,无或不直接接受工业“三废”及农业、城镇生活、医疗废弃物污染的水(地)域。水质符合《渔业水质标准》(GB 11607—1989)和《无公害食品 淡水养殖用水水质》(NY 5051—2001)。

同时要求养殖池塘交通方便,供电正常,道路和电源线路延伸到池边,方便饲料、产品的运输和渔业机械的使用,池塘尽可能集中连片,以便于产品上市和节约电源线路的架设成本。

2. 放养前的准备

鱼种放养前先将鱼塘排干、除杂,并暴晒 30 d,灌水 0.5 m 后,可用生石灰或者漂白粉清塘消毒,以杀灭野杂鱼类、寄生虫类、螺类及其他敌害,使池塘“底

白、坡白、水白"，有效杀灭病菌。鱼塘消毒后适时进行灌水，灌水时应扎好过滤
水布，防止有害生物进入池内，水灌至 1.8~2.0 m 时，经试水确保池内生石灰或
漂白粉毒性消失后，再投放鱼种。

1) 生石灰清塘

干池清塘：先将塘水排干(或留水 6~9 cm)用生石灰 100 g/m²，视塘底污泥多
少而增减。清塘时，在塘底先挖几个小潭(或用木桶等)，然后把生石灰放入乳化，
不待冷却立即均匀遍洒全池，第二天早晨再用长柄泥耙翻动池塘底泥，充分发挥
生石灰的消毒作用，清塘后一般经 7~10 d 药力消失，即可放鱼。用生石灰清塘，
数小时即能杀死野杂鱼类、蝌蚪、水生昆虫、椎实螺、蚂蟥、虾、蟹、青泥苔、
病菌、寄生虫及其卵。生石灰干池清塘后，在重新加注新水时，野杂鱼类和病虫
害随水进入塘内，为了克服这个缺点，应采取过滤措施。

带水清塘：在水深约 1 m 的塘中用生石灰 30 g/m²，通常将生石灰放入木桶或
水缸中，乳化后立即遍洒全池，此种方法不必加注新水，防止了野杂鱼类和病虫
害随水流入池塘内，因此防病效果比干池清塘法更好。

2) 漂白粉清塘

一般漂白粉含有效氯 30% 左右，其用量可按 20 g/m³ 计算；先将漂白粉加水溶
化后，立即用木瓢遍洒全池，然后用船或桶划动池水，使药物在水中均匀分布，
发挥效果，一般下药后经 4~5 d 药力完全消失。漂白粉有很强的杀菌作用，并能
杀灭野杂鱼类、蝌蚪、水生昆虫、螺蛳和部分河蚌，防病效果接近生石灰清塘，
而且有用药量少、药力消失快、利于池塘周转等优点，但没有使池水增加肥效的
作用。

3. 鱼种放养

选择体质健壮、无伤病、规格为 0.5~1.0 kg/尾的鲩鱼作鱼种，池塘放养密度
一般为 2000~3000 尾/亩。为了调节水质、充分发挥鱼塘生物链的生产力，每亩
池塘可搭配放养 13~15 cm 鲢鳙鱼 50~60 尾。具体放养密度根据池塘条件、设施
水平、管理水平等条件决定。

鱼种放养前一般要经过消毒处理，以杀灭鱼种本身可能带来的病原菌，增强
鱼体的免疫力，提高养殖的成活率。常用的方法是用 3%~5% 的生理盐水浸泡 15~
20 min，也可用 4% 食盐水或漂白粉等药液浸浴 5~10 min。具体的消毒方式以及
时间可根据具体情况而定，如运输的时间长短、鱼种来源以及水温情况等。

条件许可的情况下，鱼种放养前用鲩鱼出血病、细菌性肠炎病、烂鳃病及赤
皮病灭活疫苗进行胸鳍基部肌肉注射，注射剂量为每尾 0.3~0.5 mL，可有效预防
出血病、肠炎病、烂鳃病、赤皮病的发生。

4. 脆化时间

从春季水温回升到 15℃，鲩鱼开始摄食一直到冬季停止摄食之前都可以进行脆化养殖，一般脆化的时间在 120 d 以上。如果采取轮捕轮放或分期分批的养殖模式，每轮(批)脆化养殖时间不少于 60 d。在脆肉鲩养殖中，脆化养殖时间的控制尤为重要。脆化时间不够会影响脆肉鲩的口感和品质，而过度脆化则会导致"肿身病"，引起死亡，造成损失。

5. 饲料投喂

鲩鱼脆化养殖的最关键之处是改变鲩鱼的饵料结构，用含高蛋白的蚕豆代替常规饲料，外加少量青草，不添加其他饲料，否则会影响脆化效果。在进行脆化养殖前，可让待脆化的鲩鱼先停食 2～3 d，然后饲喂少量浸泡过的碎蚕豆(蚕豆用1%食盐水浸泡 12～24 h)，直到鲩鱼喜食，以后可定时定量投喂蚕豆。一般每天上午 8 时左右、下午 5 时左右各投喂一次，投饵量为鲩鱼体重的 5%左右，具体投饵量根据鲩鱼摄食情况和水温变化进行调整(表 3-1)。

表 3-1　脆肉鲩日投饵量

水温/℃	日投饵量/(占体重百分数，%)
16～19	1.5～2
19～22	2～3
22～25	3～4
25～28	4～5
28～30	5～6

在饲料的投喂过程中，要遵循定时、定位、定质、定量的"四定"投喂原则，还要通过观察天气、水体情况以及鱼的进食情况适当调整投喂量。

投喂的蚕豆须经过浸泡催芽，催出芽后，冲洗干净无臭味再投喂，催芽时间与投喂时间衔接起来，以不断食为好。催芽蚕豆鱼喜食，易消化吸收，转换率高，生长速度快，肉质鲜味，肌肉变脆。

6. 日常管理

日常管理是养殖成功的关键因素。除了每天的正常投喂饲料外，每天黎明、中午和傍晚巡塘，观察塘鱼活动情况和水色、水质变化情况。及时解救浮头，防止死鱼。及时清除残饵，保证饵料新鲜，防止变质饵料影响水质。每2～3 d 清理食台、食场一次；每 15 d 用漂白粉消毒一次，用量视食场大小、水深、水质和水温而定，每次 250～500 g/亩。

经常清除池边杂草和池中草渣、腐败污物,保持池塘环境卫生。脆肉鲩对水质要求较高,要保持水质的清新和卫生。要求每隔 3～5 d 添加新水 5～10 cm,以增加水体活力,增加溶氧,应注意对水源的消毒和过滤,避免有害生物及病菌侵入鱼体。同时要配备增氧机增氧,以保持水质新鲜,溶氧正常。每隔半月,每亩泼洒生石灰 10～20 kg,以澄清水质,透明度最好保持在 25～30 cm。

此外,还可通过施用微生物制剂改善水质,使用频率视水体透明度、水温等情况而定,每月一次,如 EM 液、益生菌、光合细菌等,可有效改善水质状况,使水体中的有益菌种占优势。使用微生物制剂 15 d 内,不能使用杀虫剂。

7. 病害防治

鱼病的发生是鱼体、环境条件和病原体之间失去平衡所产生的现象,是三方面因素综合作用的结果。当鱼类的体质差、抗病能力弱和环境条件恶劣时,有病原体的存在就有可能发生鱼病。一般来说,下列情况容易使鱼得病:鱼种质量不好,体质差、受伤或已带病菌;水源水质不好;饲料质量不佳,营养或新鲜度达不到要求;放养密度过大、管理不善、水质恶化等。

对池塘养鱼来说,由于水体大,发病初期不易察觉,一旦发现,病情已经不轻,且通常鱼摄食量大减,甚至停食,给用药造成困难,往往难以达到理想的治疗效果。因此,鱼病防治要坚持"预防为主、防重于治"的方针,采取"无病先防、有病早治"的积极方法,尽量避免或减少因发病而带来的损失。在脆肉鲩无公害养殖中,一般采取如下措施,病害的发生率会大大降低。

(1)彻底清塘消毒,改善环境条件:经常清除塘底淤泥,换注新水,放种前要用生石灰、漂白粉进行池塘消毒。

(2)放养优质鱼种,进行鱼体消毒:应选择体质健壮、鳞片完整、无损伤、不带病原体的优质鱼种放养,放养前可用药液浸洗。

(3)注射疫苗:市场上比较成熟的有鲩鱼"三大病"(烂鳃、肠炎、赤皮)疫苗以及鲩鱼出血病疫苗。试验结果表明,注射疫苗后养殖成活率提高 30%以上。

(4)进行饲料、食场和渔具的消毒:青饲料投喂前应先用水洗干净,再用漂白粉浸泡 30 min;在食场周围或进水口挂上几小袋硫酸铜和漂白粉;对发病池塘用过的渔具,要用漂白粉、硫酸铜等药液浸洗消毒,再经日晒。

(5)定期投喂药物:一般用 0.8 g/m³ 的硫酸铜、硫酸亚铁(质量比 5∶2)合剂遍洒全池,或三氯异氰尿酸 0.4 g/m³ 或二氧化氯 0.2 g/m³,每月 1 次,3 种药物交替使用。

(6)常见病害的防治方法:脆肉鲩常见鱼病有肠炎病、烂鳃病、赤皮病。

A. 肠炎病

肠炎病主要是由于吃食不当、病菌侵入引起。其症状是病鱼离群独游,游动缓慢，鱼体发黑，食欲减退，以致完全不吃食。

内服药治疗方法可任选下列之一。

(1)每 100 kg 鱼每天用鱼用肠炎灵 10 g 拌饲投喂，连喂 3～5 d。

(2)每 100 kg 鱼每天用鱼服康 A 型 250 g 拌饲投喂，连喂 3～5 d。

B. 烂鳃病

病鱼体色发黑，尤其头部为甚，游动缓慢，对外界刺激反应迟钝，呼吸困难，食欲减退；病情严重时离群独游水面，不吃食，对外界刺激失去反应。发病缓慢，病程较长者，鱼体消瘦。

外用药治疗方法可任选下列之一。

(1)全池遍洒漂白粉(含有效氯 60%)，水体中其浓度为 0.5～0.6 g/m³。

(2)全池遍洒三氯异氰尿酸(含有效氯 83%)，水体中其浓度为 0.3～0.5 g/m³。

(3)全池遍洒氯胺 T(含有效氯 11.5%～13%)，水体中其浓度为 2～2.5 g/m³。

(4)全池遍洒大黄，水体呈 2.5～3.7 g/m³。在遍洒前，大黄要先用 20 倍质量的 0.3%氨水(含氨量 25%～28%)浸泡 12～24 h 进行提效。

内服药：每 100 kg 鱼每天用鱼用肠炎灵 10 g 拌饲投喂，连喂 3～5 d 或停止死鱼后，再喂 1～2 d。

C. 赤皮病

病鱼体表发炎，鳞片脱落，尤其是鱼体两侧及腹部最为明显；鳍基本或全部充血，鳍的末端腐烂，常烂去一段，鳍条间的软组织也常被破坏，使鳍条呈扫帚状，称"蛀鳍"；在体表病灶处常继发水霉感染；有时鱼的上、下颌及鳃盖充血发炎，鳃盖呈"开天窗"状。治疗方法同烂鳃病。

8. 适时捕捞和脆化保持

脆肉鲩脆化养殖时间不够会导致肉质口感不佳，而脆化时间过长则可能导致脆化死亡，因此，脆肉鲩的适时捕捞十分重要。

鲩鱼脆化养殖达到终极阶段后鲩鱼摄食量大大下降，体重增加和生长几乎均停止，生理功能发生巨大变化，表现为各器官出现系统的功能性障碍。此时，若改喂青饲料可以使脆化度降低；若继续投喂蚕豆则会使鲩鱼出现肿身性死亡。所以到达此阶段后必须及时捕捞上市。

在实际生产中，可能遇到市场疲软等情况需要继续养殖，又要保持"脆化持续稳定"。因此保持"脆化持续稳定"是实际生产中需掌握的关键技术，其方法是达到脆化终极阶段后改喂 75%小麦、10%蚕豆、15%青菜组成的混合饲料，尽量减少蚕豆的配比，这样脆肉鲩既不至于脆化死亡，又不会消耗机体营养，也不会使脆化度下降而失去脆肉鲩的特殊风味。

3.1.2　脆肉鲩网箱无公害健康养殖

网箱可设置在江河、湖泊和水库的背风向阳处，要求水体无污染、溶氧高、水底无水生植物着生。采用全封闭式网箱，其规格一般为 5 m×4 m×2.5 m，网目为 5 cm，网箱的底部垫一块 30 目的纱绢布作为投饵食台，以防饲料流失。在大水域进行网箱养殖时，应注意防止凶猛鱼类对网箱的破坏，可在网箱外围布置捕捞凶猛鱼类的网具。新网箱应提前 7～10 d 下水，使箱片软化，以防擦伤鱼体。已用过的网箱应将其清洗干净，并用 5% 的生石灰水溶液浸泡 30 min。其他管理和要求参见 3.1.1 节池塘脆肉鲩无公害养殖技术。

3.1.3　高品质脆肉鲩养殖业发展的建议与措施

养殖脆肉鲩的产量、产值、经济效益、社会效益、生态效益比养殖其他水产品种具有较大的优势，已形成了一定的养殖规模，成为广东东升渔业"一镇一品"的拳头新产品和农业经济的一大支柱。养殖脆肉鲩与其他淡水渔业品种相比，其风险较低，产量较高，效益理想，是值得推广发展的优良品种。政府职能部门必须要做好产前、产中、产后的各项服务工作，以社会效益为出发点，带动整体效益的提高。具体的方法和措施如下。

(1) 首先做好脆肉鲩养殖技术培训工作,举办水产养殖技术培训班和无公害脆肉鲩养殖技术培训班，组织全体养殖户参加培训学习，使养殖人员充分掌握养殖技术，熟悉无公害水产养殖操作规程和注意事项。

(2) 积极开展无公害脆肉鲩养殖基地、无公害脆肉鲩产品、广东省名牌产品和中国名优品牌等认证工作。为提高脆肉鲩的知名度，促进销售，增加效益，要积极参加展销活动或经贸洽谈。

(3) 加大脆肉鲩在养殖、流通、加工、销售各个环节的协调运作。开拓脆肉鲩流通、销售渠道。

(4) 重视脆肉鲩产业的食品质量与安全，保质、安全地生产及促进产业链的发展，形成以脆肉鲩为主的产业化、优质化、辐式开发等一条龙的发展模式。同时，积极开发脆肉鲩便携式食品，通过辐式模式对脆肉鲩肌肉以外如脂肪、鱼皮等副产品进行研发。

(5) 开展提高脆肉鲩品质机理和生产技术工艺的研究。影响鱼类品质的重要因素不仅包括饲料，还包括水质及生产工艺等，目前相关的研究仍有待进一步开展。

(6) 为鲩鱼养殖业发展提供科学依据和指导。现有的鲩鱼食品标准无法体现脆肉鲩品质的高低。以现行的绿色食品标准(NY/T 842—2012)、水产行业标准(SC/T 3108—2011)为例，其中安全品质指标非常完善，营养成分指标较为模糊。随着人们生活质量的提高，对农产品的品质要求也越来越高，需要对现有的脆肉鲩食品标准体系进行细化。建立高品质脆肉鲩食品的标准,更有序地指导生态养殖业者生产和消费者消费。

(7)培育成熟的高端生态养殖产品市场。目前在广东中山等地,优质的生态养殖脆肉鲩产品的市场售价显著高于鲩鱼,仍供不应求。这说明随着人们收入水平的提高,高品质生态养殖产品的消费群体正在扩大,高端生态养殖鱼产品的市场已现萌芽。一个成熟市场需要一定数量的品牌支撑。当前市场上高品质生态养殖产品的品牌凤毛麟角,常规养殖产品鱼目混珠、以次充好的现象依然存在,影响了消费者对高品质生态养殖产品的辨别,也影响了生态养殖业者的积极性。广东的脆肉鲩作为一个知名品牌,只有通过高品质生态养殖产品的品牌建设,培育成熟的高端生态养殖产品市场,真正做到优质优价,才能够促进脆肉鲩生态养殖产业的良性发展。

3.2　体重的生长变化

蚕豆饲喂后,增加了鱼类的脆性,能使其生长性能发生改变,如体增重率、肝体比、内脏比、肥满度等。饲喂蚕豆后,鲩鱼体增重率低。脆化的鲩鱼、罗非鱼和斑点叉尾鮰,脏体指数和肝体指数(hepatosomatic index,HSI)均显著降低,但是也有研究发现用不同的蚕豆提取物饲养的罗非鱼没有显著差异。此外,通过比较不同的脆化阶段,饲喂蚕豆的鲩鱼头肾体指数(head kidney somatic index,HKSI)先升高后降低,脆化各阶段,蚕豆组鲩鱼 HKSI 和 HSI 均低于对照组。

鲩鱼在喂食蚕豆后发生生理生化的变化主要与蚕豆所含的营养成分有关。蚕豆的氨基酸含量和比例与普通饲料存在差异,尤其是甲硫氨酸的含量低于普通饲料,这成为重要的限制性因子;而且,蚕豆本身存在蛋白酶抑制剂,会影响肠道蛋白酶活性。此外,蚕豆外皮中的抗营养因子(如缩合单宁 0.3%~0.5%、植酸 70 mg/100g)不能通过浸泡而完全消除,能够结合鱼体肠道消化酶,降低鱼的消化能力,也会使胰蛋白酶、α-糖化酶等的作用下降,从而使鲩鱼利用蚕豆的效率降低。

3.3　脆化过程质构特征和基本成分的变化

脆肉鲩是通过特殊养殖模式而得到的,投喂蚕豆一定时间能使其肉质具有久煮不烂、耐咀嚼等优良特性。投喂蚕豆后脆肉鲩的肌肉品质得到很大程度的提高,其所含有的水分、灰分、粗蛋白、粗脂肪、总糖、氨基酸等都会发生改变。

3.3.1　质构特性

鱼肉的质构指标是评价肌肉品质的重要特性。由表 3-2 可知，在脆化初期（CGC1），肌肉咀嚼性、硬度、胶黏性并没有出现显著性差异（$P>0.05$）；但是随着脆化时间的延长，CGC2 与 GC 相比，硬度、弹性、咀嚼性和胶黏性的绝对值分别增加了 87.20%、145.93%、368.46% 和 45.34%，均出现显著性差异（$P<$ 0.05）。到脆化后期时（CGC5），其硬度、弹性、咀嚼性和胶黏性的绝对值比鲩鱼大幅度增高。这表明不同脆化时间的脆肉鲩 TPA 指标值均存在显著性差异（$P<0.05$）。

表 3-2　不同脆化周期的肌肉 TPA 指标值（$n=18$）

脆化时间	硬度/g	弹性	咀嚼性/g	胶黏性/g
0 d（GC）	381.67±40.52[e]	1.35±0.47[d]	128.85±15.71[d]	−90.58±11.14[d]
30 d（CGC1）	592.67±57.86[de]	2.75±0.21[c]	257.91±34.82[d]	−110.98±5.88[cd]
50 d（CGC2）	714.50±77.62[cd]	3.32±0.51[c]	603.61±86.99[c]	−131.65±34.29[c]
70 d（CGC3）	831.67±88.75[c]	3.63±0.52[bc]	817.86±37.64[b]	−173.14±41.53[b]
90 d（CGC4）	1307.17±282.33[b]	4.58±1.42[ab]	873.54±67.78[b]	−204.97±32.08[ab]
120 d（CGC5）	2019.67±308.41[a]	5.43±1.55[a]	1394.28±241.91[a]	−207.34±25.83[a]

注：同一列右上角字母不同表示存在显著性差异（$P<0.05$），下同。

3.3.2　基本营养成分

鲩鱼通过脆化处理后，脆肉鲩肌肉的基本营养成分发生了明显的变化（表 3-3），在脆化初期（CGC1），脆肉鲩的粗蛋白含量和灰分含量比 GC 的分别高 43.34%、14.89%，而水分和粗脂肪含量却比 GC 分别低 2.79%、37.94%；随着投喂蚕豆的时间增加，CGC5 比 GC 的水分含量、粗脂肪含量分别低 8.99% 和 72.33%，而粗蛋白含量增加了 49.93%。这可能与蚕豆具有低脂肪、高蛋白的特点密切相关。脆化时间不同，脆肉鲩的这四种营养成分之间也存在显著性差异（$P<0.05$）。

表 3-3　不同脆化周期的鱼肉基本营养成分

脆化时间	水分/%	粗蛋白/%	粗脂肪/%	粗灰分/%
0 d（GC）	79.34±0.94[a]	14.12±0.79[d]	2.53±0.77[a]	0.94±0.02[c]
30 d（CGC1）	77.13±0.64[b]	20.24±0.28[c]	1.57±0.50[b]	1.08±0.06[c]
50 d（CGC2）	76.30±0.08[bc]	20.46±0.21[c]	1.22±0.08[bc]	1.01±0.07[c]
70 d（CGC3）	75.77±0.16[c]	21.13±0.07[b]	0.99±0.02[bc]	1.05±0.11[c]

续表

脆化时间	水分/%	粗蛋白/%	粗脂肪/%	粗灰分/%
90 d(CGC4)	73.40±0.34^d	22.71±0.19^a	0.77±0.10^c	1.28±0.06^b
120 d(CGC5)	72.21±1.22^d	21.17±0.21^b	0.70±0.11^c	1.49±0.17^a

　　肌肉品质与水分含量和粗脂肪含量密切相关，肌肉的风味和嫩度与肌肉脂肪含量呈正相关性，这是由于肌肉脂肪含量的下降使得肌束之间的摩擦力增大继而降低了肌肉嫩度。表 3-4 为肌肉质构与基本营养成分的相关性系数。本试验发现脆化过程中，肌肉水分含量与硬度等质构指标呈极显著负相关($P<0.01$)；且粗脂肪含量在脆化过程中显著降低，与肌肉咀嚼性、胶黏性等呈显著相关性($P<0.05$)。水分含量下降，即说明固形物含量有所上升，而粗脂肪含量下降，粗蛋白含量增加，这可能是导致鲩鱼脆化后肌肉变脆的重要因素之一。

表 3-4　鲩鱼脆化过程中肌肉基本营养成分与质构之间的相关性系数

营养成分	硬度	咀嚼性	弹性	胶黏性
水分	−0.946**	−0.945**	−0.995**	−0.957**
粗脂肪	−0.770	−0.868*	−0.948**	−0.907*
粗灰分	0.978**	0.870*	0.899*	0.834*
粗蛋白	0.585	0.672	0.831*	0.777

*. 在 0.05 水平(双侧)上显著相关；**. 在 0.01 水平(双侧)上显著相关；下同。

3.3.3　胶原蛋白含量

　　不同脆化周期的鱼肉胶原蛋白含量见图 3-1。鲩鱼肌肉胶原蛋白含量为 1.02 g/100g，稍高于其他的淡水鱼类。随着脆化周期的不同，胶原蛋白含量先降后升。在脆化初期(CGC1～CGC2)，胶原蛋白含量分别为 0.77 g/100g、0.66 g/100g，比鲩鱼(GC)分别显著下降了 24.51%($P=0.004$)、35.29%($P=0.000$)。值得一提的是，随着脆化程度的增加，脆肉鲩的肌肉胶原蛋白含量显著增加，在脆化后期(CGC5)达到最大值 1.61 g/100g，显著高于鲩鱼($P=0.000$)。

　　投喂蚕豆后，鱼肉的口感和脆性发生显著改变。鱼肉中的胶原蛋白对保持肌肉完整性和韧性具有重要作用。肌肉的硬度与肌肉结缔组织中胶原蛋白的含量呈正相关性，即肌肉结缔组织含量越多，肉质越硬，含量越少，肉质越嫩。伦峰等的研究表明，胶原蛋白含量与肌肉失水率以及耐折力等指标存在一定相关性。综合来看，随着投喂蚕豆时间增加，胶原蛋白含量显著增加，继而增加了肌肉硬度。

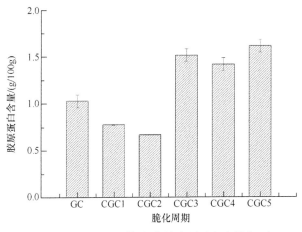

图 3-1　不同脆化周期鱼肉的胶原蛋白含量($n=3$)

3.3.4　矿物质

矿质元素是维持机体正常生长发育和正常生理功能不可缺少的物质,矿质元素的不足或过量都会引起疾病的发生。镁参与生物体内所有的能量代谢、催化或激活多种酶体系并能阻止脂质生成,在预防糖尿病、心血管疾病方面也发挥重要保健作用;钙构成机体的骨骼,同时能参与调节多种神经递质和激素的释放;钠能调节体内水分与渗透压,维持酸碱平衡,并能增强神经肌肉兴奋性;铜和铁参与造血,是合成血红蛋白的活性剂,铜对脂质和糖代谢有一定影响,缺乏铜会使血中胆固醇水平升高。不同脆化周期的鱼肉矿质元素含量见表 3-5。

表 3-5　不同脆化周期的鱼肉矿质元素含量　　　　(单位: mg/kg, $n=3$)

元素	GC	CGC1	CGC2	CGC3	CGC4	CGC5
Ca	226.46±12.94[c]	338.57±8.74[bc]	327.53±110.61[bc]	331.35±51.41[bc]	445.65±13.82[b]	836.62±25.46[a]
Na	427.55±8.05[b]	665.89±79.45[a]	147.93±26.97[c]	137.97±30.82[c]	413.03±65.95[b]	368.61±5.75[b]
Mg	261.65±5.50[c]	259.73±9.93[c]	303.85±8.81[b]	227.54±7.68[d]	241.88±6.58[d]	382.13±1.11[a]
Zn	2.58±0.26[a]	2.68±0.11[a]	3.20±0.16[a]	2.68±0.12[a]	2.63±0.72[a]	3.00±0.22[a]
Fe	13.74±0.33[a]	7.96±0.31[b]	5.63±0.07[c]	5.43±0.41[cd]	4.80±0.22[d]	1.98±0.04[e]
Cd	0.07±0.02[a]	0.01±0.00[a]	0.01±0.00[a]	0.10±0.01[a]	0.03±0.00[a]	0.01±0.00[a]
Cu	0.78±0.06[a]	0.53±0.01[c]	0.68±0.04[ab]	0.62±0.06[bc]	0.57±0.07[bc]	0.60±0.06[bc]
Cr	0.56±0.05[a]	0.48±0.04[a]	0.52±0.01[a]	0.50±0.01[a]	0.42±0.03[a]	0.37±0.25[a]

从表 3-5 中可以看出,肌肉的 Ca 含量随着脆化时间的增加而显著增加($P<0.05$);Mg 含量与脆化时间无规律性变化,但在脆化后期(CGC5)有显著性增加。但鲩鱼

肌肉的 Fe 含量却显著高于脆肉鲩($P<0.05$)。不同脆化期鱼肉的 Cd、Cr 含量差异不显著。在脆化初期(CGC1),脆肉鲩肌肉的 Ca、Na、Zn 含量增加,但 Fe、Cu 含量下降。随着投喂蚕豆时间的增加,脆化时间越长,脆肉鲩(CGC5)与鲩鱼的各种矿质元素含量差异越显著,脆肉鲩(CGC5)的 Ca、Mg 含量分别比鲩鱼增加了269.43%($P<0.01$)和46.05%($P<0.01$),但 Fe 和 Cu 含量却显著下降($P<0.01$)。

　　脆化时间不同,鱼肉的不同矿质元素含量(Zn、Cd、Cr 除外)也出现显著性差异($P<0.01$)。通过相关性分析发现(表3-6),肌肉的 Ca 含量与肌肉硬度($R=0.976$)、咀嚼性($R=0.881$)和弹性($R=0.853$)呈显著正相关性($P<0.05$),但 Fe 含量和 Cr 含量与肌肉质构指标呈显著负相关性($P<0.05$),同时,其他元素与质构指标的相关性并不显著。不同脆化期的鱼肉均含有丰富的矿质元素,但含量各有差异,且脆化过程中,肌肉 Ca 含量显著增加,而 Fe 含量显著下降,这可能导致脆化后肌肉形成特殊的脆性。

表3-6　鲩鱼脆化过程中肌肉质构与矿质元素之间的相关性系数

矿质元素	硬度	咀嚼性	弹性	胶黏性
Ca	0.976**	0.881*	0.853*	0.742
Mg	0.675	0.580	0.496	0.287
Na	−0.073	−0.362	−0.207	−0.283
Zn	0.327	0.413	0.385	0.161
Fe	−0.817*	−0.899*	−0.958**	−0.863*
Cu	−0.427	−0.385	−0.601	−0.509
Cd	−0.366	−0.190	−0.359	−0.097
Cr	−0.945**	−0.847*	−0.921**	−0.851*

3.3.5　脂肪酸

　　肌肉的风味随着脂肪含量的增加而有所改善,同时脂肪含量增加降低了肌束间的摩擦力,使得肌肉嫩度增加。有报道指出,这与其中脂肪酸的组成成分密切相关:不饱和脂肪酸极易氧化,影响了肉品的货架期,但对烹调后的风味形成却具有重要的作用;脂肪酸因其组成成分不同而具有不同的熔点,这与肌肉的硬度和胶黏性具有显著相关性。

　　由表3-7可知,不同脆化期的肌肉中共检出 17 种脂肪酸。其中,饱和脂肪酸(saturated fatty acid, SFA)6 种,共占脂肪酸总量的 30.04%～38.22%。单不饱和脂肪酸(monounsaturated fatty acid, MUFA)4 种,占脂肪酸总量的 26.16%～38.73%,研究表明,MUFA 具有降低血浆胆固醇、降低血糖、调节血脂和预防心血管疾病等重要功效。多不饱和脂肪酸(polyunsaturated fatty acid,PUFA)7 种,占脂肪酸总量的 27.56%~43.80%。PUFA 能降低血液中胆固醇和甘油三酯含量,并能保持细胞膜的相对流动性,可转化成具有重要生理功能的代谢产物,从而发挥生理调节作用。比较发现,不同脆化期鱼肉的脂肪酸主要由油酸(C18:1)、棕榈酸(C16:0)、亚油酸(C18:2)、花生四烯酸(C20:4)、硬脂酸(C18:0)构成。

表 3-7　不同脆化周期肌肉的脂肪酸组成及含量

脂肪酸种类	含量/%					
	GC	CGC1	CGC2	CGC3	CGC4	CGC5
C12:0	0.58	0.51	0.24	0.41	0.47	0.24
C14:0	0.98	5.52	4.57	1.29	5.19	0.67
C15:0	0.11	0.01	0.26	1.73	0.19	2.29
C16:0	19.87	19.45	22.31	19.74	21.99	19.70
C17:0	0.13	0.01	0.30	0.16	0.15	0.14
C18:0	8.37	5.02	6.33	6.99	10.23	9.01
C16:1	3.08	4.67	5.50	5.52	5.68	3.95
C17:1	0.05	0.01	1.69	1.41	3.46	1.36
C18:1	22.35	33.23	30.58	28.88	23.42	24.74
C20:1	0.68	0.82	0.64	0.80	0.96	0.92
C18:2	11.56	11.06	8.06	12.56	9.19	10.13
C20:2	1.20	0.01	0.30	0.61	0.66	0.77
C20:3	2.55	0.61	2.13	2.12	2.78	4.70
C20:4	11.89	4.31	3.19	7.18	6.30	10.42
C21:4	0.74	0.80	0.90	3.11	3.01	5.27
C20:5	8.30	5.02	4.93	1.90	0.37	0.68
C22:6	7.56	8.96	8.05	5.59	5.96	5.02
∑SFA/%	30.04	30.52	34.01	30.32	38.22	32.05
∑UFA/%	69.96	69.50	65.97	69.68	61.79	67.96
∑MUFA/%	26.16	38.73	38.41	36.61	33.52	30.97
∑PUFA/%	43.80	30.77	27.56	33.07	28.27	36.99
∑(DHA+EPA)/%	15.86	13.98	12.98	7.49	6.33	5.70
∑PUFA/∑SFA	1.46	1.01	0.81	1.09	0.74	1.15

通过比较发现,肌肉的硬脂酸(C18:0)和亚油酸(C18:2)含量随着脆化时间

的不同而显著变化,其中肌肉的硬脂酸含量随着脆化时间的延长(CGC1～CGC5)先上升后下降,含量最高为 10.23%(CGC4),比鲩鱼高 22.22%;与此同时,肌肉的亚油酸含量却随着脆化时间的延长而有所下降(CGC3 除外)。通过相关性分析表明(表 3-8),肌肉的硬度和胶黏性与硬脂酸的含量呈正相关性,而与亚油酸含量呈负相关性。综合考虑,随着脆化时间的延长,脆肉鲩的肌肉硬度和胶黏性均显著高于鲩鱼,这可能与脆化养殖后肌肉硬脂酸含量的增加、亚油酸含量的下降有关。

表 3-8　鲩鱼脆化过程中肌肉质构指标与脂肪酸指标之间的相关性

脂肪酸	硬度	咀嚼性	弹性	胶黏性
硬脂酸	0.579	0.502	0.442	0.614
亚油酸	−0.270	−0.231	−0.353	−0.208
TAA	0.261	0.088	0.266	0.091
EAA	0.332	0.161	0.358	0.195

EPA(C20：5)与 DHA(C22：6)是人体必需脂肪酸。DNA 有促进大脑和视网膜发育、增强记忆力和提高智力等重要作用。EPA 能够减少血栓的形成,增进血液循环,预防心脑血管疾病。从表 3-7 可知,DHA 占脂肪酸总量最高的为 CGC1(8.96%),比鲩鱼(GC)的 DHA 含量(7.56%)高 18.52%,但随着脆化时间增加,脆肉鲩的 DHA 含量逐渐下降,在脆化后期(CGC5)时,肌肉的 DHA 含量最低,仅为 5.02%,比鲩鱼低 33.60%。与此同时,EPA 含量也随着脆化时间增加而显著下降：鲩鱼 EPA 含量占脂肪酸总量的 8.30%,比脆肉鲩肌肉(CGC5)高 1120.59%。不同脆化周期鱼肉的 $\sum$PUFA/$\sum$SFA 为 0.74～1.46,其中以鲩鱼最高。从 DHA 和 EPA 总量来看,脆肉鲩的多不饱和脂肪酸含量有所下降。综合发现,投喂蚕豆能改变鲩鱼的肉质,但由于蚕豆中营养成分相对于普通饲料较单一,并且由于蚕豆中存在大量的抗营养因子,继而降低了肠道对营养物质的吸收率及机体对营养物质的利用率。

3.3.6　蛋白质组分

蛋白质是鱼肌肉中重要的组成物质,骨骼肌是由蛋白质与其他成分结合所形成的。试验发现,脆化后的鲩鱼肌原纤维蛋白含量提高,肌浆蛋白和基质蛋白的质量分数增加,碱溶性蛋白的质量分数下降。此外,脆化使鲩鱼与罗非鱼胶原蛋白含量显著上升,而伦峰等发现其含量无显著差异。对于上述结果,其原因尚不明确,可能是蚕豆饲料营养不均衡,造成蛋白质的变化,从而影响鱼肉的脆性。通过对比发现(表 3-9),脆化过程中肌肉蛋白质组分均有显著性差异,其中脆肉鲩

(CGC5)的肌原纤维蛋白、基质蛋白和肌浆蛋白含量分别达到最高值，即为56.14%、4.08%和17.07%，分别比鲩鱼增加了10.88%($P<0.05$)、80.53%($P<0.05$)和15.42%($P<0.05$)。与此同时，碱溶性蛋白含量却出现了显著性降低($P<0.05$)。值得一提的是，不同的脆化时间，脆肉鲩(CGC1～CGC5)的这四种蛋白质含量均有极显著差异($P<0.001$)。

表3-9　不同脆化周期的肌肉蛋白质成分占粗蛋白的含量　　　(单位：%)

脆化周期	肌浆蛋白	肌原纤维蛋白	基质蛋白	碱溶性蛋白
GC	14.79±0.53[d]	50.63±0.28[c]	2.26±0.41[b]	20.61±0.25[a]
CGC1	15.58±0.30[bc]	51.97±0.93[c]	2.46±0.42[b]	18.18±0.80[b]
CGC2	15.38±0.26[cd]	53.39±0.95[b]	2.88±0.37[b]	17.56±0.32[b]
CGC3	16.04±0.23[b]	53.49±0.56[b]	2.77±0.48[b]	17.06±0.81[b]
CGC4	16.77±0.47[a]	55.77±1.03[a]	3.72±0.18[a]	12.45±0.48[c]
CGC5	17.07±0.10[a]	56.14±0.54[a]	4.08±0.06[a]	11.06±0.87[d]

有研究者曾指出肌原纤维蛋白是支撑肌肉运动的结构蛋白质，其含量与鱼肉的嫩度呈正相关性。基质蛋白的主要成分是胶原蛋白和弹性蛋白，而胶原蛋白对保持肌肉完整性有重要作用。肌浆蛋白是由肌纤维细胞质中存在的蛋白质和代谢中的各种蛋白酶组成，Godiksen等发现在虹鳟鱼中，来源于肌浆蛋白中的组织蛋白酶含量与鱼肉质构存在相关性。

通过相关性分析发现(表3-10)，脆化过程中肌浆蛋白含量、肌原纤维蛋白含量和基质蛋白含量与肌肉质构之间呈显著正相关性($P<0.05$)，而碱溶性蛋白与硬度($R=-0.960$)、弹性($R=-0.967$)等呈极显著负相关性($P<0.01$)。由于脆化过程中，肌原纤维蛋白、肌浆蛋白和基质蛋白含量均显著增加，导致鱼肉在脆化过程中质构特性，特别是硬度指标表现出显著差异，这说明脆肉鲩脆性改变与脆化过程中高肌原纤维蛋白含量、高基质含量和高肌浆蛋白含量等肌肉品质指标有关。

表3-10　鲩鱼脆化过程中肌肉质构指标与肌肉蛋白质组分含量之间的相关性

肌肉蛋白	硬度	咀嚼性	弹性	胶黏性
肌浆蛋白	0.931**	0.911*	0.964**	0.962**
肌原纤维蛋白	0.915*	0.932*	0.982**	0.965**
基质蛋白	0.966**	0.923**	0.947**	0.918**
碱溶性蛋白	-0.960**	-0.914*	-0.967**	-0.939**

3.3.7　氨基酸

1. 氨基酸种类与含量

蛋白质的营养价值主要取决于其氨基酸的含量和组成。从表 3-11 可看出，脆化过程中肌肉氨基酸组成种类相同，均包含 16 种常见氨基酸，但鲩鱼与脆肉鲩在氨基酸总量(TAA)、鲜味氨基酸总量(UAA)、必需氨基酸总量(EAA)上均存在显著差异($P<0.05$)，并且可以明显看出，鲩鱼的 TAA 比脆肉鲩的低 10.81%(CGC2，$P<0.01$)。与此同时，EAA/TAA 与 EAA/NEAA 的比值随着脆化时间不同均有所差异。鲩鱼的 EAA/TAA 为 43.77%，EAA/NEAA 为 69.15%，脆化后，脆肉鲩(CGC3)这两个比值分别增加了 2.60%、3.86%。根据联合国粮食及农业组织/世界卫生组织(FAO/WHO)的理想模式，质量较好的蛋白质中氨基酸组成为 EAA/NEAA 在 60%以上，而 EAA/TAA 在 40%左右。由此可知，鲩鱼和脆肉鲩的氨基酸平衡效果较好，均属于优质蛋白质，且投喂蚕豆使肌肉的营养价值有所提高。

表 3-11　不同脆化周期的肌肉氨基酸含量

		GC	CGC1	CGC2	CGC3	CGC4	CGC5
氨基酸含量(g/100g，湿重)	天冬氨酸**	1.95±0.01	2.13±0.04	2.19±0.01	1.73±0.01	2.22±0.01	2.15±0.02
	苏氨酸*	0.83±0.01	0.90±0.03	0.89±0.01	0.73±0.01	0.87±0.01	0.85±0.01
	丝氨酸	0.73±0.01	0.78±0.01	0.64±0.01	0.54±0.01	0.63±0.01	0.67±0.01
	谷氨酸**	2.87±0.01	3.15±0.06	3.14±0.01	2.60±0.02	3.24±0.01	3.11±0.02
	脯氨酸	0.59±0.01	0.52±0.02	0.75±0.04	0.55±0.04	0.60±0.01	0.63±0.01
	甘氨酸**	1.08±0.01	0.94±0.01	1.24±0.01	0.84±0.01	1.04±0.00	1.04±0.01
	丙氨酸**	1.21±0.02	1.24±0.03	1.35±0.01	1.03±0.02	1.29±0.00	1.25±0.01
	缬氨酸*	0.99±0.01	1.08±0.02	1.18±0.01	0.93±0.01	1.22±0.00	1.13±0.00
	甲硫氨酸*	0.57±0.01	0.62±0.01	0.63±0.00	0.51±0.01	0.64±0.01	0.61±0.01
	异亮氨酸*	0.87±0.01	0.96±0.01	1.03±0.01	0.82±0.00	1.07±0.02	1.00±0.02
	亮氨酸*	1.51±0.01	1.64±0.03	1.68±0.01	1.37±0.01	1.74±0.01	1.62±0.02
	酪氨酸	0.63±0.02	0.68±0.01	0.69±0.01	0.57±0.01	0.72±0.00	0.69±0.01
	苯丙氨酸*	0.83±0.02	0.85±0.01	0.92±0.01	0.72±0.00	0.94±0.01	0.89±0.01
	赖氨酸*	1.84±0.01	2.07±0.04	2.07±0.01	1.67±0.02	2.10±0.01	2.02±0.01
	组氨酸	0.53±0.01	0.63±0.01	0.67±0.00	0.49±0.01	0.70±0.00	0.61±0.00
	精氨酸	1.18±0.02	1.23±0.01	1.32±0.01	1.02±0.01	1.28±0.01	1.17±0.01
TAA/(g/100g，湿重)		18.21±0.10[c]	19.42±0.28[b]	20.39±0.07[a]	16.12±0.14[d]	20.30±0.07[a]	19.44±0.14[b]
EAA(g/100g，湿重)		7.97±0.04[d]	8.75±0.14[c]	9.07±0.04[b]	7.24±0.05[e]	9.28±0.05[a]	8.73±0.07[c]

续表

	GC	CGC1	CGC2	CGC3	CGC4	CGC5
NEAA(g/100g, 湿重)	10.24±0.06	10.67±0.14	11.32±0.01	8.88±0.09	11.02±0.02	10.71±0.07
UAA(g/100g, 湿重)	7.11±0.04^c	7.46±0.12^b	7.92±0.01^a	6.20±0.04^d	7.79±0.07^a	7.55±0.04^b
EAA/TAA/%	43.77	45.06	44.48	44.91	45.71	44.91
EAA/NEAA/%	69.15	71.68	70.01	71.82	73.22	71.68
UAA/TAA/%	39.12	38.40	38.87	38.32	38.47	38.81

*. 必需氨基酸；**. 鲜味氨基酸。

　　鱼类的鲜美程度主要取决于肌肉中甘氨酸、天冬氨酸、谷氨酸和丙氨酸的含量与组成。其中，脆化过程鱼肉中含量最高的均为谷氨酸，其次为天冬氨酸，这两种氨基酸为呈鲜味的特征氨基酸，分别占鲩鱼氨基酸总量的15.76%和10.71%。有研究指出，谷氨酸不仅是呈鲜味氨基酸，还在人体代谢中具有重要意义，能够参与多种生理活性物质的合成。从表 3-11 可以看出，脆肉鲩的鲜味氨基酸总量显著高于鲩鱼($P<0.05$)，说明脆化后的鱼肉鲜味明显增强。

　　2. 氨基酸评价

　　换算后的必需氨基酸组成和含量见表 3-12，同时分别计算出氨基酸评分（AAS，表 3-13）、化学评分（CS）和必需氨基酸指数（EAAI，表 3-14）。脆肉鲩的 AAS 多数大于 1 或接近 1，脆肉鲩肌肉氨基酸组成与人体需求模式基本平衡，是理想的蛋白质来源，虽然脆化时间不同，但鲩鱼和脆肉鲩中 AAS 和 CS 最高的均为 Lys，这要远高于其他鱼类。EAAI 是评价蛋白质营养价值最常用的指标之一，通过计算，脆肉鲩的 EAAI 最高达 93.28，远高于其他鱼类，脆肉鲩的营养价值较高。

表 3-12　不同脆化周期的肌肉蛋白必需氨基酸组成　　（单位：mg/g Pro）

脆化时间	Thr	Met	Leu	Lys	Val	Ile	Phe+Tyr
鲩鱼(GC)	58.78	40.37	106.94	130.31	70.11	61.61	103.40
30 d(CGC1)	44.47	30.63	81.03	102.27	53.36	47.43	75.59
50 d(CGC2)	43.50	30.79	82.11	101.17	57.67	50.34	78.69
70 d(CGC3)	34.55	24.14	64.84	79.03	44.01	38.81	61.05
90 d(CGC4)	38.31	28.18	76.62	92.47	53.72	47.12	73.10
120 d(CGC5)	40.15	28.81	76.52	95.42	53.38	47.24	74.63
鸡蛋蛋白模式	52	50	92	56	68	50	91
FAO/WHO 模式	40	35	70	55	50	40	60

表3-13　不同脆化周期的肌肉蛋白必需氨基酸评分

脆化时间	AAS						
	Thr	Met	Leu	Lys	Val	Ile	Phe+Tyr
鲩鱼(GC)	1.470	1.153*	1.528	2.369	1.402**	1.540	1.723
30 d(CGC1)	1.112	0.875*	1.158	1.859	1.067**	1.186	1.260
50 d(CGC2)	1.088**	0.880*	1.173	1.839	1.153	1.259	1.312
70 d(CGC3)	0.864**	0.690*	0.926	1.437	0.880	0.970	1.018
90 d(CGC4)	0.958**	0.805*	1.095	1.681	1.074	1.178	1.218
120 d(CGC5)	1.004**	0.823*	1.093	1.735	1.068	1.181	1.244

*. 第一限制性氨基酸；**. 第二限制性氨基酸；下同。

表3-14　不同脆化周期的肌肉蛋白必需氨基酸指数和化学评分

脆化时间	CS							
	Thr	Met	Leu	Lys	Val	Ile	Phe+Tyr	EAAI
鲩鱼(GC)	1.13	0.80*	1.16	2.32	1.03**	1.23	1.13	119.8
30 d(CGC1)	0.85	0.61*	0.88	1.82	0.78**	0.94	0.83	91.13
50 d(CGC2)	0.83**	0.61*	0.89	1.80	0.84	1.00	0.86	93.28
70 d(CGC3)	0.66	0.48*	0.70	1.41	0.64**	0.77	0.67	72.71
90 d(CGC4)	0.73**	0.56*	0.83	1.64	0.79	0.94	0.80	85.72
120 d(CGC5)	0.77**	0.57*	0.83	1.70	0.78	0.94	0.82	87.20

3.4　脆化过程中肌肉组织超微结构的变化

脆肉鲩是通过特殊养殖模式而得到的，投喂蚕豆一定时间能使其肉质具有久煮不烂、耐咀嚼等优良特性。质构指标一般包括硬度、弹性、黏聚性、咀嚼性等，是食物重要的属性，也是脆肉鲩肌肉品质评价的重要参数。肌肉质构与肌纤维直径、肌纤维密度、肌节长度等有关，脆化过程中肌肉超微结构发生明显的变化。

3.4.1　不同脆化期肌纤维变化

从图 3-2 中可以看出，在所有切片组织中，肌纤维均呈典型的多边形结构，这些结构表面被一层疏松结缔组织(肌内膜)包裹，并且在脆化过程中保存完整。相对于鲩鱼，脆肉鲩背部白肌的肌纤维间隙和肌纤维直径均随着脆化周期的不同而出现显著性差异。

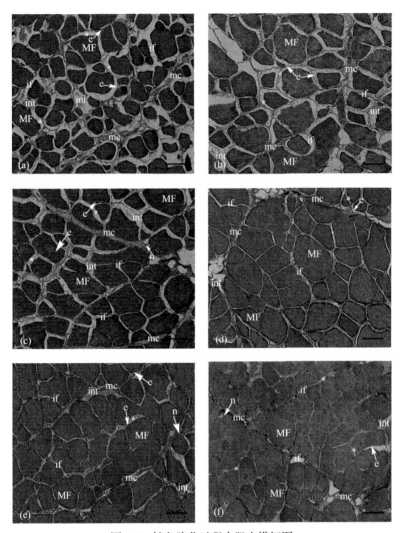

图 3-2　鲩鱼脆化过程中肌肉横切图

(a)为鲩鱼(GC)；(b)～(f)分别为 CGC1～CGC5；标尺：(a～f)100 μm；MF. 肌纤维；e. 肌内膜；mc. 肌节；
*. 肌原纤维与肌内膜的距离；int. 内部填充材料；if. 肌原纤维间距；n. 胞核

　　如图 3-3 和图 3-4 所示，与鲩鱼肌肉超微结构相比，脆肉鲩背部肌肉的肌纤维直径随着脆化周期的延长而减小，但肌纤维密度随着脆化周期的延长而出现逐渐上升的趋势。脆肉鲩背部肌纤维间距显著大于鲩鱼，可能是因为脆肉鲩肌纤维细胞间物质增多。有学者研究发现，脆肉鲩肌肉中肌纤维细胞间的主要物质基质蛋白是鲩鱼的 1.6 倍；此外，已有大量研究证实脆肉鲩肌肉中胶原蛋白含量显著高于鲩鱼，而胶原蛋白是肌纤维细胞间物质的重要成分。鲩鱼（GC）的肌纤维直径和肌纤维密度分别为 94.10 μm 和 69.52 条/mm²，与脆化初期（CGC1）的鱼肉肌纤维直径和肌纤维密度均无显著性差异（$P>0.05$）；随着投喂时间的延长，脆肉鲩（CGC5）的肌纤维直径下降为 54.04 μm，比鲩鱼低 42.57%（$P=0.000$）；与此同时，肌纤维密度却上升为 112.09 条/mm²（$P=0.000$）。肌纤维直径越小，鱼类肌肉硬度越大，即肌纤维直径与鱼肉硬度呈显著负相关。本研究中，脆肉鲩背肌肌纤维直径减小且其数量增加，也进一步验证了肌纤维直径与肌肉硬度呈显著负相关。

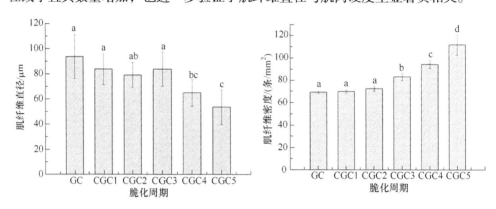

图 3-3　脆化过程中肌纤维直径的变化　　　图 3-4　脆化过程中肌纤维密度的变化

3.4.2　不同脆化期肌节变化

肌节是肌原纤维结构和功能的基本单位，由粗肌丝、细肌丝组成。粗肌丝主要由肌凝蛋白构成。在肌原纤维中，两条相邻 Z 线之间的一段肌原纤维称为肌节，每个肌节由 1/2 I 带+A 带+1/2 I 带组成。

在电镜下一般可看到着色深的暗带（即 A 带）和着色浅的明带（即 I 带），明带和暗带相间排列。暗带中央有一着色浅的区域称为 H 带（H band），H 带正中的深线称为 M 线（M line）；明带中间有条致密的粗线即 Z 线（Z line），两条相邻 Z 线之间的一段肌原纤维即为一个肌节（sarcomere），所以每个完整的肌节一般包括 1/2 I 带+A 带+1/2 I 带。图 3-5 为鲩鱼脆化过程中肌肉纵切图。脆肉鲩的肌纤维呈现出与鲩鱼相似的结构，即能看到 A 带、I 带、Z 线以及明显的肌节等，其肌纤维同样由粗肌丝、细肌丝组成，脆化过程中肌肉的两种肌丝有规律地交替排列。肌纤维肌浆网内具有大量的线粒体，能够为肌纤维的收缩提供能量。但是在电镜照片上，其也表现出了与鲩鱼[图 3-5（a）]明显的不同，如肌丝之间间隔增大，在同样放大倍数下，脆肉鲩的肌原纤维变粗，数目明显减少，但肌节长度却明显增加。

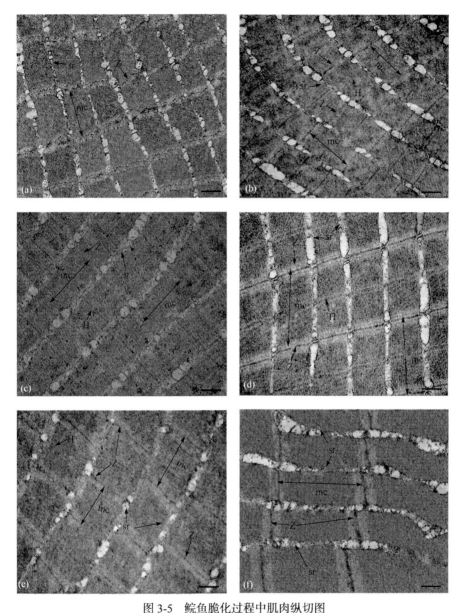

图 3-5　鲩鱼脆化过程中肌肉纵切图

(a) 为鲩鱼 (GC)；(b~f) 分别为 CGC1~CGC5；标尺：(a~f) 1μm；sr. 肌浆网；mc. 肌节；Z. Z 线；H. H 线

　　肌节长度的测定结果见图 3-6。鲩鱼 (GC) 的肌节长度为 2.28 μm，脆化初期 (CGC1) 的肌节长度为 2.36 μm，两者并未出现显著性差异；但当脆化时间逐渐增加，这种差异性也逐渐明显，脆化后期 (CGC5) 的肌节长度增加到 4.24 μm，比鲩鱼的高 85.96%（P=0.000）。投喂蚕豆后，肌肉的微观结构有所变化，且整个变化是个渐进的过程。

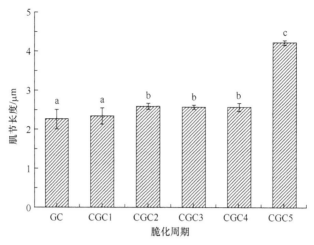

图 3-6　不同脆化期肌肉的平均肌节长度

3.4.3　微观结构指标与质构的相关性

超微结构是由蛋白质、脂肪、水分与灰分等物质在各种化学键的相互作用下形成的,在肉质中起很重要的作用。在脆化过程中,脆肉鲩的质构特性和微观结构已经发生了明显的变化,两者在脆性形成中存在着明显的相关性。从表 3-15 中可知,肌纤维直径与肌肉硬度($R=-0.972$)和弹性($R=-0.949$)呈极显著负相关性($P<0.01$),与咀嚼性($R=-0.904$)和胶黏性($R=-0.870$)呈显著负相关性($P<0.05$);而肌纤维密度和肌节长度与硬度、咀嚼性呈显著正相关性($P<0.05$)。脆化过程中肌纤维越短,直径越小,肌纤维越致密,肌节长度越长,肌肉的硬度和咀嚼性等越大。

表 3-15　脆化过程中肌肉质构与微观结构指标之间的相关性系数

	硬度	咀嚼性	弹性	胶黏性
直径	−0.972**	−0.904*	−0.949**	−0.870*
密度	0.985**	0.945**	0.907*	0.907*
肌节长度	0.913*	0.863*	0.773	0.773

**. 在 0.01 水平(双侧)上显著相关;*. 在 0.05 水平(双侧)上显著相关。

3.5　肌肉胶原蛋白特性的变化

胶原蛋白(collagen)是一类广泛存在于生物体内的纤维状结构蛋白,根据分子结构和分子遗传性的不同,将其区分为 27 种不同的类型。胶原链的三螺旋结构和化学组成使其具有支撑器官、调控胶原纤维形成及创伤修复等重要的生物功能。目前关于水生胶原蛋白的研究材料主要来源是动物皮、鱼鳞、鱼骨。胶原蛋白作为一种重要的肌肉连接组织，对肌肉品质具有重要作用。肌肉中胶原蛋白在脆肉鲩质构中起着重要的作用。

3.5.1　酸溶性和酶溶性胶原蛋白氨基酸组成

胶原蛋白一级结构的主要特点是含有 Gly-Pro-Hyp 重复序列，由表 3-16 和表 3-17 可知，鲩鱼和脆肉鲩的酸溶性胶原蛋白、酶溶性胶原蛋白氨基酸组成种类相同，均包含常见的 17 种氨基酸。但不同脆化周期的酸溶性胶原蛋白和酶溶性胶原蛋白的 TAA 和 EAA 存在显著性差异($P<0.05$)。其中，酸溶性胶原蛋白的 TAA 和 EAA 在脆化后期均出现显著性减少($P<0.05$)，而脆化后酶溶性胶原蛋白的 TAA 和 EAA 均显著增加($P<0.05$)。

表 3-16　不同脆化周期肌肉的酸溶性胶原蛋白氨基酸组成

		GC	CGC1	CGC2	CGC3	CGC4	CGC5
	天冬氨酸	9.29±0.02	10.01±0.01	10.14±0.01	9.00±0.06	9.03±0.03	7.99±0.04
	苏氨酸*	3.99±0.02	4.06±0.01	3.99±0.01	3.76±0.02	3.74±0.01	3.38±0.01
	丝氨酸	3.47±0.02	3.22±0.01	3.26±0.01	2.91±0.04	2.93±0.01	2.97±0.01
	谷氨酸	13.93±0.07	14.33±0.01	14.14±0.05	13.60±0.06	12.80±0.03	10.97±0.03
	脯氨酸	4.07±0.03	3.12±0.01	3.17±0.01	2.72±0.03	2.97±0.02	2.86±0.04
	甘氨酸	7.93±0.00	3.88±0.01	4.17±0.01	3.42±0.00	3.32±0.01	3.08±0.01
	丙氨酸	6.59±0.01	5.73±0.01	5.77±0.01	5.07±0.01	5.03±0.01	4.35±0.04
	缬氨酸*	4.44±0.01	5.34±0.01	5.10±0.01	4.89±0.01	4.88±0.01	4.43±0.07
含量 /(g/100g)	甲硫氨酸*	2.66±0.01	3.07±0.01	2.85±0.01	2.84±0.01	2.83±0.01	2.56±0.06
	异亮氨酸*	3.98±0.03	4.83±0.01	4.54±0.02	4.33±0.00	4.38±0.02	3.95±0.05
	亮氨酸*	6.75±0.01	7.89±0.01	7.63±0.01	7.25±0.01	7.11±0.02	6.19±0.07
	酪氨酸	2.81±0.04	3.22±0.01	2.94±0.03	2.70±0.01	2.78±0.02	2.42±0.00
	苯丙氨酸*	3.67±0.02	4.14±0.01	4.16±0.03	3.91±0.01	4.01±0.03	3.63±0.06
	赖氨酸*	8.38±0.04	9.33±0.01	9.12±0.01	8.56±0.02	8.35±0.01	7.15±0.06
	组氨酸	1.81±0.02	1.95±0.01	1.90±0.01	1.77±0.01	1.75±0.01	1.51±0.01
	精氨酸	6.39±0.04	5.76±0.01	5.55±0.01	5.30±0.01	5.15±0.02	4.42±0.02
	羟脯氨酸	1.90±0.01	0.50±0.01	1.41±0.11	0.50±0.03	0.86±0.05	1.08±0.01
TAA (g/100g)		92.06±0.16[a]	90.38±0.13[b]	89.84±0.32[b]	82.53±0.11[c]	81.92±0.23[d]	72.84±0.43[e]

续表

	GC	CGC1	CGC2	CGC3	CGC4	CGC5
EAA (g/100g)	32.01±0.13[d]	36.47±0.05[a]	35.13±0.09[b]	33.40±0.04[c]	33.04±0.08[c]	29.17±0.30[e]
NEAA (g/100g)	60.05±0.02[a]	53.91±0.08[c]	54.71±0.22[b]	49.13±0.08[d]	48.88±0.15[e]	43.77±0.13[f]
EAA/NEAA	53.31	67.65	64.21	67.98	67.59	66.64
EAA/TAA/%	33.90	39.39	38.47	39.62	39.64	39.41

*. 必需氨基酸。

表 3-17　不同脆化周期肌肉的酶溶性胶原蛋白氨基酸组成

		GC	CGC1	CGC2	CGC3	CGC4	CGC5
含量 /(g/100g)	天冬氨酸	9.57±0.02	8.89±0.01	9.92±0.01	8.92±0.06	9.36±0.03	9.23±0.04
	苏氨酸*	4.13±0.02	3.86±0.01	4.57±0.01	3.84±0.02	4.13±0.01	3.86±0.01
	丝氨酸	4.93±0.02	4.56±0.01	5.56±0.01	4.43±0.04	4.85±0.01	4.79±0.01
	谷氨酸	9.92±0.07	9.38±0.01	9.90±0.05	9.55±0.06	10.28±0.03	10.28±0.03
	脯氨酸	7.08±0.03	7.63±0.01	7.71±0.01	7.04±0.03	7.88±0.02	7.34±0.04
	甘氨酸	13.44±0.00	13.30±0.01	13.40±0.01	12.02±0.00	13.77±0.01	13.53±0.01
	丙氨酸	5.72±0.01	5.72±0.01	5.70±0.01	5.29±0.01	6.03±0.01	5.85±0.04
	缬氨酸*	3.41±0.01	3.58±0.01	3.83±0.01	3.53±0.01	3.73±0.01	3.67±0.07
	甲硫氨酸*	0.95±0.01	1.43±0.01	1.29±0.01	1.50±0.01	1.55±0.01	1.61±0.06
	异亮氨酸*	3.41±0.03	3.38±0.01	3.91±0.02	3.26±0.00	3.42±0.02	3.24±0.05
	亮氨酸*	4.19±0.01	4.09±0.01	4.64±0.01	3.99±0.01	4.26±0.02	4.07±0.07
	酪氨酸	2.68±0.04	2.36±0.01	3.05±0.03	2.27±0.01	2.34±0.02	2.18±0.00
	苯丙氨酸*	2.65±0.02	2.79±0.01	3.14±0.03	2.86±0.01	3.00±0.03	2.90±0.06
	赖氨酸*	3.02±0.04	2.73±0.01	2.69±0.01	3.54±0.02	3.89±0.01	3.98±0.06
	组氨酸	1.01±0.02	0.67±0.01	0.74±0.01	0.97±0.01	1.04±0.01	1.06±0.01
	精氨酸	4.11±0.04	3.97±0.01	3.85±0.01	4.55±0.01	5.20±0.02	5.10±0.02
	羟脯氨酸	5.02±0.01	4.19±0.01	4.22±0.04	4.11±0.03	5.37±0.05	5.46±0.06
TAA (g/100g)		85.24±0.29[c]	82.53±0.66[d]	88.12±0.11[b]	81.67±0.05[e]	90.01±0.11[a]	88.15±0.34[b]
EAA (g/100g)		20.12±0.15[d]	19.74±0.04[e]	21.67±0.02[a]	20.63±0.10[d]	22.02±0.01[b]	21.49±0.17[c]
NEAA (g/100g)		65.12±0.14[e]	62.79±0.03[f]	66.45±0.08[d]	61.04±0.12[b]	68.08±0.12[a]	66.66±0.17[c]
EAA/NEAA		30.90	31.44	32.61	33.80	32.34	32.24
EAA/TAA/%		23.60	23.92	24.59	25.26	24.44	24.38

*. 必需氨基酸。

从表3-16可以看出，不同脆化期的肌肉酸溶性胶原蛋白的羟脯氨酸含量随着脆化时间的增加而显著下降（$P < 0.05$）。鲩鱼酸溶性胶原蛋白的羟脯氨酸含量为 1.90 g/100g，显著高出脆化后的肌肉酸溶性胶原蛋白羟脯氨酸含量（$P < 0.05$）。脆化时间不同，脆肉鲩酸溶性胶原蛋白的羟脯氨酸也存在差异，CGC5（1.08 g/100g）的羟脯氨酸含量比 CGC1 的高出 0.58 g/100g，达到显著性差异（$P < 0.05$）。

鱼肉酶溶性胶原蛋白的羟脯氨酸含量显著高于同脆化期的酸溶性胶原蛋白的羟脯氨酸含量，并且随脆化时间的不同而存在显著性差异（表 3-17）。脆化后肌肉的酶溶性胶原蛋白羟脯氨酸含量最高达到 5.46 g/100g，显著高于鲩鱼的酶溶性胶原蛋白含量。脆化后（CGC5）肌肉酸溶性胶原蛋白含量有所下降，但酶溶性胶原蛋白含量却显著提高。

羟脯氨酸和脯氨酸含量的总和，即亚氨基酸的含量，与胶原蛋白的热稳定性有关，从表 3-16 和表 3-17 可以计算得出，脆化初期（CGC1）的酸溶性胶原蛋白和酶溶性胶原蛋白的亚氨基酸含量分别为 3.62 g/100g 和 11.82 g/100g。随着脆化时间增加，酸溶性胶原蛋白亚氨基酸含量有所上升，最大值为 4.58 g/100g，但仍然比鲩鱼低 23.28%；但脆化后的酶溶性胶原蛋白亚甲基含量最高为 13.25 g/100g，高出鲩鱼 1.15 g/100g。

理想的蛋白质应满足 EAA 和 NEAA 之间平衡。根据 FAO/WHO 推荐的理想蛋白质模式，质量较好的蛋白质中氨基酸组成 EAA/TAA 在 40%左右，EAA/NEAA 为 0.60 以上。在组成脆肉鲩鱼肉酸溶性胶原蛋白和酶溶性胶原蛋白的氨基酸中，EAA/TAA 分别为 39.10%～40.47%、24.38%～25.26%，稍高于鲩鱼（34.77%、23.60%）。与此同时，鲩鱼酸溶性胶原蛋白和酶溶性胶原蛋白的氨基酸组成中，EAA/NEAA 分别为 53.31%和 30.90%，低于脆化后的鱼肉。由此可知，脆化后的鱼肉酸溶性胶原蛋白的氨基酸平衡效果提高且优于同脆化时期的酶溶性胶原蛋白。

3.5.2　胶原蛋白的热稳定性

胶原蛋白的热稳定性是其理化性质的重要衡量指标。在天然状况下，胶原蛋白呈螺旋结构。当对其加热，蛋白质的天然构象发生改变，氢键断裂，胶原分子解螺旋，肽链由规则状态转变为无规卷曲状态，与此同时也伴随着能量的变化。差示扫描量热法（differential scanning calorimetry，DSC）能直接给出蛋白质热变性过程的温度和能量的变化，是研究蛋白质构象变化和结构稳定性的一种非常有效的方法。蛋白质在热变性过程中吸收热量时由有序状态变为无序状态，分子内相互作用被破坏，多肽链展开。当达到蛋白质的变性温度时，在热分析图谱上会出现一个吸热峰，根据吸热峰的峰值温度、峰面积可以确定蛋白质的变性温度、变性焓值等参数，如图 3-7 和图 3-8 所示。

从表 3-18 可以看出，鲩鱼酸溶性胶原蛋白的热收缩温度和热焓值分别为 114.10℃和 5.95 J/g，均显著高于脆化后的肌肉酸溶性胶原蛋白。随着投喂蚕豆的

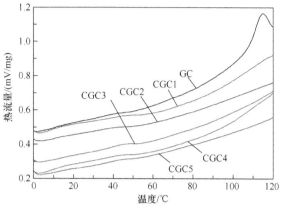

图 3-7　不同脆化周期肌肉酸溶性胶原蛋白的 DSC 曲线

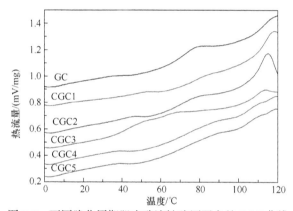

图 3-8　不同脆化周期肌肉酶溶性胶原蛋白的 DSC 曲线

时间不同,脆肉鲩酸溶性胶原蛋白的热收缩温度随着脆化时间的延长而有所上升,但热焓值却有所下降。其中 CGC5 的 T_{s1} 值为 43.00℃,比 CGC1 的高出 136.26%,然而,CGC5 的 ΔH_1 值却比 CGC1 的低 85.22%。综上所述,鲩鱼的酸溶性胶原蛋白热稳定显著高于脆肉鲩。与此同时,脆化过程中,肌肉酶溶性胶原蛋白的热收缩温度和热焓值也存在较大差异,脆肉鲩酶溶性胶原蛋白的热收缩温度最高达到112.60℃,高出鲩鱼 34.3℃,但热焓值却明显低于鲩鱼。

表 3-18　不同脆化周期肌肉的酸溶性胶原蛋白、酶溶性胶原蛋白热收缩温度和热焓值

	GC	CGC1	CGC2	CGC3	CGC4	CGC5
T_{s1}/℃	114.10	18.20	40.30	42.90	16.80	43.00
T_{s2}/℃	78.30	83.60	79.00	112.60	86.30	65.10
ΔH_1/(J/g)	5.95	3.79	0.96	0.81	3.04	0.56
ΔH_2/(J/g)	6.03	0.88	3.35	1.95	2.59	1.77

注:T_{s1} 和 ΔH_1 分别为酸溶性胶原蛋白的热收缩温度和热焓值;T_{s2} 和 ΔH_2 分别为酶溶性胶原蛋白的热收缩温度和热焓值。

3.5.3 酸溶性胶原蛋白、酶溶性胶原蛋白的分子量变化

图 3-9 和图 3-10 显示了不同脆化周期的肌肉酸溶性胶原蛋白和酶溶性胶原蛋白中至少含有两条不同的 α 链（α_1 和 α_2）以及它们的二聚体（β 链）。亚基 α_1、α_2 的分子量均在 120 kDa 以上，β 链的分子量在 200 kDa 左右。但通过比较发现，脆化期不同，肌肉酸溶性胶原蛋白和酶溶性胶原蛋白的 α 链及 β 二聚体的含量却并无显著性变化。值得注意的是，在低于 60 kDa 可以看到明显的肽链 a、b，酸溶性胶原蛋白的小分子量肽链 a、b 分别大约在 50 kDa、38 kDa 左右，酶溶性胶原蛋白的小分子量肽链 a、b 位置相近，大约在 45 kDa 左右，且都能注意到 a 链随着脆化时间的增加，其含量有所上升，但亚基 α_1、α_2 和 β 链的变化并不是很明显，这有可能与提取的胶原蛋白的纯度或者数量有关，或受限于当前电泳分析技术的灵

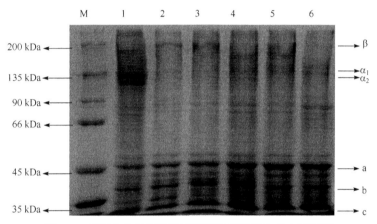

图 3-9　不同脆化周期的肌肉酸溶性胶原蛋白的电泳图谱

M. 蛋白质标准品；1. GC；2. CGC1；3. CGC2；4. CGC3；5. CGC4；6. CGC5

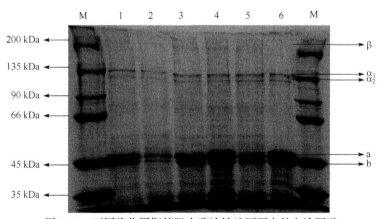

图 3-10　不同脆化周期的肌肉酶溶性胶原蛋白的电泳图谱

M. 蛋白质标准品；1. GC；2. CGC1；3. CGC2；4. CGC3；5. CGC4；6. CGC5

敏度及分辨率，不能够被探测到。

3.5.4 酸溶性胶原蛋白、酶溶性胶原蛋白结构变化

蛋白质的二级结构是指在蛋白质分子的局部区域内，多肽链沿一定方向进行盘绕、折叠的方式，主要是靠分子内的氢键所维系的局部空间结构，主要包括 α 螺旋(α helix)、β 折叠(β sheet)、无规卷曲(randon coil)、β 转角(β turn)等。常见的测定及分析蛋白质二级结构方法有圆二色谱法、荧光光谱法、X 射线衍射法、拉曼光谱法和红外光谱法等。其中，傅里叶变换红外光谱法(FTIR)作为一种新兴方法能够宏观鉴定蛋白质复杂体系而且无损快速，因此在蛋白质变性以及二级结构的分析中具有广泛的应用。

红外光谱法在许多方面类似于紫外-可见分光光度法。不同的地方在于红外光谱区包括 0.76～1000 μm 波长辐射，最常用的光谱范围是 2.5～25 μm 之间的中红外区。而且红外光谱图也不同于紫外-可见光谱图，横坐标是波数而不是波长。波数是波长的倒数，以 cm^{-1} 表示；纵坐标最常见的是百分透过率而不是吸光度。红外光谱是由于分子内原子扭曲、弯曲、转动和振动，吸收红外光而产生的。这些复杂运动产生吸收光谱，这些吸收带被分子内单个基团与周围原子的相互作用所改变,这就使得每种特殊化合物有唯一的光谱,它是组成分子的功能基团(如甲基、亚甲基、羰基、酰胺基)以及整个分子构型的特征。因此红外光谱法在定性鉴别分子内功能基团方面得到了广泛应用。表 3-19 列出了某些功能基团特征的红外吸收带，图 3-11 为酸溶性胶原蛋白和酶溶性胶原蛋白的傅里叶变换红外光谱图。

表 3-19　一些普通功能基团的红外吸收带

基团	化合物	波数/cm^{-1}	基团	化合物	波数/cm^{-1}
C—H	链烷	2850～3000	C=C	链烯	1640～1680
		1450～1580	C≡C	链炔	2100～2260
C—H	键烷	3200～3300	C—C	芳香环	1500～1600
		2900～3100	—C—O	醇、醚、酯	1100～1300
		2100～2200	C=O	醛、酮、羟酸、酯	1690～1770
C—H	键烷	900～1000	O—H	醇、酚	3610～3640
		525～700	N—H	胺	3300～3500
C—H	芳香环	3000～3150	C—N	胺、酰胺	1180～1360
		1475～1600	N—H	酰胺	3025～3500
		675～775	P=O	磷酸	1040～1130
			S—H	硫氢基	2400～2600

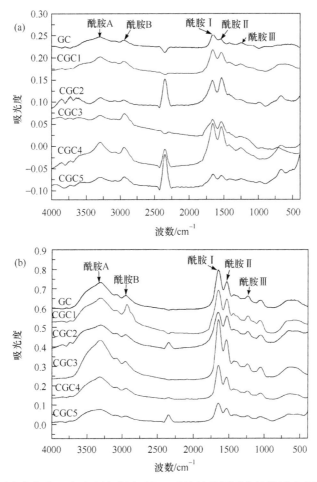

图 3-11　不同脆化期的肌肉酸溶性胶原蛋白、酶溶性胶原蛋白的傅里叶变换红外光谱图
(a)酸溶性胶原蛋白；(b)酶溶性胶原蛋白

　　鲩鱼和脆肉鲩的酸溶性胶原蛋白、酶溶性胶原蛋白均具有胶原蛋白红外光谱的特征吸收峰，即具有酰胺 A、酰胺 B、酰胺Ⅰ、酰胺Ⅱ和酰胺Ⅲ吸收峰。根据 Pati 等的描述，N—H 伸缩振动的吸收峰位于 3313～3322 cm^{-1}，当它与氢键形成缔合体后，其峰将会向低波数位移。由表 3-20 和表 3-21 可知，鲩鱼在不同脆化期肌肉酸溶性胶原蛋白的酰胺 A 出现在 3284.77～3298.27 cm^{-1}；而脆化过程中酶溶性胶原蛋白的酰胺 A 出现在 3304.06～3311.63 cm^{-1}，这表明脆化过程中两种胶原蛋白的 N—H 伸缩振动与氢键形成了缔合体。

表 3-20　不同脆化期的肌肉酸溶性胶原蛋白红外光谱特征吸收峰的位置

| | 波数/cm^{-1} | | | | | |
	GC	CGC1	CGC2	CGC3	CGC4	CGC5
酰胺 A	3298.27	3286.70	3284.77	3290.56	3290.56	3284.77
酰胺 B	2945.30	2943.37	2947.23	2935.65	2939.51	2937.58
酰胺 I	1652.99	1658.78	1662.63	1660.71	1658.78	1652.99
酰胺 II	1541.12	1535.33	1531.47	1535.33	1533.40	1531.47
酰胺 III	1239.93	1242.03	1247.94	1263.37	1259.51	1244.08

表 3-21　不同脆化期的肌肉酶溶性胶原蛋白红外光谱特征吸收峰的位置

| | 波数/cm^{-1} | | | | | |
	GC	CGC1	CGC2	CGC3	CGC4	CGC5
酰胺 A	3307.91	3305.99	3304.06	3309.84	3311.63	3309.84
酰胺 B	2951.08	2933.72	2953.01	2954.94	2947.23	2953.01
酰胺 I	1654.92	1654.92	1660.71	1654.92	1654.92	1654.92
酰胺 II	1539.19	1539.19	1539.19	1544.98	1543.05	1543.05
酰胺 III	1244.08	1244.08	1246.01	1251.80	1251.80	1249.81

酰胺 B 归属于—CH$_2$ 的不对称伸展，其振动峰一般在 2850～2950 cm^{-1} 出现，2935.65～2945.30 cm^{-1} 归属于酸溶性胶原蛋白酰胺 B 的 C—H 伸缩振动，且酸溶性胶原蛋白的酰胺 A 和酰胺 B 吸收峰的吸收强度在脆化过程中有所上升，并在 CGC4 时强度最大[图 3-11(a)]；同时酶溶性胶原蛋白的酰胺 A 和酰胺 B 在脆化后的吸收强度也有了一定的增加[图 3-11(b)]，这表明脆化后分子内和分子间缔合氢键增加。对结合之前测定的质构结果进行分析发现，肌肉的硬度与分子中缔合的氢键呈一定的相关性。

酰胺 I、酰胺 II、酰胺 III 带是反映蛋白质肽链骨架最重要的谱带。酰胺 I 带的特征吸收频率位于 1600～1700 cm^{-1}，归属于蛋白质多肽骨架 C═O 伸缩振动，其吸收和敏感性最强，常用于蛋白质二级结构的分析。不同脆化周期肌肉酸溶性胶原蛋白和酶溶性胶原蛋白的特征吸收频率分别在 1652.99～1662.63 cm^{-1}、1654.92～1660.71 cm^{-1}，符合酰胺 I 带的出峰位置。1500～1600 cm^{-1} 处为酰胺 II 带的特征吸收频率，1531.47～1541.12 cm^{-1}、1539.19～1544.98 cm^{-1} 处分别为酰胺 II 带的 N—H 弯曲振动和 C—N 伸缩振动的特征吸收频率。鲩鱼和脆肉鲩的酸溶性胶原蛋白、酶溶性胶原蛋白酰胺 III 带分别出现在 1239.93～1263.37 cm^{-1}、1244.08～

1251.80 cm^{-1}处,脆化后的特征峰向高波数发生位移,这主要是由 C—N 伸缩振动引起的,此外还与 C—O 面内弯曲振动和 C—C 伸缩振动有关。

将红外光谱法与傅里叶解卷积(deconvolution)、曲线拟合(curve fitting)及二阶求导(second derivative spectrum)等数学处理技术相结合,能够得到更为准确、可靠的对于蛋白质二级结构的分析。红外光谱图中蛋白质和多肽在红外区一般有 9 个特征吸收带,其中波数范围在 1600~1700cm^{-1}的酰胺 I 带,是蛋白质二级结构变化中吸收最强的区域,在蛋白质的二级结构的研究中应用最广泛、最有价值。通常认为 1600~1640 cm^{-1} 为 β 折叠,1640~1650 cm^{-1} 为无规卷曲,1650~1658 cm^{-1}为 α 螺旋,1660~1695 cm^{-1} 为 β 转角。也有研究认为酰胺 I 带中的 1618 cm^{-1} 和 1606 cm^{-1} 两处的子峰为蛋白质分子侧链振动吸收,而非 β 折叠结构。在蛋白质的二级结构中,α 螺旋和 β 折叠结构是蛋白质分子的有序结构,具有高度的结构稳定性;而 β 转角和无规卷曲为蛋白质分子的无序结构,因此可将 α 螺旋和 β 折叠结构的含量用于判断蛋白质结构的稳定性。

对于不同脆化期的肌肉酸溶性胶原蛋白和酶溶性胶原蛋白的红外光谱图,使用 PeakFit 4.12 软件对波数范围为 1600~1700 cm^{-1} 的图谱进行自动去卷积和曲线拟合分析,得到的酰胺 I 带分布图中子峰数目在 13~17 个之间,其残差(r^2)大于 0.9,再对其进行数据分析后得到如表 3-22 与表 3-23 所示的蛋白质二级结构各组成所占面积比例的变化。

表 3-22　不同脆化期的肌肉酸溶性胶原蛋白酰胺 I 带的分析

	β 折叠/%	无规卷曲/%	α 螺旋/%	β 转角/%
GC	31.86	9.46	18.07	40.61
CGC1	31.60	18.35	13.81	36.24
CGC2	38.33	21.70	18.11	21.86
CGC3	30.67	20.63	21.42	27.28
CGC4	35.99	19.74	14.53	29.74
CGC5	25.61	14.25	9.73	50.41

表 3-23　不同脆化期的肌肉酶溶性胶原蛋白酰胺 I 带的分析

	β 折叠/%	无规卷曲/%	α 螺旋/%	β 转角/%
GC	34.51	10.00	18.51	36.98
CGC1	37.16	10.72	19.38	32.74
CGC2	36.01	20.62	13.65	29.72
CGC3	15.29	38.68	1.21	44.82
CGC4	26.61	18.96	20.20	34.23
CGC5	30.39	18.11	11.24	40.26

通过比较发现，随着投喂饲料的改变，肌肉酸溶性胶原蛋白的二级结构发生明显的变化：鲩鱼酸溶性胶原蛋白二级结构含量依次为 β 转角 40.61%、β 折叠 31.86%、α 螺旋 18.07%、无规卷曲 9.46%；脆化初期（CGC1），α 螺旋和 β 折叠均稍有减少，随着投喂蚕豆时间的延长，到脆化后期（CGC5）时，结构稳定的 α 螺旋和 β 折叠分别下降到 9.73%和 25.61%，而 β 转角与无规卷曲的含量均出现明显增加。与此同时，肌肉酶溶性胶原蛋白的二级结构也出现类似的变化趋势：α 螺旋从 18.51%减少到 11.24%，β 折叠从 34.51%下降到 30.39%，而无规卷曲和 β 转角分别增加了 8.11%和 3.28%。肌肉胶原蛋白分子结构所呈现的这种由螺旋转向折叠，同时无规卷曲结构不断增加的趋势，说明了在投喂饲料的过程中，分子构象不断从有序转化为无序。红外光谱经去卷积化拟合分析表明，随着脆化时间的延长，鱼肉酸溶性胶原蛋白、酶溶性胶原蛋白的三螺旋结构发生改变，这可能是引起肌肉硬度增大的因素之一。

3.6　肌肉肌浆蛋白和肌原纤维蛋白特性的变化

鲩鱼和脆肉鲩的肌肉蛋白质组分主要为肌原纤维蛋白和肌浆蛋白。这两种蛋白质对肌肉结构和功能起着很重要的作用，一般鱼肉蛋白中质量分数最高的为肌原纤维蛋白，肌原纤维蛋白是支撑肌肉运动的结构蛋白质，其质量分数越高，鱼肉的弹性越好。而肌浆蛋白是由肌原纤维细胞质中存在的蛋白质和代谢中的各种蛋白酶组成，肌浆蛋白中的组织蛋白酶质量分数与鱼肉质构存在相关性。在鲩鱼的脆化过程中，肌原纤维蛋白和肌浆蛋白起着重要的作用。

3.6.1　肌浆蛋白

肌肉质构和肌肉所含的肌原纤维蛋白、肌浆蛋白和结缔组织有关，其中肌浆蛋白是鱼类肌肉蛋白的主要成分之一，存在于肌细胞的细胞质中，约占总蛋白的22%～34%，对脆肉鲩脆性的形成起关键作用。

1. 氨基酸组成

蛋白质是由氨基酸组成的，氨基酸的类型、含量和顺序等因素决定了蛋白质的结构和功能。如表 3-24 所示，脆肉鲩脆性形成过程中肌肉肌浆蛋白的氨基酸组成种类没有差异，而不同氨基酸的含量有差异。在所有的氨基酸中，天冬氨酸的含量最多，然后依次为谷氨酸、赖氨酸、亮氨酸、丙氨酸、缬氨酸。

表 3-24　脆肉鲩脆性形成过程中肌肉肌浆蛋白氨基酸组成变化　（单位：g/100g）

氨基酸	GC	CGC1	CGC2	CGC3	CGC4	CGC5
天冬氨酸 Asp	10.40	10.20	10.30	10.20	10.30	10.50
苏氨酸 Thr	3.67	3.62	3.69	3.64	3.65	3.60
丝氨酸 Ser	3.44	3.45	3.51	3.47	3.45	3.44
谷氨酸 Glu	9.38	9.19	9.43	9.21	9.35	9.39
脯氨酸 Pro	2.39	2.35	2.45	2.39	2.39	2.54
甘氨酸 Gly	4.01	4.11	4.07	4.09	4.10	4.17
丙氨酸 Ala	5.62	5.88	5.77	5.82	5.84	5.87
缬氨酸 Val	5.49	5.37	5.48	5.48	5.51	5.64
甲硫氨酸 Met	2.06	2.06	2.08	2.12	2.16	2.23
异亮氨酸 Ile	4.31	4.22	4.33	4.31	4.35	4.44
亮氨酸 Leu	7.09	7.04	7.13	7.06	7.22	7.28
酪氨酸 Tyr	2.68	2.62	2.70	2.75	2.74	2.70
苯丙氨酸 Phe	4.65	4.65	4.66	4.71	4.79	4.81
赖氨酸 Lys	8.51	8.38	8.27	8.43	8.46	8.42
组氨酸 His	2.43	2.46	2.37	2.40	2.41	2.39
精氨酸 Arg	4.45	4.35	4.48	4.45	4.37	4.30
色氨酸 Trp	0.94	1.08	0.97	0.96	0.94	0.96

在决定蛋白质功能、结构和稳定性时，不同类型的氨基酸起到不同的作用，尤其是氨基酸的侧链基团。脆肉鲩脆性形成过程中肌肉肌浆蛋白的氨基酸侧链基团情况见表 3-25。在脆性形成过程中，肌浆蛋白疏水性氨基酸和含硫氨基酸含量呈上升趋势，相比于鲩鱼，脆性形成末期（CGC5）二者含量分别增加了 3.77% 和 8.25%。肌浆蛋白亲水性氨基酸含量在此过程中呈现下降趋势，相比于鲩鱼下降了 0.58%。所以，脆肉鲩脆性形成过程中肌肉肌浆蛋白疏水性、亲水性和含硫氨基酸含量的变化差异可能造成肌浆蛋白三级结构的差异，因此脆化使肌浆蛋白结构发生了变化。

表 3-25　脆肉鲩脆性形成过程中肌肉肌浆蛋白不同类型氨基酸组成变化（单位：g/100g）

氨基酸	GC	CGC1	CGC2	CGC3	CGC4	CGC5
疏水性氨基酸	36.56	36.76	36.94	36.94	37.30	37.94
亲水性氨基酸	44.96	44.27	44.75	44.55	44.73	44.70
含硫氨基酸	2.06	2.06	2.08	2.12	2.16	2.23

2. 总巯基和二硫键含量

巯基是肌浆蛋白中大量活性功能基团的重要组成部分，它具有很强的反应活性，对蛋白质的功能特性发挥着重要作用。由图 3-12(a) 可知，脆肉鲩脆性形成过程中肌肉肌浆蛋白总巯基含量呈显著下降趋势。鲩鱼肌浆蛋白的总巯基含量为 85.23 μmol/g prot，随着脆化的开始，脆性形成初期(CGC1)肌浆蛋白总巯基含量为 78.29 μmol/g prot，下降了 8.14%($P>0.05$)。但是随着脆性的形成，到了末期(CGC5)肌肉肌浆蛋白总巯基含量减少至 55.38 μmol/g prot，下降了 35.02%($P<0.05$)。肌浆蛋白总巯基下降的原因可能是脆化使肌浆蛋白构象改变，造成巯基的暴露，导致其与二硫键发生了交换。所以随着脆性的形成，肌肉肌浆蛋白构象发生变化，总巯基含量显著减少($P<0.05$)。

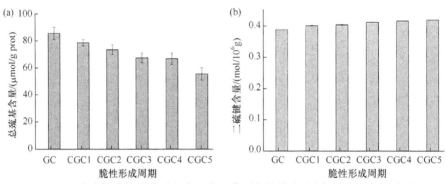

图 3-12　脆肉鲩脆性形成过程中肌肉肌浆蛋白的总巯基(a)和二硫键(b)含量

二硫键是一个很强的共价键，它紧密地存在于蛋白质肽链的空间结构中。因此，它会影响蛋白质的结构。肌肉硬度越大，其二硫键含量越多，如图 3-12(b) 所示，脆肉鲩脆性形成过程中肌肉肌浆蛋白二硫键含量呈现增加趋势，鲩鱼(GC)的二硫键含量为 0.388 mol/10^6g。随着脆化的开始，脆性形成初期(CGC1)和(CGC2)肌浆蛋白二硫键含量分别增加了 3.35%($P<0.05$)、4.12%($P<0.05$)。脆性形成末期(CGC5)，其二硫键含量增加至 0.419 mol/10^6g，增加了 7.99%($P<0.05$)。二硫键有链内二硫键(intra-S—S)和链间二硫键(inter-S—S)，二硫键含量的变化影响了肌浆蛋白的结构，所以，脆肉鲩脆性形成过程中肌肉肌浆蛋白的结构发生了变化。

3. 表面疏水性

疏水相互作用是蛋白质具有独特三维结构的重要作用力，对于维持蛋白质构象和功能特性具有很大意义，它能够反映蛋白质分子表面疏水性氨基酸的相对含量。以 8-苯胺基-1-萘磺酸(ANS)作为荧光探针，测定脆肉鲩脆性形成过程中肌肉肌浆蛋白表面疏水性，其结果见图 3-13。ANS 的荧光光谱对蛋白质的构象环境十分敏感，因此可以用来反映蛋白质分子微观构象的情况。

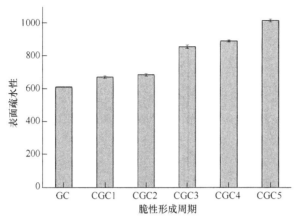

图 3-13　脆肉鲩脆性形成过程中肌肉肌浆蛋白表面疏水性

在脆肉鲩脆性形成过程中，肌肉肌浆蛋白表面疏水性随着脆性的形成呈显著上升趋势。鲩鱼肌浆蛋白表面疏水性为 613.75，随着脆化的开始，脆性形成初期（CGC1～CGC2）肌浆蛋白表面疏水性分别为 674.17、688.00，比鲩鱼分别上升了9.84%（$P<0.05$）、12.10%（$P<0.05$）。到了脆性形成末期（CGC5），肌浆蛋白表面疏水性上升至 1017.78，显著上升了 65.83%（$P<0.05$）。造成这一现象的原因可能是脆化使肌浆蛋白构象发生变化，一些疏水性基团暴露在蛋白质的表面，增大了肌浆蛋白表面疏水性。同时，蛋白质分子表面存在的一些疏水性氨基酸，主要是芳香族氨基酸，它们含量的增加也可能使表面疏水性增大，表面疏水性的增加表明脆化使肌肉肌浆蛋白的构象发生了变化。

4. 微环境

蛋白质分子具有内源荧光性，它含有的色氨酸、酪氨酸和苯丙氨酸能够发射荧光，发射的荧光强度大小依次为色氨酸、酪氨酸、苯丙氨酸。本试验测定肌浆蛋白内源荧光的激发波长为 280 nm，在此条件下苯丙氨酸不被激发，因此肌浆蛋白的内源荧光主要来自于色氨酸和酪氨酸残基。而色氨酸残基的荧光光谱对微环境很敏感，其峰位一般在 325～350 nm 波长之间变动，所以可以作为研究蛋白质分子构象的一种理想方法。

脆肉鲩脆性形成过程中肌肉肌浆蛋白荧光发射光谱见图 3-14，其荧光峰的峰位见表 3-26。从表 3-26 中可以看出，脆肉鲩脆性形成过程中肌肉肌浆蛋白荧光峰的峰位逐渐蓝移，鲩鱼的荧光峰位置为 347.32 nm，进行脆化之后，脆性形成的各个周期荧光峰位置相对于鲩鱼均有蓝移，到了脆性形成末期（CGC5），荧光峰位置为 329.13 nm，蓝移了 5.24%（$P<0.05$）。荧光峰位置蓝移表明荧光发射基团处于更加疏水的环境中，蛋白质分子的微环境发生了变化，也能反映出肌浆蛋白表面疏水性的增大。但单凭荧光峰荧光强度的大小，而荧光峰位置没有发生移动，则不能判断为明显的蛋白

质分子构象改变。所以荧光峰位置的蓝移表明脆化使肌浆蛋白分子构象发生变化。

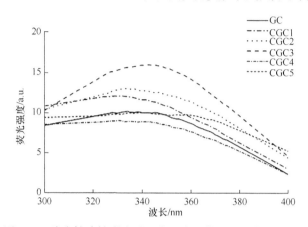

图3-14 脆肉鲩脆性形成过程中肌肉肌浆蛋白的荧光光谱图

表3-26 脆肉鲩脆性形成过程中肌肉肌浆蛋白荧光发射光谱的峰位

参数	GC	CGC1	CGC2	CGC3	CGC4	CGC5
λ_{max}/nm	347.32±0.35[a]	345.93±0.10[a]	340.92±0.22[b]	338.86±0.29[b]	331.90±0.18[c]	329.13±1.24[d]

注：同一行右上角不同字母表示存在显著性差异（$P<0.05$）。

5. 二级结构

目前已知测定蛋白质二级结构的方法很多，如拉曼光谱法、圆二色谱法、荧光光谱法和红外光谱法等。其中，傅里叶变换红外光谱法在蛋白质二级结构分析中广泛应用。蛋白质在红外区有多个特征吸收带，如图3-15所示，脆肉鲩脆性形成过程中肌肉肌浆蛋白均有红外光谱的特征吸收峰，分别是酰胺A、B、酰胺Ⅰ、酰胺Ⅱ和酰胺Ⅲ吸收峰，不同吸收峰波数变化情况见表3-27。

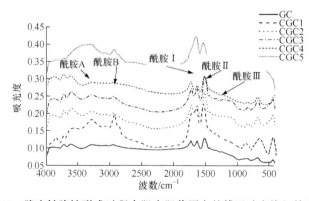

图3-15 脆肉鲩脆性形成过程中肌肉肌浆蛋白的傅里叶变换红外光谱图

表 3-27　脆肉鲩脆性形成过程中肌肉肌浆蛋白红外光谱特征吸收峰的波数

	波数/cm⁻¹					
	GC	CGC1	CGC2	CGC3	CGC4	CGC5
酰胺 A	3288.63	3298.28	3294.42	3294.41	3288.63	3296.35
酰胺 B	2945.30	2937.59	2943.37	2949.16	2943.38	2939.52
酰胺 Ⅰ	1641.42	1639.49	1641.42	1645.28	1635.63	1660.71
酰胺 Ⅱ	1516.05	1539.20	1516.05	1516.05	1517.98	1533.41
酰胺 Ⅲ	1234.44	1244.09	1238.30	1234.44	1242.16	1238.30

由表 3-27 可知，鲩鱼(GC)酰胺 A、酰胺 B、酰胺 Ⅰ、酰胺 Ⅱ 和酰胺 Ⅲ 吸收峰的波数依次为 3288.63 cm⁻¹、2945.30 cm⁻¹、1641.42 cm⁻¹、1516.05 cm⁻¹、1234.44 cm⁻¹。随着脆性的形成，酰胺 A 的吸收峰波数变化不大，到了脆性形成末期(CGC5)，向高波数移动至 3296.35 cm⁻¹，而酰胺 B 到了脆性形成末期(CGC5)，向低波数移动至 2939.52 cm⁻¹。酰胺 Ⅰ、酰胺 Ⅱ、酰胺 Ⅲ 带是反映蛋白质肽链骨架最重要的谱带。酰胺 Ⅰ 带吸收峰的波数范围为 1600～1700 cm⁻¹，归属于蛋白质多肽骨架的 C═O 伸缩振动，在此波数内吸收最强，同时也是蛋白质二级结构分析的敏感地带，因此常运用于分析蛋白质二级结构。脆肉鲩脆性形成过程中肌肉肌浆蛋白酰胺 Ⅰ 带的波数出现在 1635.63～1660.71 cm⁻¹，符合其出峰位置。酰胺 Ⅱ 带的波数范围为 1500～1600 cm⁻¹，主要含有 N—H 弯曲振动和 C—N 伸缩振动的波数，脆肉鲩脆性形成过程中肌肉肌浆蛋白酰胺 Ⅱ 带的波数出现在 1516.05～1539.20 cm⁻¹。酰胺 Ⅲ 带的波数范围为 1220～1330 cm⁻¹，此波数可能会引起 C—N 伸缩振动、C—O 面内弯曲振动和 C—C 伸缩振动等，脆肉鲩脆性形成过程中肌肉肌浆蛋白酰胺 Ⅲ 带的波数出现在 1234.44～1244.09 cm⁻¹。

对酰胺 Ⅰ 带(1600～1700 cm⁻¹)进行处理分析，根据各子峰面积的比例得出蛋白质二级结构的相对百分含量。通常认定 1600～1640 cm⁻¹ 是 β 折叠，1640～1650 cm⁻¹ 是无规卷曲，1650～1660 cm⁻¹ 是 α 螺旋，1660～1695 cm⁻¹ 是 β 转角。经处理分析后的结果如表 3-28 所示，脆肉鲩脆性形成过程中肌肉肌浆蛋白的二级结构发生了明显变化。鲩鱼中各二级结构含量依次为：β 折叠 18.10%、无规卷曲 16.46%、α 螺旋 29.34%、β 转角 36.10%。脆性形成初期(CGC1)，α 螺旋、β 转角和无规卷曲有所下降,分别下降了 7.09%、35.40% 和 12.64%,β 折叠增加了 94.14%。但是随着脆化的进行,α 螺旋一直减少,到了脆性形成末期(CGC5)为 7.03%,减少了 76.04%。β 折叠在 CGC2 相比于 CGC1 减少了，但是相比于鲩鱼，随着脆化的进行，含量增加，到了脆性形成末期(CGC5)，增加了 29.39%。相比于 CGC1，β 转角和无规卷曲在 CGC2 分别增加了 45.15%、127.96%，到了脆性形成末期

（CGC5），β转角和无规卷曲比鲩鱼分别增加了0.86%、101.34%。总的来说，脆肉鲩脆性的形成伴随着肌浆蛋白α螺旋的减少，β折叠、β转角和无规卷曲的增加。Lin等在研究中发现，相比于鲩鱼，脆肉鲩蛋白中α螺旋减少，β折叠增加，这可能和蛋白质氨基酸的组成有关，尤其是脯氨酸和甘氨酸。

表3-28　脆肉鲩脆性形成过程中肌肉肌浆蛋白二级结构含量变化

	β折叠/%	无规卷曲/%	α螺旋/%	β转角/%
GC	18.10	16.46	29.34	36.10
CGC1	35.14	14.38	27.26	23.32
CGC2	23.33	32.78	10.04	33.85
CGC3	25.06	31.50	10.11	33.33
CGC4	24.47	31.93	9.28	34.32
CGC5	23.42	33.14	7.03	36.41

6. 热稳定性

脆肉鲩脆性形成过程中肌肉肌浆蛋白的热收缩温度（T_m）和焓（ΔH）的变化情况如表3-29所示。随着脆性的形成，肌浆蛋白的T_m和ΔH都有增加的趋势。ΔH越高表明需要更多的能量使肌浆蛋白变性。鲩鱼（GC）的T_m和ΔH分别为56.0℃和1.356 J/g。随着脆化的进行，脆性形成初期（CGC1和CGC2）的T_m分别增加了0.36%和2.14%，而ΔH分别增加了7.01%和16.00%。到了脆性形成末期（CGC5），T_m和ΔH分别增加至62.3℃和2.351 J/g，分别增加了11.25%和73.38%。以上结果表明，随着脆性的形成，脆肉鲩肌肉肌浆蛋白变得越来越稳定。在脆性形成末期（CGC5），肌浆蛋白变性需要更多的能量，表明在此阶段的肌浆蛋白具有更好的稳定性。此结果进一步说明了脆化能够改变肌浆蛋白的结构。

表3-29　脆肉鲩脆性形成过程中肌肉肌浆蛋白热收缩温度和焓的变化

	GC	CGC1	CGC2	CGC3	CGC4	CGC5
T_m/℃	56.0	56.2	57.2	57.5	61.0	62.3
ΔH/（J/g）	1.356	1.451	1.573	2.067	2.115	2.351

3.6.2　肌原纤维蛋白

1. 盐溶性蛋白含量

肌原纤维蛋白在鱼肉蛋白质中含量最高，其在鱼肉蛋白质中发挥了主要作用。

脆肉鲩脆性形成过程中肌肉肌原纤维蛋白盐溶性变化如图 3-16 所示，随着脆性的形成，肌原纤维蛋白盐溶性呈上升趋势。鲩鱼肌原纤维蛋白盐溶性为 89.77 mg/g，随着脆化的开始，脆性形成初期(CGC1)肌原纤维蛋白盐溶性为 90.00 mg/g，上升了 0.26%。随着脆性的形成，到了末期(CGC5)肌肉肌原纤维蛋白盐溶性上升至 102.60 mg/g，上升了 14.29%($P<0.05$)。脆性形成过程中肌原纤维蛋白盐溶性的增加可能是脆肉鲩肌肉具有脆性的一个原因。

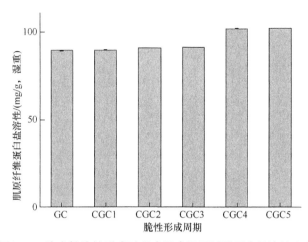

图 3-16 脆肉鲩脆性形成过程中肌肉肌原纤维蛋白盐溶性变化

2. 氨基酸含量

氨基酸组成了蛋白质，其顺序、类型和含量等都会影响蛋白质的功能和结构。脆肉鲩脆性形成过程中肌肉肌原纤维蛋白的氨基酸组成情况见表 3-30。氨基酸组成种类没有变化，但是各氨基酸的含量有差异。从所有氨基酸来看，含量最高的是谷氨酸，其次是天冬氨酸，赖氨酸、亮氨酸、精氨酸和丙氨酸含量也较高。

表 3-30 脆肉鲩脆性形成过程中肌肉肌原纤维蛋白氨基酸组成变化 （单位：g/100g）

氨基酸	GC	CGC1	CGC2	CGC3	CGC4	CGC5
天冬氨酸 Asp	8.94	8.67	8.29	8.05	7.50	7.20
苏氨酸 Thr	4.05	3.94	3.75	3.60	3.44	3.26
丝氨酸 Ser	3.38	3.29	2.93	3.04	2.93	2.78
谷氨酸 Glu	15.30	15.40	13.70	14.20	13.20	12.40
脯氨酸 Pro	1.85	1.96	2.08	2.06	2.26	2.26
甘氨酸 Gly	2.35	2.50	2.72	2.68	3.00	2.86

续表

氨基酸	GC	CGC1	CGC2	CGC3	CGC4	CGC5
丙氨酸 Ala	3.94	4.08	4.48	4.60	4.99	4.93
缬氨酸 Val	3.54	3.73	3.92	4.19	4.42	4.39
甲硫氨酸 Met	2.43	2.54	2.72	2.75	2.84	3.01
异亮氨酸 Ile	3.45	3.63	3.82	4.06	4.42	4.23
亮氨酸 Leu	6.02	6.34	6.83	6.98	7.67	7.43
酪氨酸 Tyr	3.21	3.20	3.00	2.86	2.92	2.64
苯丙氨酸 Phe	2.64	2.76	3.01	3.14	3.44	3.29
赖氨酸 Lys	8.63	8.55	8.09	7.81	7.54	7.06
组氨酸 His	1.76	1.71	1.68	1.57	1.57	1.45
精氨酸 Arg	5.39	4.93	5.18	4.85	4.69	4.41
色氨酸 Trp	0.94	1.08	0.97	0.96	0.94	0.96

　　由于氨基酸所带侧链基团的不同，氨基酸类型也会有差异，从而导致蛋白质的结构和功能的差异。脆肉鲩脆性形成过程中肌肉肌原纤维蛋白的氨基酸类型如表 3-31 所示，脆性形成过程中，肌原纤维蛋白疏水性氨基酸和含硫氨基酸含量呈上升趋势。鲩鱼(GC)肌原纤维蛋白的疏水性氨基酸为 27.16 g/100g，随着脆化的开始，CGC1 和 CGC2 肌原纤维蛋白疏水性氨基酸分别增加了 5.38%和 12.48%，到了脆性形成末期，含量增加至 33.36 g/100g，增加了 22.83%。GC 肌原纤维蛋白的含硫氨基酸为 2.43 g/100g，随着脆化的开始，CGC1 和 CGC2 肌原纤维蛋白含硫氨基酸分别增加了 4.53%和 11.93%，到了脆性形成末期，含量增加至 3.01 g/100g，增加了 23.87%。肌原纤维蛋白亲水性氨基酸在此过程中含量呈下降趋势，相比于鲩鱼，脆性形成末期(CGC5)含量下降了 18.67%。由此看出，脆肉鲩脆性形成过程中肌肉肌原纤维蛋白疏水性、亲水性和含硫氨基酸含量发生了变化，这些可能造成肌原纤维蛋白结构的变化，即脆化使肌原纤维蛋白结构发生了变化。

表 3-31　脆肉鲩脆性形成过程中肌肉肌原纤维蛋白不同类型
氨基酸组成变化　　　　　　（单位：g/100g）

氨基酸	GC	CGC1	CGC2	CGC3	CGC4	CGC5
疏水性氨基酸	27.16	28.62	30.55	31.42	33.98	33.36
亲水性氨基酸	50.66	49.69	46.62	45.98	43.79	41.20
含硫氨基酸	2.43	2.54	2.72	2.75	2.84	3.01

3. 总巯基和二硫键

巯基是蛋白质中大量活性功能基团的重要组成部分,它具有很强的反应活性,对于蛋白质的功能特性发挥着重要作用。脆肉鲩脆性形成过程中肌肉肌原纤维蛋白总巯基含量情况如图 3-17(a)所示,总的来说,其含量呈下降趋势。鲩鱼肌原纤维蛋白的总巯基含量为 85.60 μmol/g prot,随着脆化的开始,脆性形成初期(CGC1)肌原纤维蛋白总巯基含量为 82.96 μmol/g prot,下降了3.08%($P>0.05$)。但是随着脆性的形成,到了末期(CGC5)肌肉肌原纤维蛋白总巯基含量减少至 44.60 μmol/g prot,下降了 47.90%($P<0.05$)。肌原纤维蛋白总巯基下降的原因可能是脆化使蛋白质构象改变,造成巯基的暴露,导致其与二硫键发生了交换。二硫键是一个很强的共价键,鱼肉蛋白质中二硫键含量越高,鱼肉硬度越大,因其在蛋白质肽链的空间结构中紧密存在,会影响蛋白质结构。所以随着脆性的形成,肌肉肌原纤维蛋白构象发生变化,总巯基含量显著减少($P<0.05$)。

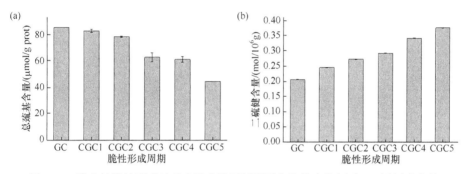

图 3-17　脆肉鲩脆性形成过程中肌肉肌原纤维蛋白的总巯基(a)和二硫键(b)含量

脆肉鲩脆性形成过程中肌肉肌原纤维蛋白二硫键含量情况如图 3-17(b)所示,总的来说,其含量呈上升趋势。鲩鱼的二硫键含量为 0.208 mol/10^6g。随着脆化的开始,脆性形成初期,CGC1 和 CGC2 肌原纤维蛋白二硫键含量分别为0.247 mol/10^6g 和 0.294 mol/10^6g,分别增加了18.75%($P<0.05$)、41.35%($P<0.05$)。脆性形成末期(CGC5),其二硫键含量增加至 0.378 mol/10^6g,增加了 81.73%($P<0.05$)。二硫键含量的增加和上述总巯基含量的下降形成对应,二硫键含量的变化改变了肌原纤维蛋白的结构。所以,脆肉鲩脆性形成过程中肌肉肌原纤维蛋白的结构发生了变化。

4. 表面疏水性

疏水相互作用是蛋白质具有独特三维结构的重要作用力,对于维持蛋白质构象和功能特性具有很大意义,它能够反映蛋白质分子表面疏水性氨基酸的相对含量。以 ANS 作为荧光探针，测定脆肉鲩脆性形成过程中肌肉肌原纤维蛋白表面疏水性。ANS 的荧光光谱对蛋白质的构象环境十分敏感，因此可以用来反映蛋白质分子微观构象的情况。

如图 3-18 所示，脆肉鲩脆性形成过程中肌肉肌原纤维蛋白表面疏水性随着脆性的形成呈显著上升趋势。鲩鱼肌原纤维蛋白表面疏水性为 386.39，随着脆化的开始，脆性形成初期(CGC1 和 CGC2)肌原纤维蛋白表面疏水性分别为 439.34、493.17，比鲩鱼分别上升了 13.70%($P>0.05$)、27.64%($P<0.05$)。到了脆性形成末期(CGC5)，肌原纤维蛋白表面疏水性上升至 596.08，显著上升了 54.27%($P<0.05$)。造成这一现象的原因可能是脆化使肌原纤维蛋白构象发生变化，一些疏水性基团暴露在蛋白质的表面，增大了肌原纤维蛋白表面疏水性。同时，蛋白质分子表面存在的一些疏水性氨基酸，主要是芳香族氨基酸，它们含量的增加也使表面疏水性增大，而表面疏水性的增大进一步表明脆化使肌肉肌原纤维蛋白的构象发生了变化。

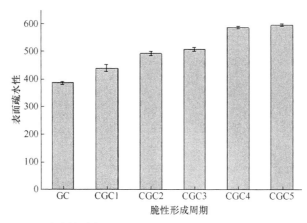

图 3-18　脆肉鲩脆性形成过程中肌肉肌原纤维蛋白表面疏水性

5. 蛋白质微环境

脆肉鲩脆性形成过程中肌肉肌原纤维蛋白荧光发射光谱见图 3-19，其荧光峰的峰位见表 3-32。从表中可以看出，脆肉鲩脆性形成过程中肌肉肌原纤维蛋白荧光峰的峰位逐渐蓝移，鲩鱼的荧光峰位置为 339.52 nm，进行脆化之后，脆性形成的各个周期荧光峰位置相对于鲩鱼均有蓝移，到了脆性形成末期(CGC5)，荧光峰位置为 330.48 nm，蓝移了 2.66%($P<0.05$)。荧光峰位置蓝移表明荧光发射基团处于更加疏水的环境中，蛋白质分子的微环境发生了变化，也能反映出肌原纤维蛋白表面疏水性的增大。但单凭荧光峰荧光强度的大小，而荧光峰位置没有发生移动，则不能判断为明显的蛋白质分子构象改变。所以荧光峰位置的蓝移表明脆

化使肌原纤维蛋白分子构象发生变化。

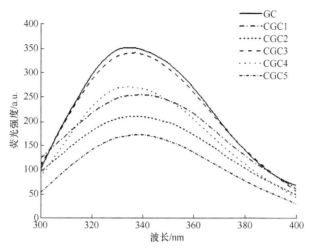

图 3-19　脆肉鲩脆性形成过程中肌肉肌原纤维蛋白的荧光光谱图

表 3-32　脆肉鲩脆性形成过程中肌肉肌原纤维蛋白荧光发射光谱的峰位

参数	GC	CGC1	CGC2	CGC3	CGC4	CGC5
λ_{max}/nm	339.52±2.20[a]	338.51±0.78[ab]	337.03±2.87[ab]	335.93±0.00[ab]	334.06±0.00[ab]	330.48±3.51[b]

注：同一行右上角不同字母表示存在显著性差异（$P<0.05$）。

6. 二级结构

对酰胺 I 带（1600～1700 cm^{-1}）进行处理分析，根据各子峰面积的比例得出蛋白质二级结构的相对百分含量。通常认定 1600～1640 cm^{-1} 是 β 折叠；1640～1650 cm^{-1} 是无规卷曲；1650～1660 cm^{-1} 是 α 螺旋；1660～1695 cm^{-1} 是 β 转角。经处理分析后的结果如表 3-33 所示，脆肉鲩脆性形成过程中肌肉肌原纤维蛋白的二级结构发生了明显变化。GC 中各二级结构含量依次为：β 折叠 18.40%、无规卷曲 3.06%、α 螺旋 26.91%、β 转角 51.64%。脆性形成初期（CGC1），α 螺旋、β 转角减少，β 折叠和无规卷曲增加。但是随着脆化的进行，α 螺旋一直减少，到了脆性形成末期（CGC5）为 2.08%，减少了 92.27%。β 折叠在 CGC2 和 CGC3 相比于 CGC1 减少了，但是相比于鲩鱼，随着脆化的进行，含量增加。到了脆性形成末期（CGC5），β 折叠增加了 323.42%。总的来说，脆肉鲩脆性的形成伴随着肌原纤维蛋白 α 螺旋的减少，β 折叠的增加。

表 3-33　脆肉鲩脆性形成过程中肌肉肌原纤维蛋白二级结构含量变化　　（单位：%）

	β 折叠	无规卷曲	α 螺旋	β 转角
GC	18.40	3.06	26.91	51.64
CGC1	25.15	53.72	16.20	4.92
CGC2	16.81	37.65	9.09	36.45
CGC3	13.30	51.23	7.23	28.25
CGC4	72.43	5.25	6.30	16.01
CGC5	77.91	1.40	2.08	18.61

7. 热稳定性

由表 3-34 可知，脆肉鲩脆性形成过程中肌肉肌原纤维蛋白的热收缩温度（T_m）和熵（ΔH）的变化情况。脆性形成过程中肌原纤维蛋白测出有三个峰，峰 1 和峰 2 可能与肌球蛋白有关，而峰 3 可能与肌动蛋白有关。脆性形成过程中脆肉鲩肌肉肌原纤维蛋白峰 1、峰 2 和峰 3 的 T_m 和 ΔH 呈增加趋势，GC 肌原纤维蛋白峰 1 的 T_m 和 ΔH 分别为 47.60℃和 0.69 J/g，随着脆性的形成，到了脆性形成末期（CGC5）二者分别增加了 7.56%、221.74%。GC 肌原纤维蛋白峰 2 的 T_m 和 ΔH 分别为 81.40℃和 0.24 J/g，随着脆性的形成，到了脆性形成末期（CGC5）二者分别增加了 4.67%、25.00%。GC 肌原纤维蛋白峰 3 的 T_m 和 ΔH 分别为 99.60℃和 0.24 J/g，随着脆性的形成，到了脆性形成末期（CGC5）二者分别增加了 1.71%、87.50%。对于整个过程来说，3 个峰的总 ΔH 也呈上升趋势，到了脆性形成末期（CGC5）增加了 153.85%。以上得到的结果表明，伴随着脆性的形成，脆肉鲩肌肉肌原纤维蛋白变化得越来越稳定。ΔH 越高表明需要更多的能量使肌原纤维蛋白发生变化。因此，在脆性形成末期（CGC5），要使肌原纤维蛋白变形就需要更多的能量，表明在此阶段的肌原纤维蛋白具有更好的稳定性。此结果进一步说明了脆化能够改变肌原纤维蛋白的结构。

表 3-34　脆肉鲩脆性形成过程中肌肉肌原纤维蛋白热收缩温度和熵的变化

	峰 1		峰 2		峰 3		$\sum\Delta H/(J/g)$
	T_m/℃	$\Delta H/(J/g)$	T_m/℃	$\Delta H/(J/g)$	T_m/℃	$\Delta H/(J/g)$	
GC	47.60	0.69	81.40	0.24	99.60	0.24	1.17
CGC1	48.20	0.93	81.90	0.26	99.80	0.25	1.44
CGC2	49.10	1.55	82.20	0.27	99.90	0.29	2.11
CGC3	50.80	1.76	82.80	0.28	100.20	0.32	2.36
CGC4	50.90	2.21	83.60	0.29	100.40	0.44	2.94
CGC5	51.20	2.22	85.20	0.30	101.30	0.45	2.97

总的来说，随着脆化的进行，肌肉肌原纤维疏水性氨基酸和含硫氨基酸含量

呈增加趋势，而亲水性氨基酸含量在此过程中呈现减少趋势。二硫键含量呈增加趋势，总巯基含量呈减少趋势；表面疏水性呈增强趋势；荧光峰位置呈蓝移趋势。同时，通过红外光谱测定分析肌肉肌原纤维蛋白二级结构后得出，脆肉鲩脆性的形成伴随着肌原纤维α螺旋的减少，β折叠、β转角和无规卷曲的增加。通过热稳定性分析，脆性形成过程中肌原纤维蛋白测出 3 个峰，峰 1 和峰 2 可能与肌球蛋白有关，而峰 3 可能与肌动蛋白有关，并且脆肉鲩脆性形成过程中肌肉肌原纤维蛋白峰 1、峰 2 和峰 3 的 T_m 和 ΔH 呈增加趋势，因此，脆肉鲩脆性形成过程中肌肉肌原纤维蛋白的结构逐步发生了变化，促进脆肉鲩脆性的形成，进一步揭示脆肉鲩脆性的形成与肌原纤维蛋白的结构变化有关。

3.7　肉质形成分子机理

蚕豆营养价值丰富，其中蛋白质含量在豆类中仅次于大豆，碳水化合物含量也显著高于其他豆类。蚕豆在各种配合饲料中都有一定的应用，均能改变养殖对象的肉质口感、生长性能和营养价值。脆肉鲩是以蚕豆为单一饲料喂养的鲩鱼。以蚕豆作为单一饲料喂养鲩鱼，蚕豆能改变肌纤维的结构，提高脆肉鲩的胶原蛋白含量。胶原蛋白是一类在所有脊椎动物中都存在的纤维状大分子蛋白质，由结缔组织细胞和其他类型的细胞（如肝脏、肺、脾及脑组织细胞）所分泌，其主要功能是作为细胞骨架的三种纤维（微管、微丝和中间纤维）的连接蛋白。在鱼类肌肉组织中，胶原蛋白作为肌肉连接组织的结构蛋白，在维持鱼类肌肉质地与肌纤维的形成中发挥着重要作用。

在肌纤维中，主要的胶原蛋白为Ⅰ型和Ⅲ型胶原蛋白，其中Ⅰ型胶原蛋白占总胶原蛋白的 60%～80%。在鱼类中，Ⅰ型胶原蛋白是鱼类肌肉胶原蛋白的主要成分，对鱼类肌纤维的形成有特殊的重要作用，对鱼类肌肉的质地有重要的影响。Ⅰ型胶原蛋白是由两条α1 链和一条α2 链构成的三股螺旋结构蛋白，分别由 *COL1A1* 和 *COL1A2* 两个基因所编码。Ⅰ型胶原蛋白是确立细胞形状及行为的信号分子，在细胞分化与发育中起重要作用，还可以通过整合素、盘状蛋白结构域受体、糖蛋白等跨膜受体向细胞内传递不断变化的外源刺激信号，从而起到信号分子的作用。与此同时，Ⅰ型胶原蛋白间接阻断转化生长因子-β（TGF-β）可能是正常组织的一种反馈调节作用。TGF-β/Smads 信号通路广泛存在于多种生物的各种组织中，参与细胞增殖分化、细胞外基质形成、肿瘤发生等。但在不同研究对象中，TGF-β/Smads 通路则是通过干扰 TGF-β1、Smad3、Smad4、Smad7 的表达等不同环节来调节Ⅰ型胶原蛋白的表达。Unc45b（unc-45 myosin chaperone b）是 Unc45 蛋白的表达形式之一，在鱼类的骨骼肌和心肌的肌节装配过程中起重要作用，是形成肌原纤维结构的必需蛋白，对肌肉结构形成起重要的作用。因此，脆肉鲩脆性形成过程与 *COL1A1*、*COL1A2*、*unc45b* 基因及 TGF-β/Smads 信号通路紧密相关。

3.7.1 *COL1A1* 和 *COL1A2* 基因与脆肉鲩肌肉硬度的关联性

1. 蚕豆对 *COL1A1* 和 *COL1A2* 基因的表达

Ⅰ型胶原蛋白是胶原蛋白家族的成员之一，是胶原蛋白主要组成部分，含有两条α1链和一条α2链，分别由两个截然不同的基因即 *COL1A1* 和 *COL1A2* 所编码。通过对鲩鱼Ⅰ型胶原蛋白的 *COL1A1* 和 *COL1A2* 的 cDNA 进行全序列克隆和编码，并进行了 2 个基因的氨基酸序列和同源性分析，发现 *COL1A1* 与 *COL1A2* cDNA 全序列分别为 5772 bp 和 4899 bp，其开放阅读框分别为 4347 bp 和 4059 bp，各编码 1448 个和 1352 个氨基酸。2 种基因的氨基酸序列均具有一个 24 个氨基酸的信号肽，分别在 M1～G24 和 M1～S24 区域。鲩鱼 *COL1A1* 和 *COL1A2* 基因的氨基酸序列与斑马鱼、金鱼同源性较高，分别为 93.90%、95.00% 和 93.60%、94.40%，呈现出较高的保守性，与斑马鱼、金鱼处于同一支，亲缘性最近。

利用半定量逆转录聚合酶链反应(RT-PCR)方法检测鲩鱼和脆肉鲩 *COL1A1* 和 *COL1A2* 基因在 8 种不同组织中的 mRNA 表达量，结果表明，*COL1A1* 和 *COL1A2* 基因在鲩鱼和脆肉鲩的肌肉、肠道、肝胰脏、鳃、皮肤、鳍条、肾脏和脾脏 8 个组织中均有表达，2 种基因在鲩鱼皮肤、鳃、肾脏、鳍条组织中的 mRNA 表达量高于其他 4 个组织($P < 0.05$)。脆肉鲩各组织 RT-PCR 检查结果显示，*COL1A1* 基因在皮肤、鳍条的 mRNA 表达量高于其他 6 个组织($P < 0.05$)，在肝胰脏、脾脏组织中最低($P < 0.05$)；*COL1A2* 基因在鳃、鳍条、皮肤的 mRNA 表达量最高($P < 0.05$)，在脾脏、肾脏中最低($P < 0.05$)。*COL1A1* 和 *COL1A2* 基因在鲩鱼和脆肉鲩各组织的 mRNA 表达量对比结果显示 2 种基因除在肠道、脾脏、肾脏组织外均有上调趋势。

利用荧光定量 PCR 技术定量检测鲩鱼和脆肉鲩肌肉 *COL1A1* 和 *COL1A2* 基因的 mRNA 表达量，结果显示脆肉鲩肌肉中两者的 mRNA 表达量分别是鲩鱼的 2.7 倍和 2.1 倍($P < 0.05$)(图 3-20)，进一步证实了脆肉鲩肌肉胶原蛋白含量是在

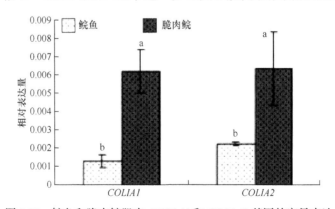

图 3-20　鲩鱼和脆肉鲩肌肉 *COL1A1* 和 *COL1A2* 基因的定量表达

分子和蛋白质水平共同调控下出现的增加，也进一步说明了蚕豆对鲩鱼肌肉的影响不只表现在物理现象方面，同时出现在对鲩鱼的部分基因的表达和调控上。

2. 蚕豆和杜仲对 *COL1A1* 和 *COL1A2* 基因的表达

杜仲（*Eucommia ulmoides*）为杜仲科杜仲属植物，是一种广泛分布于亚洲的传统中草药，具有增强肌肉和骨骼、提高免疫和促进胶原形成等功效。研究发现杜仲能改善猪的生长性能和肉质，提高鲩鱼、异育银鲫、凡纳滨对虾肌肉胶原蛋白水平，增强鸡的抗氧化功能和免疫能力。已经证明蚕豆是能够明显改善鲩鱼肉质的物质。目前脆肉鲩主要以直接投喂浸泡蚕豆为养殖方式，虽然可使鲩鱼肉质达到脆化效果，但仍存在很多问题，如投喂的过程烦琐、人工需要量大等，此外，直接摄食浸泡蚕豆脆化鲩鱼的过程中其生长速度显著降低，而且容易造成水质污染。杜仲和蚕豆均能达到改善肉质的效果，利用杜仲和蚕豆复配成复合饲料喂养鲩鱼，可对脆肉鲩脆性形成起一定的促进作用。

1）对鲩鱼生产性能和形体的影响

杜仲、蚕豆对鲩鱼生长性能和形体指标的影响见表 3-35。在生长上，各组鲩鱼在增重率、饲料系数上均无显著差异（$P > 0.05$）；在形体指标中，与对照组相比，蚕豆组和蚕豆+杜仲组的脂体比显著降低（$P < 0.05$），脏体比、肝体比以及肥满度指标无显著差异（$P > 0.05$）。

蚕豆组和蚕豆+杜仲组饲料对鲩鱼生长性能无显著影响，可能与试验鲩鱼大小和生长阶段有关。采用初始体重 172 g 的鲩鱼，生长速度不如数十克的幼鱼快，对饲料的敏感度也不如幼鱼灵敏。此外，也可能与蚕豆中含抗营养因子有关。蚕豆组和蚕豆+杜仲组鲩鱼脂体比显著低于对照组，表明杜仲和蚕豆可降低鲩鱼腹腔脂肪的蓄积。

表 3-35　杜仲、蚕豆对鲩鱼生长性能和形体指标的影响

指标	对照组	蚕豆组	蚕豆+杜仲组
初重/g	172.6±0.4	172.2±0.5	172.3±0.1
增重率/%	114.2±1.69	101.8±1.37	91.0±8.23
饲料系数	2.65±0.01	2.32±0.02	2.84±0.26
脏体比/%	6.77±0.42	6.50±0.48	6.74±0.53
肝体比//%	1.70±0.16	1.80±0.13	1.76±0.16
肥满度/(g/cm³)	1.79±0.12	1.78±0.08	1.78±0.16
脂体比/%	1.57±0.13	1.31±0.15	0.69±0.10

2) 对肌肉成分和组织学指标的影响

由表 3-36 可知，与对照组相比，蚕豆+杜仲组肌肉水分显著升高($P<0.05$)，蚕豆组和蚕豆+杜仲组粗脂肪含量显著降低($P<0.05$)；各处理组中肌肉粗蛋白和粗灰分含量无显著差异($P>0.05$)。

表 3-36　杜仲、蚕豆对鲩鱼肌肉成分的影响

指标	对照组	蚕豆组	蚕豆+杜仲组
水分/%	77.37±0.83[a]	77.87±0.68[ab]	78.37±0.72[b]
蛋白质/%	19.65±0.53	18.99±0.62	18.95±0.84
脂肪/%	5.57±0.52[b]	4.62±0.18[a]	4.61±0.31[a]
灰分/%	5.61±0.35	5.53±0.50	5.97±0.44

注：同一行数据后不同小写字母表示两者差异显著($P<0.05$)。

由表 3-37 可知，蚕豆组和蚕豆+杜仲组较对照组显著提高鲩鱼肌肉蒸肉失水率($P<0.05$)；蚕豆组冷冻失水率显著升高($P<0.05$)，其余各组之间差异不显著($P>0.05$)。离心失水率各组之间无显著差异($P>0.05$)。与对照组相比，蚕豆组和蚕豆+杜仲组肌纤维密度显著提高($P<0.05$)，肌纤维直径显著降低($P<0.05$)；蚕豆+杜仲组肌纤维密度最大($P<0.05$)，肌纤维直径最小($P<0.05$)。

表 3-37　不同饲料对鲩鱼肌肉系水力和肌纤维特性的影响

指标	对照组	蚕豆组	蚕豆+杜仲组
蒸肉失水率/%	22.91±1.34[a]	25.85±2.37[b]	25.32±1.47[b]
冷冻失水率/%	4.84±0.54[a]	5.83±0.67[b]	5.35±0.29[ab]
离心失水率/%	7.70±0.45	7.41±1.04	7.65±1.01
肌纤维密度/(n^o/mm²)	242.0±10.66[a]	264.8±9.99[b]	282.4±10.89[c]
肌纤维直径/μm	72.60±1.57[c]	69.39±1.33[b]	67.19±1.31[a]

注：同一行数据后不同小写字母表示两者差异显著($P<0.05$)。

鲩鱼肌肉基本营养成分的组成和含量在一定程度上可反映肌肉的营养价值。蚕豆组和蚕豆+杜仲组鲩鱼肌肉脂肪含量显著低于对照组，肌肉中粗脂肪含量降低，肌纤维束之间摩擦力增大，肌肉嫩度会降低，肌肉的咀嚼性增强。

通常情况下，肌肉失水率和肌纤维直径可反映肌肉的特性。失水率反映肌肉水分的保持度和所存在的状态，是肌原纤维之间及肌质之间致密性的一个间接指标。肌纤维作为构成肌肉组织的基本单位，其密度与直径是影响肌肉嫩度的重要因

素。肌纤维直径越小，单位面积内数量越多，其密度越大，肌肉硬度越大。杜仲和蚕豆均能降低鲩鱼肌肉失水率及肌纤维直径，提高肌肉耐折力。蚕豆组和蚕豆+杜仲组鲩鱼肌纤维密度显著高于对照组，但在失水率指标上，蚕豆组在冷冻失水率和蒸肉失水率、蚕豆+杜仲组在蒸肉失水率上显著升高，这主要由肌肉脂肪含量变化导致，因为肌肉脂肪含量增加对肉质系水力的增加或滴水损失的减少有改善作用。

3）对不同部位胶原蛋白含量的影响

由表 3-38 可知，各组鲩鱼肌肉、皮肤和肝脏中胶原蛋白含量在各个时期均无显著差异（$P>0.05$）；在整个饲养阶段，随着养殖时间延长，各组鲩鱼肌肉、皮肤中胶原蛋白含量在 6 周时基本保持稳定，12 周时显著下降（$P<0.05$），而在肝脏中，除在 6 周时蚕豆组保持基本稳定，其余各组在 6 周和 12 周时均显著增加（$P<0.05$）。双因素方差分析结果表明，饲养时间对鲩鱼肌肉、皮肤和肝脏胶原蛋白含量有显著影响（$P<0.05$），而饲料及二者交互作用无显著影响（$P>0.05$）。

胶原蛋白是构成肌肉结缔组织的重要蛋白质，是影响肉质的重要因素。胶原蛋白含量、成熟程度、热溶解性及交联程度决定肌肉的嫩度和坚实度，较高胶原蛋白含量会增加肌肉的机械强度。摄食蚕豆或脆化专用饲料的鲩鱼和罗非鱼肌肉胶原蛋白含量显著提高。蚕豆组、蚕豆+杜仲组饲料对 6 周、12 周时鲩鱼肌肉、皮肤和肝脏组织中胶原蛋白含量均无显著影响，可能与鱼体生长阶段有关。研究发现，胶原蛋白交联程度越高，其不可溶性和热稳定性越高，肉的硬度也会增大。随动物年龄的增长，胶原蛋白分子间形成的交联结构更加稳固，使胶原纤维的机械和化学稳定性提高，因而会降低肌肉嫩度，增大硬度。

表 3-38　饲料和养殖时间对鲩鱼不同部位胶原蛋白的影响

时间	组别	肌肉	皮肤	肝脏
0 周	初始组	3.88±0.36[b]	54.58±3.61[c]	1.04±0.06[a]
6 周	对照组	3.75±0.31[b]	51.55±4.22[bc]	1.84±0.08[b]
	蚕豆组	3.57±0.35[b]	49.70±2.07[b]	1.42±0.11[ab]
	蚕豆+杜仲组	3.66±0.36[b]	51.41±4.31[bc]	1.63±0.09[b]
12 周	对照组	2.03±0.14[a]	16.46±1.38[a]	3.60±0.32[c]
	蚕豆组	1.85±0.09[a]	17.46±1.19[a]	3.67±0.34[c]
	蚕豆+杜仲组	2.14±0.17[a]	17.26±1.41[a]	3.39±0.22[c]
双因素方差分析				
饲料		0.472	0.888	0.370
时间		<0.001	<0.001	<0.001
交互作用		0.817	0.781	0.192

注：同一列数据后不同小写字母表示两者差异显著（$P<0.05$）。

4) 对不同部位中 *COL1A1* 和 *COL1A2* mRNA 相对表达水平的影响

鲩鱼 *COL1A1*、*COL1A2* 基因在 0 周、6 周和 12 周时不同组织内的表达差异见表 3-39。在肌肉组织中，蚕豆组鲩鱼在 6 周时 *COL1A1* 基因 mRNA 表达量显著高于对照组和蚕豆+杜仲组（$P<0.05$），在 12 周时蚕豆组 *COL1A1*、*COL1A2* 基因 mRNA 表达量显著高于其他各组（$P<0.05$）。在皮肤组织中，蚕豆组和蚕豆+杜仲组鲩鱼在 6 周时 *COL1A1*、*COL1A2* mRNA 表达量显著高于对照组（$P<0.05$），各组表达量依次为蚕豆组、蚕豆+杜仲组、对照组（$P<0.05$）；12 周时对照组 *COL1A1*、*COL1A2* 基因 mRNA 表达量显著高于蚕豆组（$P<0.05$）。在肝脏组织中，6 周时蚕豆组、蚕豆+杜仲组 *COL1A1* 基因 mRNA 表达量显著高于对照组（$P<0.05$），蚕豆组表达量最高（$P<0.05$），蚕豆组 *COL1A2* 基因 mRNA 表达量显著高于对照组和蚕豆+杜仲组（$P<0.05$）；12 周时对照组 *COL1A1*、*COL1A2* 基因 mRNA 表达量显著高于蚕豆组和蚕豆+杜仲组（$P<0.05$）。

表 3-39　鲩鱼肌肉、皮肤和肝脏中 *COL1A1* 和 *COL1A2* mRNA 相对表达水平

时间	组别	肌肉		皮肤		肝脏	
		COL1A1	*COL1A2*	*COL1A1*	*COL1A2*	*COL1A1*	*COL1A2*
0 周	初始组	1.00±0.07[a]	1.00±0.09[b]	1.01±0.04[ab]	1.00±0.04[ab]	1.00±0.04[a]	1.00±0.08[bc]
6 周	对照组	1.22±0.06[a]	0.25±0.02[a]	1.24±0.07[a]	0.91±0.09[a]	2.80±0.13[c]	1.01±0.13[bc]
	蚕豆组	1.77±0.11[b]	0.26±0.03[a]	3.44±0.34[c]	3.02±0.37[d]	4.92±0.64[e]	1.34±0.18[d]
	蚕豆+杜仲组	1.27±0.10[a]	0.17±0.03[a]	2.37±0.12[b]	1.43±0.15[b]	3.85±0.24[d]	1.13±0.17[c]
12 周	对照组	4.01±0.02[c]	3.85±0.49[c]	3.71±0.81[c]	3.37±0.59[d]	6.73±0.63[f]	3.36±0.24[e]
	蚕豆组	5.78±0.58[e]	4.84±0.94[d]	2.27±0.15[b]	2.35±0.21[c]	1.89±0.11[b]	0.67±0.05[a]
	蚕豆+杜仲组	4.73±0.21[d]	3.60±0.30[c]	2.38±0.23[b]	3.37±0.26[d]	1.81±0.14[b]	0.86±0.08[b]
双因素方差分析							
饲料		<0.001	<0.001	0.001	0.03	<0.001	<0.001
时间		<0.001	<0.001	<0.001	<0.001	<0.001	<0.001
交互作用		<0.001	<0.001	<0.001	<0.001	<0.001	<0.001

随养殖时间延长，各组鲩鱼肌肉组织 *COL1A1* 基因 mRNA 表达量整体上呈上升趋势，在 12 周时的表达量均显著提高（$P<0.05$）；*COL1A2* 基因 mRNA 表达量在各组肌肉中呈先下降后上升的趋势，各时期差异显著（$P<0.05$）。在皮肤中，对照组和蚕豆+杜仲组 *COL1A1*、*COL1A2* 基因 mRNA 表达量呈上升趋势，12 周时 *COL1A1*、*COL1A2* 的表达量显著高于 0 周（$P<0.05$）；蚕豆组 *COL1A1*、*COL1A2* 基因 mRNA 表达量呈先上升后下降的趋势，各时期差异显著，且都显著高于 0 周

（$P<0.05$）。在肝脏中，对照组 *COL1A1*、*COL1A2* 基因 mRNA 表达量整体呈上升趋势，在 12 周时 mRNA 表达量显著高于 0 周和 6 周（$P<0.05$）；蚕豆组 *COL1A1*、*COL1A2* 基因和蚕豆+杜仲组 *COL1A1* 基因 mRNA 表达量呈先上升后下降的趋势，6 周表达量最高（$P<0.05$）。

从表 3-39 中发现，蚕豆组、蚕豆+杜仲组可显著增加第 12 周时鲩鱼的肌肉组织 *COL1A1* 基因 mRNA 表达量，6 周时皮肤和肝脏的 *COL1A1* 基因 mRNA 表达量也有显著升高。

鱼类肌肉和皮肤中胶原蛋白的主要成分是 I 型胶原蛋白，其蛋白肽链包含两条α1 链和一条α2 链，分别由 *COL1A1* 和 *COL1A2* 所编码。研究发现，杜仲可显著提高鲩鱼 *COL1A1* 基因 mRNA 的表达水平。本试验中，蚕豆组、蚕豆+杜仲组饲料显著提高鲩鱼肌肉、皮肤组织中 *COL1A1*、*COL1A2* 基因的相对表达量。各组鲩鱼肌肉组织 *COL1A2* 基因在 6 周时表达水平降低，可能受相关信号通路调控的影响，使中间产物合成的过程受到抑制；蚕豆组和蚕豆+杜仲组鲩鱼肝脏组织 *COL1A1*、*COL1A2* 基因 mRNA 表达量随养殖周期延长出现先升高后下降的趋势，表明长期饲喂蚕豆饲料可能会使鲩鱼肝脏组织的机能发生改变，从而对肝脏组织中 *COL1A1*、*COL1A2* 基因表达有负反馈调节。

3.7.2　*unc45b* 基因的表达

以投饲配合饲料的鲩鱼为对照组，干蚕豆浸泡 24 h 后投饲的鲩鱼为试验组（也称蚕豆组），对两组鲩鱼进行为期 12 周的养殖。实时荧光定量检测显示，骨骼肌和心肌组织中 *unc45b* 基因随着养殖时间的增加表达量显著降低，12 周时表达量最低；而皮肤和肝脏组织中 *unc45b* 基因随着养殖时间的增加表达量显著增加，12 周时表达量最高，但与骨骼肌和心肌组织相比，皮肤和肝脏组织 *unc45b* 基因表达量极低；蚕豆和养殖周期均对 *unc45b* 基因 mRNA 表达量有一定影响。随养殖时间的延长，蚕豆组鲩鱼骨骼肌和心肌组织各时期 *unc45b* 基因的表达量显著高于对照组。Unc45b 是肌球蛋白的分子伴侣，在肌纤维形成过程中调控肌球蛋白（粗肌丝）的折叠、组装和积累，对维持肌节稳定和肌肉发育起着重要作用，表明蚕豆确实影响了鲩鱼肉质。

3.7.3　脂类代谢相关基因的表达

比较脆肉鲩和鲩鱼的脂类代谢相关基因的 mRNA 水平，脆肉鲩脂蛋白脂酶（LPL）和脂肪酸合成酶（FAS）的 mRNA 水平显著低于鲩鱼，饲喂蚕豆显著上调脂肪甘油三酯脂肪酶（ATGL）的 mRNA 水平，下调肉碱棕榈酰转移酶-1（CPT-1）的表达水平。低 CPT-1 水平表明饲喂蚕豆降低了鲩鱼对脂类的分解代谢能力，这可能也是内脏中脂质积累增加的原因。

3.7.4 TGF-β/Smads 信号通路

为探索蚕豆是否基于 TGF-β/Smads 信号通路增加鲩鱼肌肉 I 型胶原蛋白,克隆鲩鱼 Smad4 基因 cDNA 全序列并构建反义 Smad4 真核表达载体 pcDNA3.1(+)-AntiSmad4,检测了蚕豆投喂鲩鱼 120 d 过程中 I 型胶原蛋白 α1、I 型胶原蛋白 α2、TGF-β1、Smad2 和 Smad4 等的 5 个基因的 mRNA 和蛋白表达水平的变化,并利用反义 Smad4 真核表达载体注射于脆化鲩鱼背部肌肉中,检测 Smad4 蛋白表达变化和 I 型胶原蛋白 α1 及 I 型胶原蛋白 α2 的 mRNA 表达与蛋白表达水平变化。随着投喂蚕豆时间的延长,脆化鲩鱼肌肉中 I 型胶原蛋白和 TGF-β/Smads 信号通路的信号强度均逐渐增加,TGF-β/Smads 信号通路在蚕豆增加鲩鱼肌肉 I 型胶原中起到了重要作用。反义 Smad4 真核表达载体注射进一步证实了基于反义载体干扰 TGF-β/Smads 信号转导通路后,脆化鲩鱼肌肉中 I 型胶原蛋白的表达量显著下降。由此可见,TGF-β/Smads 信号通路是蚕豆调控鲩鱼肌肉中 I 型胶原蛋白表达的途径之一,投喂蚕豆能通过增强 TGF-β 信号转导,增加鲩鱼肌肉 I 型胶原蛋白含量。

3.7.5 脆肉鲩脆性形成的转录组和蛋白组分析

脆肉鲩与鲩鱼的转录组研究结果显示,鱼背肌中有 197 个基因存在差异调控,其中包括 4 个与心肌细胞发育相关的下调基因以及 12 个与肌原纤维成分相关的转录本。此外,脆肉鲩中与氧转运、线粒体呼吸链和肌酸代谢有关的基因均下调表达量,表明脆肉鲩肌肉对能量的利用率降低。此外,通过 Western 印迹和酶分析,发现脆肉鲩的肌肉中线粒体电子传递呼吸链的蛋白质水平与肌酸代谢活动下降,而自噬标记蛋白的表达水平上升。

脆肉鲩肌肉硬度增强的微阵列分析表明,脆肉鲩相比于鲩鱼有 127 个上调基因,114 个下调基因。脆肉鲩与鲩鱼相比上调的基因主要对应肌成纤维细胞增殖,下调基因则主要对应免疫调节应答。紧密连接通路和核因子-κB(NF-κB)信号通路同样显著丰富。从肌纤维分化、细胞外基质(ECM)沉积等方面发现,这些基因与脆肉鲩肌肉硬度的增加有很强的相关性,糖酵解/糖异生途径和钙代谢也可能与肌肉硬度的增加相关。此外,一些功能未知的基因可能也与肌肉硬度有关,这些基因还有待进一步研究。

蛋白质组学研究结果显示,饲喂蚕豆后鲩鱼肌纤维增生共涉及 99 个蛋白质的表达变化。蛋白质-蛋白质相互作用分析表明存在一个 56 种差异表达蛋白的蛋白质网络,而肌纤维增生与其中 12 种肌肉成分蛋白质密切相关。此外,肌纤维增生还伴随着脂肪酸降解途径和钙信号通路的下调。定量磷蛋白组学研究也表明,脆肉鲩中存在 27 个上调和 22 个下调的磷酸肽及其潜在激酶,肌肉中的蛋白质和蛋白质的相互作用对骨骼肌的代谢有着重要的影响，推测蛋白质磷酸化在鱼肌肉硬度中发挥关键作用。

参 考 文 献

安玥琦, 徐文杰, 李道友, 等. 2015. 草鱼饲喂蚕豆过程中肌肉质构特性和化学成分变化及其关联性研究. 现代食品科技, 31(5): 102-108, 126.

别鹏, 时彦民, 张超, 等. 2012. 投喂蚕豆对草鱼生长及肌肉营养特性分析. 水产养殖, 33(7): 40-43.

曹彦, 康玉凡, 王若军, 等. 2012. 草鱼脆化过程变化研究进展及其机理探讨. 食品工业科技, 33(21): 385-388, 392.

陈度煌, 李学贵, 樊海平, 等. 2014. 不同蚕豆和大豆提取物对罗非鱼生长和肉质脆化的影响. 福建农业学报, 29(1): 12-16.

冯静. 2017. 脆肉鲩脆性形成过程中肌肉蛋白结构及风味成分变化研究. 上海: 上海海洋大学.

冯静, 林婉玲, 李来好, 等. 2016. 蚕豆对鱼类脆化的影响研究进展. 食品工业科技, 37(14): 395-399.

何建川, 邵阳, 张波. 2012. 蛋白质和变性蛋白质二级结构的 FTIR 分析进展. 化学研究与应用, 24(8): 1176-1180.

胡静. 2016. 草鱼 *unc45b* 基因的全长克隆、生物信息学分析及投喂蚕豆对该基因表达的影响. 上海: 上海海洋大学.

焦凌梅, 袁唯. 2004. 蚕豆中抗营养因子的研究. 粮油加工与食品机械, (2): 51-53.

李宝山, 冷向军, 李小勤, 等. 2008a. 投饲蚕豆对草鱼生长和肌肉品质的影响. 中国水产科学, (6): 1042-1049.

李宝山, 冷向军, 李小勤, 等. 2008b. 投饲蚕豆对不同规格草鱼生长、肌肉成分和肠道蛋白酶活性的影响. 上海水产大学学报, (3): 310-315.

李忠铭, 冷向军, 李小勤, 等. 2012. 脆化草鱼生长性能、肌肉品质、血清生化指标和消化酶活性分析. 江苏农业科学, 40(3): 186-189.

林婉玲, 关熔, 曾庆孝, 等. 2009. 影响脆肉鲩鱼背肌质构特性的因素. 华南理工大学学报(自然科学版), (4): 134-137.

伦峰, 冷向军, 李小勤, 等. 2008. 投饲蚕豆对草鱼生长和肉质影响的初步研究. 淡水渔业, 38(3): 73-76.

吕池波. 2013. 基于 TGF-β/Smads 信号通路探讨蚕豆调节草鱼肌肉 Ⅰ 型胶原的分子机制. 上海: 上海海洋大学.

伍芳芳. 2015. 脆肉鲩肌肉脆性形成机理的研究. 上海: 上海海洋大学.

伍芳芳, 林婉玲, 李来好, 等. 2015. 草鱼脆化过程中肌肉胶原蛋白、矿物质含量和脂肪酸组成变化. 食品科学, 36(10): 86-89.

谢骏, 王广军, 郁二蒙, 等. 2012a. 脆肉鲩无公害养殖技术(上). 科学养鱼, (2): 19-20.

谢骏, 王广军, 郁二蒙, 等. 2012b. 脆肉鲩无公害养殖技术(中). 科学养鱼, (3): 19-21.

谢骏, 王广军, 郁二蒙, 等. 2012c. 脆肉鲩无公害养殖技术(下). 科学养鱼, (4): 20-21.

许晓莹. 2008. 杜仲、蚕豆饲料对草鱼生长、肌肉品质和胶原蛋白基因表达的影响. 上海: 上海海洋大学.

郁二蒙, 谢骏, 卢炳国, 等. 2014. 脆肉鲩与鲩鱼肌肉显微结构观察. 南方农业学报, 45(4): 671-667.

张振男, 郁二蒙, 谢骏, 等. 2015. 不同脆化阶段草鱼肠道菌群动态变化、血清酶指标及生长性能. 农业生物技术学报, 23(2): 151-160.

朱耀强, 李道友, 赵思明, 等. 2012. 饲喂蚕豆对斑点叉尾鮰生长性能和肌肉品质的影响. 华中农业大学学报, 31(6): 771-777.

Chi C F, Wang B, Li Z R, et al. 2014. Characterization of acid-soluble collagen from the skin of hammerhead shark (*Sphyrna lewini*). Journal of Food Biochemistry, 38(2): 236-247.

Chen H, Han M. 2011. Raman spectroscopic study of the effects of microbial transglutaminase on heat-induced gelation of pork myofibrillar proteins and its relationship with textural characteristics. Food Research International, 44(5): 1514-1520.

Chen L, Liu J, Kaneko G, et al. 2020. Quantitative phosphoproteomic analysis of soft and firm grass carp muscle. Food Chemistry, 303: 125367.

Einen O, Mørkøre T, Rørå A M B, et al. 1999. Feed ration prior to slaughter—a potential tool for managing product quality of Atlantic salmon (*Salmo salar*). Aquaculture, 178(1-2): 149-169.

Etard C, Behra M, Fischer N, et al. 2007. The UCS factor Steif/Unc-45b interacts with the heat shock protein Hsp90a during myofirillogenesis. Developmental Biology, 308(1): 133-143.

Lee M K, Kim M J, Cho S Y, et al. 2005. Hypoglycemic effect of Du-zhong (*Eucommia ulmoides* Oliv.) leaves in streptozotocin-induced diabetic rats. Diabetes Research and Clinical Practice, 67(1): 22-28.

Lichan E C Y. 1996. The applications of Raman spectroscopy in food science. Trends in Food Science & Technology, 7(11): 361-370.

Meng X M, Chung A C K, Lan H Y. 2013. Role of the TGF-β/BMP-7/Smad pathways in renal diseases. Clinical Science, 124(4): 243-254.

Min A K, Kim M K, Seo H Y, et al. 2010. α-lipoic acid inhibits hepatic PAI-1 expression and fibrosis by inhibiting the TGF-β signaling pathway. Biochemical and Biophysical Research Communications, 393(3): 536-541.

Moreno H M, Montero M P, Gomez-Guilleen M C, et al. 2012. Collagen characteristics of farmed atlantic salmon with firm and soft fillet texture. Food Chemistry, 134(2): 678-685.

Nalinanon S, Benjakul S, Kishimura H. 2010. Collagens from the skin of arabesque greenling (*Pleurogrammus azonus*) solubilized with the aid of acetic acid and pepsin from albacore tuna (*Thunnus alalunga*) stomach. Journal of the Science of Food and Agriculture, 90(9): 1492-1500.

Salem M, Kenney P B, Rexroad R C, et al. 2007. Microarray gene expression analysis in atrophying rainbow trout muscle: a unique nonmammalian muscle degradation model. Physiological Genomics, 28(1): 33-45.

Thanonkaew A, Benjakul S, Visessanguan W. 2006. Chemical composition and thermal property of cuttlefish (*Sepia pharaonis*) muscle. Journal of Food Composition and Analysis, 19(2-3): 127-133.

Tian J J, Fu B, Yu E M, et al. 2020. Feeding faba beans (*Vicia faba* L.) reduces myocyte metabolic activity in grass carp (*Ctenopharyngodon idellus*). Frontiers in Physiology, 11: 391.

Tian J J, Ji H, Wang Y F, et al. 2019. Lipid accumulation in grass carp (*Ctenopharyngodon idellus*) fed faba beans (*Vicia faba* L.). Fish Physiology and Biochemistry, 45(2): 631-642.

Xu W H, Guo H H, Chen S J, et al. 2020. Transcriptome analysis revealed changes of multiple genes involved in muscle hardness in grass carp (*Ctenopharyngodon idellus*) fed with faba bean meal. Food Chemistry, 314: 126205.

Yang F, Chung A C K, Huang X R, et al. 2009. Angiotensin II induces connective tissue growth factor and collagen I expression via transforming growth factor-β-dependent and -independent smad pathways the role of Smad3. Hypertension, 54 (4): 877-884.

Yen G C, Hsieh C L. 2000. Reactive oxygen species scavenging activity of Du-zhong (*Eucommia ulmoides* Oliv.) and its active compounds. Journal of Agricultural and Food Chemistry, 48 (8): 3431-3436.

Yu E, Xie J, Wang G, et al. 2014. Gene expression profiling of grass carp (*Ctenopharyngodon idellus*) and crisp grass carp. International Journal of Genomics, 639687.

Yu E M, Liu B H, Wang G J, et al. 2014. Molecular cloning of type I collagen cDNA and nutritional regulation of type I collagen mRNA expression in grass carp. Journal of Animal Physiology and Animal Nutrition, 98 (4): 755-765.

Yu E M, Zhang H F, Li Z F, et al. 2017. Proteomic signature of muscle fibre hyperplasia in response to faba bean intake in grass carp. Scientific Reports, 7: 45950.

Zhang X D, Cai L S, Wu T X. 2008. Effects of fasting on the meat quality and antioxidant defenses of market-size farmed large yellow croaker (*Pseudosciaena crocea*). Aquaculture, 280 (1-4): 136-139.

第4章 脆肉鲩保鲜技术

4.1 概   述

脆肉鲩是一种新兴的淡水养殖品种，由于其特殊的肉质，深受广大渔农和消费者的喜爱。随着养殖技术的提高，脆肉鲩的养殖量大幅度提升，特别是广东省中山市东升镇，养殖面积近 10240 亩，是全国最大的脆肉鲩生产基地，初步形成了基地化、规模化、规范化的生产模式。目前，脆肉鲩无系统的加工销售渠道，主要采用活鱼销售，除了产地供应以外，对外出口和远途销售都相对较少，这大大影响了这种特色水产品的市场占有率和影响力。由于养殖地域及养殖人员越来越多，脆肉鲩的产量也在急剧上升，市场需求量也在逐渐扩大。因此，对脆肉鲩进行冷冻保藏技术的研究是解决脆肉鲩由于产量增大而带来的滞销问题的主要途径。

4.1.1 脆肉鲩贮藏特性

低温处理可以保证肌肉有氧呼吸缓慢，降低微生物活动程度，从而使得其利用营养物质的能力降低，这是一种比较环保的保鲜方式。冷冻处理会对脆肉鲩鱼片的感官及内在营养物质产生影响，而为了减少汁液流失，保证鱼片的品质，快速冻结是一种较好的方法。低温快速冻结能够使食品快速通过最大冰晶生长带，使食品中的水分形成较小的冰晶，维持较好的食品品质，特别是对于水分含量较高的水产品，更有利于品质的维持。

对于脆肉鲩来说，其水分含量、蛋白质含量和脂肪含量高，易在贮藏、运输和销售过程受环境因素影响而发生不良品质变化，如蛋白质变性、脂肪氧化、微生物污染等。另外，脆肉鲩具有特殊的脆性，在加工、运输和贮藏过程中还必须保持其脆性。因此，脆肉鲩对贮藏条件的要求更高。

4.1.2 保鲜技术

水产品中蛋白质和水分含量较高，鱼体死亡后新鲜度、风味和品质均有所下降，甚至失去食用价值。合理有效的加工方式可以减缓水产品贮藏中品质的下降速率，延长货架期。目前，对于水产品保鲜技术的研究十分深入，同时保鲜技术得到广泛应用，能够保持水产品的品质和营养。根据不同的保鲜原理，保鲜技术可以划分为低温保鲜、气调保鲜、超高压保鲜、生物保鲜、臭氧保鲜等技术。

1. 低温保鲜技术

低温保鲜主要是通过低温抑制水产品中的微生物生长繁殖和鱼体自身酶的活性，减慢鱼肉组织内的生物化学变化，因此能够较好地保持水产品的新鲜度和品质。温度是影响淡水鱼贮藏品质最重要的因素。低温保藏，即低温保鲜，利用低温技术将食品温度降低并维持食品在低温状态以阻止食品腐败变质，延长食品保存期。根据低温保藏中食品物料是否冻结，可将低温保藏分为冷藏和冻藏。冷藏是在高于食品物料的冻结点的温度下进行保藏，其温度范围一般为 2～15℃，常用冷藏温度为 4～8℃；冻藏是指食品物料在冻结状态下进行的贮藏，一般冻藏的温度范围为-30～-12℃，常用冻藏温度为-18℃。

冻藏是一种应用广泛且成熟的贮藏技术，水产品一般在-18℃冻结后在-18℃左右或-18℃以下贮藏，此时水产品内细菌生长和酶活性受到极大程度的抑制，货架期能延长数月至一年左右。但在贮藏过程中，大冰晶的生成致使鱼肉肌肉组织损伤，解冻时汁液大量流失，同时鱼肉脂肪发生氧化，色泽变得暗淡，鱼体的品质下降。低温冷藏保鲜被称为第三代保鲜技术，其特点是在不破坏细胞结构条件下，降低细胞呼吸强度，抑制微生物的代谢和酶的活性，从而提高水产品的品质。低温保鲜技术单一使用对延长水产品货架期有局限性，与其他保鲜技术联用，则能够更好地延长水产品的货架期。

虽然微生物的生长繁殖和酶的活性作用在 0～6℃的低温能受到一定程度的抑制，可较好地延缓贮藏鱼品鲜度的下降速率；但这种保藏效果只能在一定时间范围内得以维持，因此鱼品的低温保藏仍需辅以防腐等方式的协同作用。有研究表明，只有一些特定腐败菌(specific spoilage organism，SSO)会参与鱼类食品的污染与变质腐败过程，尽管这些微生物的数量较少，但在鱼品贮藏过程中的生长繁殖速率明显快于其他微生物。因此，利用危害分析与关键控制点方法，鉴别脆肉鲩在低温保藏过程中的 SSO 及其可能的危害类型与程度，研发针对 SSO 生长特性的靶向抑菌手段，可更好地提升脆肉鲩在加工前的贮藏品质。例如，朱志伟等研究人员发现采用镀冰衣结合真空包装能够更好地保持脆肉鲩贮藏品质。

此外，采用更低温度的冷冻保藏也能较好地维持脆肉鲩加工前的品质。目前，常用的冻结方法大致有浸渍法(浸渍在约-40℃的冷冻液中冻结)、接触法(在-40～-25℃的低温板上冻结)、半鼓风法(将-40～-35℃的冷风，以 3～5 m/s 的风速送入冻结)、液氮喷淋超速冻结等。由于冻结产品常会发生原料组织瓦解、质地改变、蛋白质变性等不良变化，因此，应针对脆肉鲩的特性合理控制冻结速度。

2. 气调保鲜技术

水产品气调保鲜(MAP)技术用一种或多种混合气体填充进食品包装袋内，能够减缓水产品变质，是延长食品货架期的一种保鲜技术，从而保持水产品的品质和风味。大多数的厌氧性细菌在较高浓度的氧气环境中其生长和繁殖会被抑制，采用这种方法可减缓水产品的色泽下降程度。氮气是一种惰性气体，对混合气体起平衡缓冲作用，对微生物代谢影响较小。市场上水产品的种类繁多，其口感和风味也大不一样，因此应依据其自身特性选择合适的气调保鲜技术与相应参数条件。例如，研究发现经 50% CO_2：50% O_2 气调保鲜的大比目鱼的货架期明显比 50% CO_2：50% N_2 和空气包装的长。同时，包装材料是影响 MAP 技术保鲜效果的一个重要因素，对维持包装袋内气体比例平衡和稳定起关键作用。包装材料目前已成为制约 MAP 技术运用和发展的主要因素，因此对气调包装材料的研究具有重大意义，但在水产品包装研究中对不同气调包装材料的运用报道相对较少。

此外，水产品的贮藏温度对 MAP 技术有较大的影响。气体分子的运动速率与膨胀速度受温度的直接影响，在使用气调保鲜时，应尽量将脆肉鲩的包装材料在低温下存放，通过维持包装袋内气体比例平衡和稳定，以更好地保证保鲜效果。

3. 超高压保鲜技术

超高压保鲜是利用 100～1000 MPa 的高压，使生物体高分子立体结构中的氢键结合、疏水结合、离子结合等非共有结合发生变化，引起水产品中的微生物蛋白质结构破坏、酶失活、细胞膜破裂、菌体内成分泄漏等，从而起到微生物杀灭作用，对食品的品质和风味不会造成影响。超高压技术联合冷藏技术的运用，对维持水产品品质效果明显。但由于超高压设备价格高且占用空间大，超高压处理操作复杂且不稳定等，超高压保鲜工业化发展滞后，技术推广较为缓慢。

4. 生物保鲜技术

自然界存在某些天然物质，其本身具有抑菌或者杀菌的功能并能一定程度延缓氧化，生物保鲜技术是利用这类天然物质来达到延长水产品贮藏时间的技术。生物保鲜(biopreservation)技术是将某些具有抑菌或杀菌活性的天然物质配制成适当浓度的溶液，通过浸渍、喷雾/喷淋/喷涂或涂抹等方式应用于食品中，进而达到防腐保鲜、抑制微生物的生长代谢、延长食品货架期和提高食品安全性的效果，被广泛用于水产品保鲜加工中。生物保鲜技术的一般作用机理包括抑制或杀灭食品中微生物、隔离食品与空气接触、延缓氧化作用(如茶多酚)、调节贮藏环境的气体组成和相对湿度。

目前，常用的生物保鲜技术主要有涂膜保鲜技术(在食品表面涂上一层可形成有一定阻隔性能的薄膜而保鲜)、抗冻蛋白保鲜技术、冰核细菌保鲜技术和生物保鲜剂保鲜技术(通过浸渍、喷淋或混合等方式，将生物保鲜剂与食品充分接触而保鲜)四大类。

茶多酚具有多种活性功能，对微生物的生长繁殖起到一定的抑制作用，被广泛用于水产品保鲜加工中。壳聚糖是一种天然的生物保鲜剂，具有较好的抑菌性和成膜性，在水产品保鲜中运用广泛。紫苏中含有丰富的多酚、多糖，具有抗氧化活性且无副作用，由于其特殊的香气和滋味，目前已成为水产品加工中的调味料，具有良好的去腥和保鲜作用。但部分生物活性物质原料成本较高、提取较为困难且含有杂质等问题阻碍了生物保鲜剂的应用。

5. 臭氧保鲜技术

臭氧的作用机制主要有改变细胞膜通透性、灭活胞内的必需酶等。其对水产品中的微生物杀灭作用机制主要包括：氧化分解细菌内部降解葡萄糖所需的酶，中断三羧酸循环，使细胞生命活动所需的 ATP 无法供应，从而引起细菌的死亡；直接与细菌或病毒作用，通过损坏细菌或病毒的细胞器和 DNA、RNA 而破坏其新陈代谢，导致细菌死亡；透过细胞膜组织并作用于外膜的脂蛋白和内部的脂多糖，使细菌发生通透性畸变而溶解死亡。臭氧保鲜技术和冰温保鲜技术一样，单一作用水产品效果不显著，但与其他的保鲜技术，如低温保鲜技术、气调保鲜技术等联合起来可以显著提高水产品的保鲜效果。

4.1.3 水产品贮藏过程中品质变化

当前，我国淡水渔业还处于发展时期，它的加工、销售以及流通过程并不是完全的一体化，无法实现对水产品更深层次的应用。低温贮藏有冷藏、冰点贮藏和冻藏，可以很好地保持其新鲜度，同时肉色不会发生很大的变化。冷链运输是一种已经广泛应用于新鲜食品的运输方式，其温度一般会控制在 0~5℃，但由于运输管理及环境因素的影响，其温度控制不会那么严格，会有一定的浮动。

1. 水产品品质变化影响因素

水产品因具有良好的口感和风味以及较高的营养价值而受到消费者的喜爱，但因其组织松软，肉质水分含量较高，易发生腐败变质。水产品贮藏期间的品质变化速率受到贮藏条件、包装方式和加工方式等因素影响，原料的种类、新鲜度和组织损伤程度也会对水产品贮藏品质产生一定的影响。

引起水产品腐败变质的一个重要原因是微生物和自身酶的作用，而温度和微生物生长繁殖及酶的活性密切相关。因此，在水产品的贮藏中温度的高低成为很重要的因素。淡水鱼肉中的大多数腐败微生物为寄生嗜温微生物，它的最适生长温度在 25~40℃之间，而淡水鱼体内大多数酶的适宜温度为 30~40℃。因此可以利用低温来抑制水产品中腐败微生物的生长代谢和自身酶活性，从而延长货架期。

2. 鱼肉贮藏品质的评价指标

鱼肉的腐败变质是一个相对复杂的过程。一般来说，鱼体死亡后都要经历僵硬、解僵、自溶和细菌腐败等复杂的生化变化。在这期间，鱼肉的持水力、硫代巴比妥酸(TBA)、挥发性盐基氮(TVB-N)、质构、pH、挥发性风味等都会发生明显的变化，鱼肉的组织结构变得松散，加工特性和食用品质下降，对产品的工业生产和市场销售产生不良影响。鱼肉的品质可通过微生物指标、感官指标、化学指标和物理指标来进行评价。国内外对于淡水鱼肉贮藏期间品质变化的研究主要集中在持水力、质构、微生物、蛋白质变性程度以及感官等指标。每个品质的评价指标侧重点均有不同，但是很多评价指标是相互关联和影响的。

质构作为食品的四大品质要素之一，是食品重要的物理特性，用来反映食品的品质。质构仪分析具有精确、客观、结果可量化、灵敏性高、重现性好等优点。质构特性是影响消费者对水产品接受程度和鱼片加工过程的一个重要因素。因此，利用仪器分析对质构这类感官性状进行预测一直是食品质量评价领域研究的热点。目前对脆肉鲩脆性定义的研究方法主要是采用质构剖面分析法(texture profile analysis，TPA)。该分析法包括硬度、弹性、咀嚼性、黏聚性和回复性，主要是模拟人口腔的咀嚼运动，根据样品压缩变形所需要的力和压缩峰面积等计算质构各种指标的值，具有简单、方便、快捷的特点。人的口腔咀嚼是一个复杂的过程，因此采用质构仪分析法对脆肉鲩鱼肉特殊的脆性进行定义非常重要。

现行的肉质指标评价可分为三大类，技术指标、食用安全指标和感官指标。感官指标中风味评价是最重要的评价。而肉制品的风味，是多种化学成分互相促进、协同强化或者相互制约、拮抗抵触产生的，并不是其中某一种成分在单独起作用。因此风味评价是一个人们知觉的综合、复杂的反应，用现代化仪器如电子舌、电子鼻等来代替人的风味评价还缺乏适宜的手段。感官分析是评价食品感官品质的最有效方法。感官分析是利用人的感觉器官进行分析判断，对食品的颜色、外观、形态、包装、滋味、气味、口感等进行综合评价的过程，是保证食品品质过程中不可缺少的一部分。感官分析不仅迅速简便，而且具有理化检验不可替代的特点。QDA (quantitative descriptive analysis)即定量描述分析法，是食品感官分析众多方法中极为重要的一种，其特点是数据不是通过一致性讨论产生的，而是使用非线性结构的标度来描述评估特性的强度，通常称作蜘蛛网图，并利用该图形态变化定量描述试样的质量的变化。定量描述分析在产品质量分析、质量控制、确定产品之间差异的性质、产品品质的改良等方面最为有效，已在一些食品的感官评定中得到应用。

4.2　脆肉鲩冷藏保鲜

淡水鱼肉是优质动物蛋白来源，但因鱼类肌肉组织细嫩，含水量高，体内酶作用旺盛，体表黏液多，使宰后鱼肉在常温下被酶和细菌作用发生多种变化，鲜味下降，出现腥臭味，继而腐败变质不能食用。如何保持鱼的风味和品质是目前研究的重点。目前，通过控制微生物的腐败来保持鱼的质量是国内外保鲜过程中研究的重点，一般是将鱼经过预处理后采用冰点附近的温度进行贮藏，使用如盐、抑菌剂、茶多酚、壳聚糖、复合保鲜剂等前处理来延长鱼的冷藏期。

4.2.1　食盐对脆肉鲩鱼片冷藏保鲜过程品质的影响

1. 质构特性

质构是脆肉鲩特性的主要反映，其中硬度是主要的指标，弹性和回复性与咀嚼性有关。从图 4-1 可知，随着贮藏时间延长，硬度、弹性和回复性总体下降，但不同盐含量处理对质构的影响不一样。采用表面盐涂抹处理的硬度变化很快，在第 3 d 就出现显著降低（$P<0.05$），1%、2%和 3%盐涂抹处理的硬度分别从 3693.709 g 下降到 605.033 g、600.34 g 和 596.252 g，随后硬度下降变慢，但是盐浓度大的实验组下降得快。这说明了以肉质量比为 1%的盐已经对质构造成了破坏。对于不同盐浓度浸泡的质构变化比涂抹处理的慢，从图 4-1 可知，15%浓度

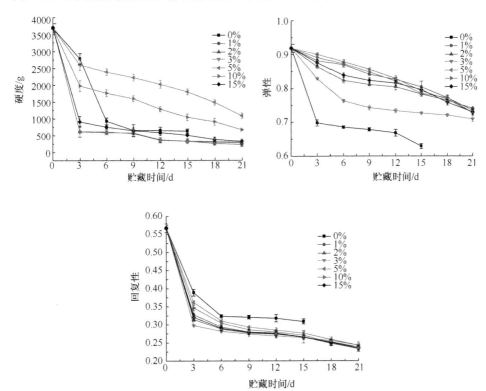

图 4-1　不同浓度食盐对脆肉鲩鱼片 0℃冷藏过程中硬度、弹性和回复性的影响

浸泡的硬度下降比其他浸泡处理的快,并在第 3 d 迅速下降,但 5%和 10%盐浸泡的变化比较缓慢。这些质构上的明显差别说明了盐浓度对脆肉鲩的质构影响比较大。从表 4-1 中可以看到,5%盐浓度浸泡后肌肉最终的含盐量比用 1%涂抹的低,15%盐浓度浸泡后肌肉的最终盐含量介于 1%和 2%盐涂抹的之间,进一步说明了盐含量对脆肉鲩肌肉的质构影响较大,特别是表面盐涂抹。因为在盐涂抹的过程中,固体盐在接触到肌肉表面时,表面的盐浓度很大,在刚开始的渗透过程中,盐溶性蛋白析出使组织结构发生变化。但随着贮藏时间延长,鱼肉逐渐自溶腐败,分泌黏液增多,鱼组织软化,从而使各种质构特性下降。

表 4-1　不同浓度食盐对脆肉鲩鱼片最终 NaCl 含量的影响　　　　　（单位：%）

盐处理浓度	最终 NaCl 含量	盐处理浓度	最终 NaCl 含量
0	0.08±0.01	5	0.40±0.01
1	0.81±0.09	10	0.71±0.03
2	1.13±0.08	15	0.94±0.04
3	1.59±0.06		

2. 理化指标

1）pH 和汁液流失

不同盐处理使脆肉鲩鱼片的质构发生明显的变化,而质构的这些变化与贮藏过程中脆肉鲩肌肉发生的理化变化有关。pH 变化是鱼片冷藏期变化的主要特征。鱼片贮藏过程开始时期由于糖酵解,乳酸积聚,ATP 酶活性增强,使得肌肉中 pH 降低。当鱼体肌肉中 ATP 分解完后,鱼体开始软化,先后进入自溶和腐败阶段,蛋白质和其他一些含氮物质被分解为氨基酸、氨、三甲胺、硫化氢、吲哚等碱性物质,此时鱼体 pH 又回升。

由图 4-2 可见,所有样品在 0℃贮藏时 pH 的变化趋势基本一致,随贮藏期延长总体呈增加趋势。说明贮藏过程中鱼肉蛋白质不断降解,鱼体 pH 从酸性向中性和碱性偏移,鱼肉品质逐渐下降。所有样品 pH 在第 6 d 都达到了最低值,第 9 d 时,盐含量较高的 3%、5%、10%和 15%组样品 pH 升高得较少,1%和 2%涂抹的升高较多,对照组最大。从图 4-2 还发现,第 12 d 的鱼片 pH 出现下降。这可能是由于鱼体宰杀后,血液循环停止,体内氧的供应亦随即停止,缺氧条件下糖酵解作用产生的乳酸在组织内累积,使 pH 逐渐降低。达到最低后,随着新鲜度下降,碱性物质产生,pH 再次回升。

在图 4-2 中发现不同处理对质量损失有一定的影响。在贮藏过程中,汁液损失率随贮藏时间延长而逐步升高,经过盐处理的样品汁液流失率明显小于未经处理的样品，而且盐分越高，汁液的保存效果越好，也说明盐处理使得微生物作用和自身腐败过程都有所减缓，从而有效地控制了汁液的流失。

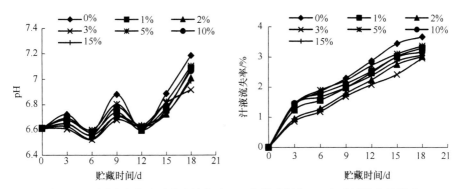

图 4-2　不同浓度食盐对脆肉鲩鱼片 0℃冷藏过程中 pH 和质量损失的影响

2) 挥发性盐基氮和菌落总数

挥发性盐基氮 (total volatile basic nitrogen，TVB-N) 是我国用以评价水产品新鲜度的主要指标。挥发性盐基氮是指动物性食品由于自身所含的酶和细菌的作用，使蛋白质和非蛋白质的含氮化合物降解而产生的氨以及胺类等挥发性碱性含氮化合物，它是反映水产品鲜度和变质情况的重要指标。在鱼体死后初期，细菌繁殖慢，TVB-N 的含量较少；到自溶阶段后期，细菌数量迅速增加，TVB-N 的含量也大幅度增加。

从图 4-3 中可以看到所有样品的 TVB-N 值在贮藏过程中均呈上升趋势，在第 9 d 对照样增长到 15.74 mg/100g，而经盐处理的其他组样品品质的变化相对缓慢，尤其是 2%、3%和 15%组盐分相对较高的样品变化比较慢，在第 9 d 时分别为 14.52 mg/100g、14.10 mg/100g 和 15.03 mg/100g。国家卫生标准规定鲜、冻动物性水产品的 TVB-N 值不能超过 20 mg/100g，这三种处理的样品在第 15 d 时均未超过 20 mg/100g，分别为 19.56 mg/100g、18.70 mg/100g 和 19.27 mg/100g。

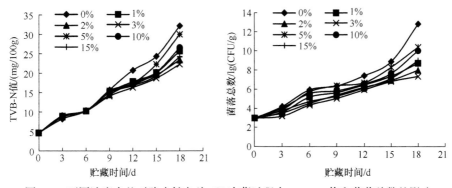

图 4-3　不同浓度食盐对脆肉鲩鱼片 0℃冷藏过程中 TVB-N 值和菌落总数的影响

　　从图 4-3 还可以看出，菌落总数在初期增长缓慢，微生物繁殖缓慢，到了后期微生物繁殖迅速。在冷藏前期，鱼肉 pH 下降，酸性条件不适宜微生物生长与繁殖，同时随着盐的渗透，微生物细胞内部脱水，细胞产生质壁分离，部分微生物被杀灭；在鱼体进入自溶阶段后，只要有少量的氨基酸和低分子含氮物质生成，微生物就可以利用这些物质繁殖。当繁殖达到某种程度后，微生物还可直接分解蛋白质，鱼肉蛋白质被分解为大量的低分子量的代谢物和游离氨基酸，而成为微生物的营养物质，因此自溶作用促进了腐败。

　　由图 4-3 可知，脆肉鲩肌肉在贮藏过程中菌落总数随贮藏时间的延长而呈上升趋势，特别是对照样更加明显，在贮藏第 9 d 菌落总数为 1.70×10^6 CFU/g，而用 1%、2%、3%盐涂抹的分别为 4.78×10^5 CFU/g、2.61×10^5 CFU/g 和 1.17×10^5 CFU/g；用 5%、10%和 15%盐水浸泡的分别为 2.9×10^6 CFU/g、7.42×10^5 CFU/g 和 1.20×10^5 CFU/g。国家标准规定，青鱼、草鱼、鲢鱼、鲤鱼的一级品菌落总数 $< 10^5$ CFU/g，二级品菌落总数 $< 10^6$ CFU/g。用盐涂抹的样品在第 9 d 均达到了二级品标准，而用 5%盐水浸泡的已经超过国家二级品的菌落总数。这些说明盐处理使得微生物作用和自身腐败过程都有所减缓，从而有效控制了汁液的流失。

　　3）脂肪氧化

　　从图 4-4 可以看出，表面涂抹的三组样品脂肪氧化程度大于盐水浸泡的三组样品和对照样，尤其是用 3%盐涂抹的样品 TBA 值在冷藏前期上升很快，在第 9 d 就上升到 1.425 mg 丙二醛/100g，后期相对缓慢，在 18 d 达到了 1.97 mg 丙二醛/100g。15%盐浸泡处理的样品变化与对照样比较接近，在第 9 d 对照样和 15%盐浸泡的分别为 1.131 mg 丙二醛/100g 和 1.280 mg 丙二醛/100g，在 18 d 分别为 1.631 mg 丙二醛/100g 和 1.707 mg 丙二醛/100g。5%和 10%盐溶液浸泡处理的丙二醛的含量小于对照组，说明它们的氧化速度小于对照样。这些结果反映了食盐对脆肉鲩肌肉的脂肪氧化有促进作用，特别是食盐涂抹对脂肪氧化的影响很大。这主要是鱼片表面附着一层盐膜会使鱼肉表面蛋白质发生一定程度的变性，盐溶性蛋白析出，使样品与氧接触的面积更大，同时由于蛋白质的变性，组织结构破坏使游离脂肪酸增加，而更易氧化。由此可以得知，盐含量较高的样品因为盐渗透进入组织的程度较深，组织结构的破坏程度也就较高，从而游离脂肪酸的含量也更多，脂肪氧化的程度也更加明显。

　　综合质构特性、汁液流失率、挥发性盐基氮及脂肪氧化的程度，2%表面涂抹和 15%盐溶液浸泡更有利于冷藏过程中脆肉鲩质构和质量的保证。

　　3. 颜色

　　在鱼片的冷藏过程中，不但要保证其卫生安全，还要保持外观。外观变化是影响鱼片质量的一个重要因素，特别是对于以白色肉为主的鱼，表面暗色肉的变

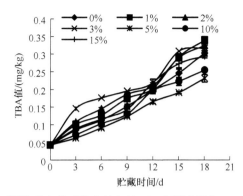

图 4-4　不同浓度食盐对脆肉鲩鱼片 0℃冷藏过程中 TBA 值的影响

化严重影响了鱼肉的可接受性。虽然盐处理能够延长脆肉鲩鱼片的货架期，但是盐处理却对其表面的暗色肉的颜色产生了严重的影响。如图 4-5 所示，盐涂抹处理对脆肉鲩暗色肉的 L^* 和 a^* 值影响很大，随着涂抹浓度的增大，L^* 和 a^* 迅速下降，特别是用 2% 和 3% 涂抹的暗色肉，前 6 d L^* 和 a^* 迅速下降，L^* 从新鲜的 35.15 分别迅速下降到 28.58 和 27.66，a^* 从新鲜的 16.35 分别迅速下降到 10.07 和 8.57，随后 L^* 和 a^* 变化缓慢。在 18 d 时 2% 和 3% 涂抹的 L^* 分别下降到 27.15 和 26.29，a^* 分别下降到 8.39 和 7.65。这说明了高浓度盐处理对脆肉鲩表面的暗色肉颜色产生很大的影响。对于盐浸泡的脆肉鲩鱼片的结果来说，变化缓慢。从图 4-5 可以看到，在冷藏过程中，当盐度低于 5% 时 L^* 和 a^* 随着盐含量的增加而下降加快。与涂抹的相比，5%、10% 和 15% 的样品在 6 d 时，L^* 分别从新鲜的 35.15 下降到 31.26、32.36 和 34.42，a^* 分别从新鲜的 16.35 迅速下降到 13.21、13.99 和 15.26，随后 L^* 和 a^* 分别变化缓慢。在 18 d 时 5%、10% 和 15% 的 L^* 分别下降到 28.15、27.99 和 29.29，a^* 分别下降到 12.03、12.44 和 12.67。这说明了两种盐处理方式对脆肉鲩暗色肉颜色的影响差别很大。

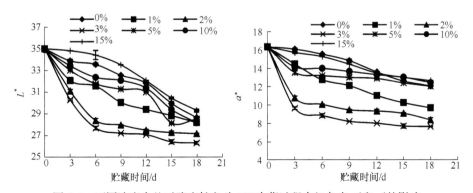

图 4-5　不同浓度食盐对脆肉鲩鱼片 0℃冷藏过程中红色肉 L^* 和 a^* 的影响

　　肌红蛋白是暗色肉的主要蛋白质，其稳定性是影响肌肉颜色的主要因素。肌红蛋白有三种存在方式，呈还原态的暗紫色脱氧肌红蛋白、充氧态的鲜红色氧合肌红蛋白和高铁肌红蛋白，三者的相对含量会随着肌肉内环境的改变而发生改变，并影响暗色肉的色泽。新鲜时肌肉呈鲜红色，当盐涂抹脆肉鲩肌肉的表面后，由于刚开始盐还没有完全渗透，在表面形成高浓度的盐环境，这时候表面的血红素在 NaCl 的作用下迅速发生改变。NaCl 是亚铁血红素的强氧化剂，能使 Fe^{2+} 自动氧化。Trout 在牛肉中添加 1.0% 的 NaCl 后发现生成高铁肌红蛋白的含量是不添加 NaCl 的两倍。Sørheim 等也同样发现在牛肉中添加 NaCl 能增加高铁肌红蛋白的生成量，并且使冷藏过程中环境中的氧消耗量增加。这说明了在肌肉中加入 NaCl 会加速肌红蛋白的氧化，从而使肌肉颜色表现为褐色，并且随着高铁肌红蛋白含量的增多，颜色会变得更深。同时，由于 NaCl 对表面肌肉的破坏，脂肪氧化的程度增大，脂肪氧化后产生的自由基促使肌红蛋白的氧化，而肌红蛋白氧化后生成的 Fe^{3+} 又是脂肪氧化的催化剂，最终结果使肌肉的红色迅速变褐。

　　对于盐浸泡来说，虽然 L^* 和 b^* 同样随着时间的延长而下降，但是 15% 浸泡的 L^* 和 b^* 却是变化速度最慢的(图 4-6)。从上面理化指标的测定可知，在这三种浸泡浓度中，15% 的挥发性盐基氮、菌落总数和脂肪氧化程度最小，使肌肉不会由于自溶的加剧及脂肪氧化造成颜色过快变褐。可见，影响脆肉鲩肌肉表面暗色肉颜色的原因是 NaCl 的加入促使亚铁血红素氧化加剧，耗氧量增多，微环境氧分压下降，高铁肌红蛋白生成量增多，并且 NaCl 对肌肉的表面破坏使脂肪氧化程度增大。因此，控制好预处理的盐含量和处理方法，结合其他措施，控制脆肉鲩微生物的生长，并且通过控制脂肪的氧化速率等措施来减少食盐对冷藏过程中脆肉鲩肌肉颜色的影响。

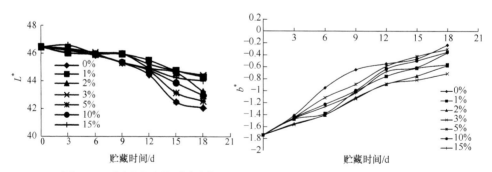

图 4-6　不同浓度食盐对脆肉鲩鱼片 0℃冷藏过程中白色肉 L^* 和 b^* 的影响

4. 感官评价

　　从图 4-7 中可以看到，2% 涂盐的综合指标最高，其气味、硬度、黏聚性、弹性和总体接受度的平均分值都较高；15% 浸盐的除弹性和盐度比 2% 处理的稍低外，其他指标均与 2%的相近，两者盐度适中。结合前面的理化指标来看，在第 15 d 时，2%盐涂抹和 15%盐溶液浸泡的鱼片的 TVB-N 值仍未超过国标规定的 20 mg/100g；虽然菌落总数比 3%的高，但两者的脂肪氧化程度均比 3%的小，并且颜色也比 3%的好，因此选 2%盐涂抹和 15%盐浸泡作为最佳的盐处理条件。

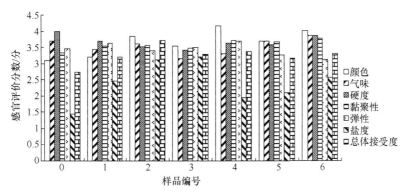

图 4-7　不同浓度食盐处理脆肉鲩鱼片蒸煮后的感官评价结果

图中 0、1、2、3、4、5 和 6 分别代表对照样、1%涂抹、2%涂抹、3%涂抹、5%浸泡、10%浸泡和 15%浸泡

总的来说，用与鱼片质量比为 1%、2%和 3%的盐对脆肉鲩鱼片进行表面涂抹及浓度为 5%、10%、15%的盐溶液对脆肉鲩鱼片进行 1 min 浸泡后进行 0℃冷藏发现，各种指标变化不一样。综合质构特性、挥发性盐基氮、脂肪氧化、菌落总数、颜色变化及感官评价，2%盐涂抹和 15%盐浓度浸泡的处理更有利于脆肉鲩鱼片总体的品质保藏，而且可接受性也相对较高。对 2%盐涂抹的脆肉鲩鱼片来说，在第 9 d 的菌落总数为 2.61×10^5 CFU/g，而 15%浸泡的为 1.20×10^5 CFU/g；2%盐涂抹的挥发性盐基氮为 14.52 mg/100g，比 15%浸泡的低 3.39%；2%的 TBA 值与 15%的没有显著性差别（$P > 0.05$）；2%的汁液流失率比 15%的低 10.61%。从质构特性指标来说，2%的硬度、弹性和回复性分别比 15%的低 12.80%、1.48%和 3.25%。2%盐处理的暗色肉 L^* 和 a^* 分别比 15%的显著性下降了 17.50%和 52.37%，白色肉的 L^* 和 b^* 分别比 15%处理的高 1.39%和 6.95%。从这些结果可见盐对脆肉鲩肌肉的质构和暗色肉的颜色产生较大的影响，揭示了脆肉鲩暗色肉颜色的改变是亚铁血红素在 NaCl 与脂肪氧化的共同作用下大量高铁肌红蛋白的生成所引起的。

4.2.2　壳聚糖对脆肉鲩鱼片冷藏保鲜过程品质的影响

1. 不同分子量壳聚糖对质构的影响

从图 4-8 和图 4-9 可知，随着贮藏时间延长，硬度、弹性、咀嚼性和回复性下降，在同种盐处理条件下，分子量为 120 kDa 的壳聚糖处理效果比分子量为

30 kDa 的好，120 kDa 的壳聚糖处理的脆肉鲩鱼片的硬度、弹性、咀嚼性和回复性下降速度均比 30 kDa 的慢，这说明了 120 kDa 壳聚糖更有利于脆肉鲩鱼片质构的保持。对于同种分子量处理的脆肉鲩鱼片来说，15%盐溶液浸泡的各种质构特性保持得比 2%盐涂抹的好。

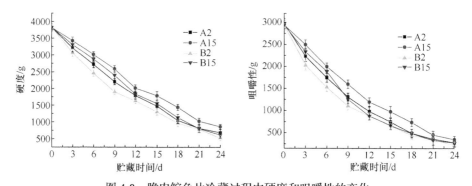

图 4-8　脆肉鲩鱼片冷藏过程中硬度和咀嚼性的变化

图中 A2、A15、B2、B15 分别代表 120 kDa 壳聚糖涂膜+2%盐含量涂抹、120 kDa 壳聚糖涂膜+15%盐溶液浸泡、30 kDa 壳聚糖涂膜+2%盐含量涂抹和 30 kDa 壳聚糖涂膜+15%盐溶液浸泡，下同

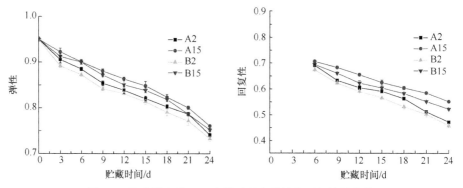

图 4-9　脆肉鲩鱼片 0°C 冷藏过程中弹性和回复性的变化

2. 不同分子量壳聚糖对理化指标的影响

鱼片冷藏过程中质量的变化是衡量预处理方法好坏的途径，通过 pH、TVB-N、菌落总数和 TBA 值在冷藏期间的变化来判断哪种分子量的壳聚糖更有利于脆肉鲩的品质保持。从图 4-10～图 4-12 中可知，所有处理的 pH、TVB-N、菌落总数和 TBA 值均比对照样上升得慢，特别是 120 kDa 壳聚糖涂膜的脆肉鲩鱼片，这些指标的变化更慢，同时采用 15%盐溶液浸泡的脆肉鲩鱼片的 pH、TVB-N、菌落总数和 TBA 值比用 2%盐涂抹的变化慢。用 120 kDa 壳聚糖涂膜的鱼片，由于微生物生长较慢，pH、TVB-N 等的变化都减慢。据文献报道，高分子量壳聚糖有抑菌作用。高分子量的壳聚糖具有一定的成膜性，分子量越大，壳聚糖的成膜性越

好。高分子量的壳聚糖易在细胞的表面形成一层较厚的吸附层，阻断营养物质进入细胞内部，抑制细胞的新陈代谢，从而抑制微生物的生长或杀灭微生物，并且随着分子量的增大，抑菌性能增强。

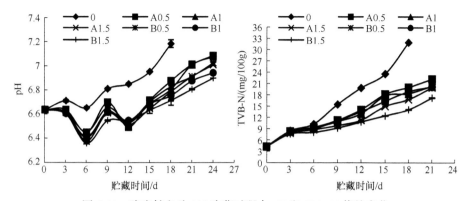

图 4-10　脆肉鲩鱼片 0℃冷藏过程中 pH 和 TVB-N 值的变化

图中 0 代表对照样；A 代表 120 kDa 壳聚糖；B 代表 30 kDa 壳聚糖；0.5、1、1.5 分别代表壳聚糖浓度；下同

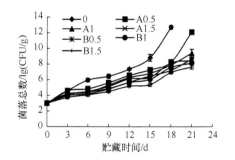

图 4-11　脆肉鲩鱼片冷藏过程中菌落总数的
变化

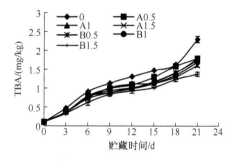

图 4-12　脆肉鲩鱼片冷藏过程中 TBA 值的
变化

　　另外，壳聚糖还有一定的抗氧化作用。壳聚糖能够有效抑制鲜牛肉、猪肉、鱼肉和香肠贮藏过程中的脂肪氧化和酸败。肉制品的脂肪氧化受脂肪酸的组成、游离脂肪酸的含量、氧的浓度、金属离子、酶活性等因素的影响。壳聚糖具有的抗氧化性与它本身的结构和性质有关。壳聚糖分子链上分布着大量带负电荷的游离氨基，该结构对过渡金属离子具有螯合作用，从而使这些具有脂肪氧化催化作用的金属离子不与脂肪接触，而减缓了脂肪自动氧化速度。另外，壳聚糖可以与游离脂肪酸结合形成稳定的复合物，该复合物又可与几倍于其体积的脂肪结合，形成稳定的结构，游离脂肪酸含量越多，脂肪水解速度越快，壳聚糖通过与其结合使脂肪水解速度减慢，起到抗氧化的作用。因此，用 120 kDa 的壳聚糖对脆肉鲩鱼片的预处理更有利于脆肉鲩鱼片质量的保持。

3. 脆肉鲩鱼片暗色肉评价

a^*反映肌肉颜色红色的变化，在一些研究中作为红色变化的指标。Sørheim 等和戴瑞彤用 a^* 值作为牛肉冷藏过程中红色变化的指标，发现牛肉红色的变化与 a^* 呈线性相关。因此在本试验中，采用 a^* 作为脆肉鲩鱼片表面暗色肉红色的变化指标，并研究红色与脂肪氧化、高铁肌红蛋白及肌红蛋白的相关性，从而确定脆肉鲩肌肉表面暗色肉颜色的评定方法。

1) a^*、高铁肌红蛋白含量、肌红蛋白含量的变化

图 4-13 和图 4-14 是脆肉鲩鱼片用 15%盐溶液浸泡和分子量分别为 120 kDa 和 30 kDa 的壳聚糖涂膜复合处理后暗色肉在 0℃冷藏过程中 a^*、高铁肌红蛋白含量、肌红蛋白含量的变化。从图 4-13 中可以看出，两种处理的脆肉鲩鱼片表面暗色肉的 a^* 随着冷藏时间的延长逐渐减小，高铁肌红蛋白的含量随冷藏时间的延长而增加，从 19 d 开始又下降，并且用分子量小的壳聚糖处理的脆肉鲩暗色肉中高铁肌红蛋白的含量比用分子量大的壳聚糖处理的少，这可能是由于壳聚糖的分子量越

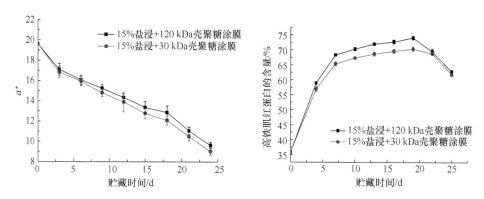

图 4-13　脆肉鲩鱼片暗色肉在 0℃冷藏过程中 a^*、高铁肌红蛋白含量的变化

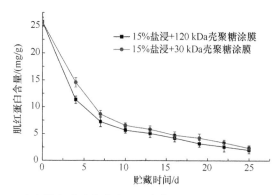

图 4-14　脆肉鲩鱼片暗色肉在 0℃冷藏过程中肌红蛋白含量的变化

大，黏度越大，螯合铁离子的能力下降。Kamil 等发现黏度为 14 cP（1 cP=10^{-3} Pa · s）的壳聚糖抗氧化能力比 57 cP 和 360 cP 的强。从图 4-14 中可知，肌红蛋白含量随冷藏时间的延长而减少。新鲜肉的暗色肉主要是以鲜红的氧合肌红蛋白存在，随着贮藏时间的延长，表面暗色肉的肌红蛋白逐渐被氧化成褐色的高铁肌红蛋白，结合图 4-13 和图 4-14 可见肌红蛋白随着高铁肌红蛋白的增多而减少。另外从上面的分析可知，脂肪氧化的程度也是影响脆肉鲩鱼片暗色肉的主要因素，a^* 随着脂肪氧化程度的增大而减小，a^* 值与高铁肌红蛋白含量和脂肪氧化程度存在一定的关系。

　　2）a^* 值与高铁肌红蛋白含量和脂肪氧化程度之间的相关性分析

　　a^* 值与高铁肌红蛋白含量和脂肪氧化程度之间的相关性用线性回归进行分析。从表 4-2 中可知，a^* 与高铁肌红蛋白含量的 Pearson 相关系数为 –0.744，显著系数为 0.002，相关系数为 0.689，说明 a^* 与高铁肌红蛋白含量之间呈显著负相关。高铁肌红蛋白含量越多，a^* 值越小。在鱼肉的冷藏过程中，在冷藏初期，脆肉鲩表面暗色肉主要以氧合肌红蛋白形式存在，这时呈现鲜红色。随着盐的渗透，蛋白质结构被破坏，多肽微环境不能继续保护鲜红色免遭氧化，这时血红素上的 Fe^{2+} 容易被氧化成 Fe^{3+}，随着冷藏时间的延长，微生物的生长使蛋白质进一步分解，高铁肌红蛋白的含量进一步增多，从而使肌肉的颜色进一步变褐，使 a^* 值减小。

表 4-2　a^* 与高铁肌红蛋白含量、TBA 值线性回归分析结果表

		高铁肌红蛋白含量	TBA 值
Pearson 相关系数	a^* 值	–0.744	–0.917
Sig.（双尾）	a^* 值	0.002	0.000
R^2（与 a^* 值）		0.689	0.849

　　从表 4-2 中也可看出，a^* 与脂肪氧化程度的相关性也比较强。a^* 与 TBA 值的 Pearson 相关系数为 –0.917，显著系数为 0.000，相关系数为 0.849，说明 a^* 与脂肪氧化程度呈显著负相关。有研究表明，脂肪氧化和肉类的变色之间存在密切的关系。在肉类的脂肪氧化过程中，会产生一些自由基，这些自由基又将肌红蛋白的血红素辅基中心的 Fe^{2+} 氧化成 Fe^{3+}，同时，Fe^{3+} 又是脂肪氧化的催化剂。另外，脂肪氧化产生的自由基还会破坏高铁肌红蛋白还原酶。在新鲜肉中，由于存在内源的还原物质，如 NAD^+ 和 FAD^+，一旦红褐色的高铁肌红蛋白或紫色的脱氧肌红蛋白生成，肌肉自身都能将其还原，使肌肉保持稳定的亮红色。高铁肌红蛋白还原酶能够将高铁肌红蛋白还原成 Fe^{2+} 的肌红蛋白从而减少高铁肌红蛋白的形成。随着高铁肌红蛋白还原酶逐渐被破坏，高铁肌红蛋白不能及时被还原，从而使高铁肌红蛋白增多，使肌肉从鲜红色变为褐色，进而使 a^* 值变小。图 4-15 和图 4-16 分别是 a^* 与高铁肌红蛋白含量和脂肪氧化的标准化的正态概率图，从这两个图可以看出标准化残

差呈正态分布,散点在直线上或靠近直线,进一步说明了 a^* 与高铁肌红蛋白含量和脂肪氧化之间显著性相关。所以可通过进一步量化 a^* 与脂肪氧化程度和高铁肌红蛋白含量的关系,通过直接测定淡水鱼表面暗色 a^* 的变化来判断肌肉的品质情况。

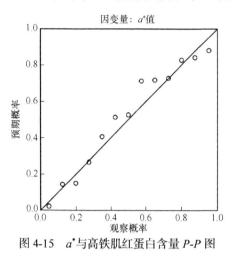
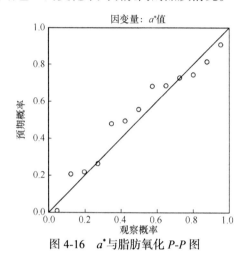

图 4-15　　a^* 与高铁肌红蛋白含量 P-P 图　　　　　图 4-16　　a^* 与脂肪氧化 P-P 图

　　不同分子量的壳聚糖对脆肉鲩肌肉的颜色影响不同。所有处理的 pH、TVB-N、菌落总数和 TBA 值均比对照样上升得慢,特别是 120 kDa 壳聚糖涂膜的脆肉鲩鱼片,四个指标的变化更慢,同时采用 15%盐溶液浸泡的脆肉鲩鱼片的 pH、TVB-N、菌落总数和 TBA 值比用 2%盐涂抹的变化慢。用 120 kDa 壳聚糖涂膜的鱼片由于微生物生长较慢,pH、TVB-N 等的变化都减慢,但对暗色肉的护色效果没有 30 kDa 壳聚糖的好。在暗色肉颜色的研究中还发现, a^* 随着冷藏时间的延长逐渐减小,高铁肌红蛋白的含量随冷藏时间的延长而增加,肌红蛋白含量随冷藏时间的延长而减少,并且 a^* 与高铁肌红蛋白和 TBA 值呈显著性负相关。这些结果显示采用具有螯合金属离子能力的壳聚糖处理脆肉鲩后对暗色肉有护色作用,进一步揭示了脆肉鲩暗色肉颜色变褐的实质是由脂肪氧化及金属离子的氧化使高铁肌红蛋白形成所引起的。

4.2.3　生姜汁浸泡对脆肉鲩鱼片冷藏保鲜过程品质的影响

　　脆肉鲩由于其基质蛋白、肌原纤维蛋白和胶原蛋白含量均比鲩鱼高,因此在运输贮藏过程中蛋白质的代谢和腐败产生的三甲胺及哌啶含量较鲩鱼高,导致出现过重的鱼腥味,影响其销售品质。生姜(*Zingiber officinale* Roscoe)作为一种传统的香辛料,具有祛寒祛湿、暖胃止吐、抗菌消毒、增强心脏功能、加速血液循环、抑制中枢神经、防癌、抗氧化等多种功能。因此,利用生姜的功能特性,将鲜生姜榨汁后用于脆肉鲩的活体运输中,研究经过生姜汁处理后脆肉鲩在 4℃冷藏过程中的品质变化。

1. 质构特性

脆肉鲩具有口感爽弹的特点，肌肉中含有丰富的胶原蛋白是其肉质比其他淡水鱼类的肉质弹性大的直接原因，通过质构分析可反映脆肉鲩在贮藏期间品质的变化。由图 4-17 可见在 4℃冷藏条件下至贮藏结束，处理组和对照组脆肉鲩的弹性分别下降了 22%和 53%，表明在整个贮藏过程中经 0.08 mg/L 生姜汁浸泡运输的鱼肉弹性显著高于对照组。

硬度是肉质众多参数中最能凸显脆肉鲩特征且最稳定、最直接的指标。由图 4-18 可见在 4℃冷藏条件下整个贮藏过程无论是经过 0.08 mg/L 生姜汁浸泡运输的处理组还是用曝气 3 d 的自来水运输的对照组的脆肉鲩硬度均有所降低。至贮藏结束，处理组鱼肉硬度下降了 15%，而对照组下降了 30%，这虽然与脆肉鲩的肉质肌纤维密度较大、肌纤维间的填充物多、鱼肉汁液流失相对较慢有关，同时也说明生姜汁处理可延缓其硬度的下降速度。

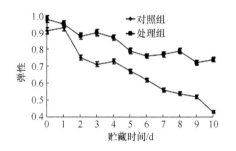

图 4-17 脆肉鲩在贮藏过程中肉质弹性的变化

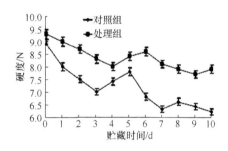

图 4-18 脆肉鲩在贮藏过程中肉质硬度的变化

食物的咀嚼性与弹性、硬度以及其他参数可反映将食品咀嚼到可吞咽时所做的功，能较直观地反映食物在贮藏过程中的劣变情况。由图 4-19 可见在 4℃冷藏条件下至贮藏结束，处理组与对照组的脆肉鲩咀嚼性分别下降了 15%和 26%，这可能是由于脆肉鲩肌纤维变得绵软和胶原蛋白流失在影响肉质弹性和硬度的同时也影响了肉质的咀嚼性。

在整个贮藏期间，处理组与对照组脆肉鲩的弹性、硬度、咀嚼性虽然均有所下降，但是经低浓度生姜汁浸泡处理对脆肉鲩质构有一定的保护

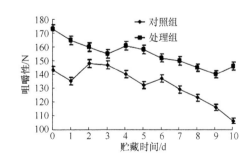

图 4-19 脆肉鲩在贮藏过程中肉质咀嚼性的变化

作用。一方面，这可能是与处理组鱼肉经生姜汁浸泡处理减少了贮藏过程中鱼肉的

汁液流失、原有的蛋白质结构发生改变以及肌原纤维被逐步破坏从而导致肉质发生的劣变；另一方面，生姜的抗氧化成分延缓了脆肉鲩的脂肪氧化速率，符合脂肪含量越高，鱼肉弹性、咀嚼性、硬度越好的规律。

2. 菌落总数

微生物菌落总数是评价水产品安全性的重要依据，食品安全国家标准 GB 10136—2015 中规定动物性水产制品即食生制动物性水产制品微生物菌落总数上限为 5×10^4 CFU/g。由图 4-20 可见，在整个贮藏期内，对照组菌落总数始终显著高于生姜汁处理组（$P < 0.05$），并且生姜汁处理组由于生姜的抑菌成分在持续起作用，因此在贮藏前期鱼肉的菌落总数有明显降低的趋势。贮藏 9 d 时菌落总数仍在国家标准规定的合格范围。而对照组鱼肉的菌落总数从开始就始终呈上升的趋势，贮藏 3 d 微生物菌落总数已经接近国家标准规定的上限。所以采用 0.08 mg/L 生姜汁浸泡运输脆肉鲩可以延长其死后 4℃冷藏保鲜时间或者货架期达 6 d。

3. 挥发性盐基氮

鱼肉在贮藏期间的蛋白质的降解程度可以通过 TVB-N 值的变化来衡量。由图 4-21 可见，在整个贮藏期间，经低浓度生姜汁浸泡运输的脆肉鲩鱼肉 TVB-N 值始终低于对照组。贮藏 1 d 后，处理组脆肉鲩鱼肉 TVB-N 值与对照组之间差异显著（$P < 0.05$），并且贮藏 4 d 时，对照组脆肉鲩鱼肉 TVB-N 值达 29.6 mg/100g，已接近国家标准 GB 10136—2015 规定的动物性水产制品 TVB-N 的上限（30 mg/100g），而至贮藏期结束（10 d）时，处理组脆肉鲩鱼肉 TVB-N 值为 26.8 mg/100g，仍符合国家标准，这是因为蛋白质的分解与脆肉鲩中微生物的生长有较大关系。与处理组相比，对照组微生物生长较快，大量的微生物加速了蛋白质的分解，而处理组经生姜汁浸泡使鱼肉 TVB-N 初始含量有效降低，这与微生物菌落总数检测结果相吻合。0.08 mg/L 生姜汁浸泡运输脆肉鲩可延长其死后 4℃冷藏保鲜或货架期 6 d。

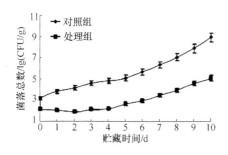

图 4-20　贮藏期间脆肉鲩鱼片菌落总数的
变化

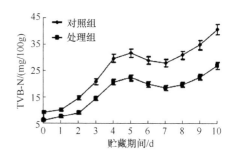

图 4-21　贮藏期间脆肉鲩鱼片挥发性盐基氮
的变化

4. K 值

鲜度指标 K 值可反映鱼肉在冷藏过程中腺苷三磷酸（ATP）的降解程度。在贮藏过程中，由于鱼肉自身的生化反应，ATP降解为次黄嘌呤核苷、次黄嘌呤、腺苷二磷酸、腺苷酸和肌苷酸，K 值越大说明鱼肉越不新鲜，一般认为 $K \leq 20\%$ 时为特别新鲜。由图 4-22 可见，与处理组相比，对照组 K 值增长较快，贮藏 3 d 时 K 值由初始值 7.8%上升至 17.9%；而处理组 K 值至贮藏 10 d 时达 18.2%。一方面，这可能是

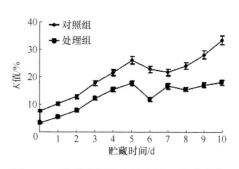

图 4-22　贮藏期间脆肉鲩鱼片 K 值的变化

因为对照组微生物生长较快加速了 ATP 的降解；另一方面是由于生姜汁中含有抑菌物质，抑制了处理组微生物的生长，同时经生姜汁浸泡改变了脆肉鲩冷藏过程中的 pH 等环境，降低了 ATP 分解酶的活性。若以 K 值达到 20%为生食脆肉鲩上限，与对照组相比，经 0.08 mg/L 生姜汁浸泡运输的脆肉鲩可延长货架期 7 d。

5. 三甲胺

氧化三甲胺（trimethylamine oxide，TMAO）的化学结构与甲基供体如胆碱、甜菜碱和 S-腺苷甲硫氨酸相似，具有特殊的鲜味，是水产品的一种特殊呈味剂。酶降解可使其生成三甲胺（TMA）和二甲胺，这些化合物易挥发，可产生鱼腥臭味，并且可以转化为致癌的 N-亚硝胺类化合物。随着新鲜度的下降，动物源性食品中三甲胺的含量会越来越高，因此三甲胺是衡量动物源性食品新鲜程度的重要指标。而脆肉鲩中蛋白质含量远高于鲩鱼，导致其本身就比其他淡水鱼类的三甲胺含量高，所以降低其贮藏期间三甲胺的含量，改善其气味，有助于提高脆肉鲩的销售品质。

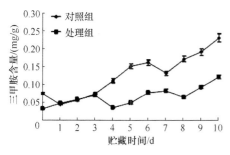

图 4-23　贮藏期间脆肉鲩鱼片三甲胺的变化

由图 4-23 可见，贮藏初期（0～3 d），处理组与对照组脆肉鲩鱼肉三甲胺含量之间差异不显著（$P > 0.05$）；但随着贮藏时间的延长，对照组鱼肉三甲胺含量迅速增加，而处理组三甲胺含量呈波动状缓慢增加的趋势，说明生姜中抗氧化成分能够有效防止氧化三甲胺迅速酶解成具有烂鱼臭味的三甲胺，这对蛋白质和氧化三甲胺含量较其他淡水鱼类高的脆肉鲩有极大的好处。

总的来说，生姜汁处理不仅能提高脆肉鲩的抗缺氧能力，还能改善其窒息死亡后的冷藏保鲜效果，尤其能够抑制氧化三甲胺的酶解，减少三甲胺的释放，降低鱼腥味给消费者带来的感官不适；同时能够很好地保护脆肉鲩中的胶原蛋白和肌纤维，维持脆肉鲩肉的弹性和硬度，保存了脆肉鲩脆爽的风味。

4.2.4　抑菌处理对脆肉鲩鱼片冷藏过程品质的影响

作为一种淡水鱼，脆肉鲩不耐冷冻，鱼肉蛋白易冷冻变性，冻藏品质较差；同时，冷冻后易出现渗胆、离刺、油烧等现象，导致鱼品鲜度下降；而在冷链温度贮藏中其鲜度下降慢，因此较适合冷链加工和冷链流通。冷链温度一般为 0～6℃，在此温度范围，微生物的生长和酶的作用只是受到一定程度的抑制。随着时间的延长，鱼肉仍易腐败，因此冷链过程中的防腐十分重要。许多研究表明，大多数情况下，水产食品中所含微生物只有部分参与腐败过程，而这些易于生存和繁殖并产生腐败臭味和异味代谢产物的微生物，就是该产品的特定腐败菌(SSO)。特定腐败菌在刚加工的水产品微生物菌群中数量少，仅占非常小的一部分，但在贮藏过程中的生长较其他微生物快且腐败活性强。特定腐败菌是过程淘汰选择的结果，是导致水产品腐败的最重要的原因。确定脆肉鲩在冷链保鲜过程中的特定腐败菌，并根据特定腐败菌的生长特性开发靶向抑菌技术，即可实现脆肉鲩的保鲜，满足消费者对新鲜、安全的要求。

1. 加工工艺

脆肉鲩鱼片的生产工艺：脆肉鲩去尾放血→处死→去头、去内脏、去黑膜→清洗(用 15℃的流动水)→沥干→取鱼肉→切割、切成带皮鱼片(5 cm×3 cm×0.5 cm)→浸渍脱腥→减菌化处理→捞出沥干→称重→包装→置于 4℃条件下贮藏。

抑菌方法如下：

(1)乙酸钠浸渍 10 min(2.5%的乙酸钠溶液，$m_{鱼}$: $m_{浸渍液}$=1 : 8)。

(2)茶多酚浸渍 10 min(0.3%的茶多酚溶液，茶多酚先用少许乙醇溶解后再配制，$m_{鱼}$: $m_{浸渍液}$=1 : 8)。

(3)无菌水清洗鱼片。

2. 抑菌处理对感官的影响

比较几种抑菌处理对脆肉鲩鱼片感官品质的影响结果，由表 4-3 可知经茶多酚浸渍处理后鱼片的感官品质下降，鱼片色泽稍黄，煮后脆度消失，咀嚼起来有较重的纤维感；而乙酸钠处理则不会影响脆肉鲩鱼片的感官质量。放置 5 d 后品评未经处理的鱼片，感官劣变，不适宜食用；无菌水处理的虽尚能食用，但肉质松软；茶多酚浸渍处理的鱼片发黄发干且脆度几乎消失；乙酸钠处理的感官品质尚佳，冷藏 9 d 后鱼片散发出一种冷藏酸味，19 d 后鱼片仍未出现腐败。感官评价提示乙酸钠处理的冷藏鱼片可能有着和其他处理不同的优势菌。

表 4-3   几种抑菌处理对脆肉鲩鱼片感官品质的影响

抑菌处理	脆度		色泽		滋味		气味	
	0 d	5 d	0 d	5 d	0 d	5 d	0 d	5 d
乙酸钠	5	4	5	4.5	5	4	5	3.5
茶多酚	3.5	1	4.5	3	4	3	5	3
无菌水	5	2	5	3	5	1	5	2
未经处理	5	—	5	1	5	—	5	1

注：将鱼片置于沸水中加热 5 min 后品尝其脆度和滋味。

3. 抑菌处理对脆肉鲩鱼片理化指标的影响

1）pH 的变化

图 4-24 是冷藏期间脆肉鲩鱼片的 pH 变化，由图可知鱼片在冷藏初期 pH 下降，说明糖原降解生成乳酸，ATP 和磷酸肌酸等物质分解产生磷酸等酸性物质；随后缓慢上升，说明鱼肉已开始自溶，挥发性盐基氮含量增加，鱼肉的新鲜度下降；而乙酸钠处理的鱼片 pH 下降及上升的时间均较其他处理滞后。

2）汁液流失率的变化

由图 4-25 可知随着贮藏时间的延长，脆肉鲩鱼片的汁液流失率逐渐增加，说明鱼肉持水能力下降，品质逐渐劣变。

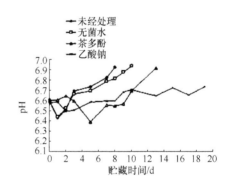

图 4-24   抑菌处理对冷藏脆肉鲩鱼片 pH 的影响

经无菌水清洗、茶多酚浸渍及乙酸钠浸渍处理的鱼片在冷藏过程中的汁液流失率均高于未经处理的，说明浸渍处理可破坏鱼片的细胞结构，导致细胞持水力下降；乙酸钠处理的鱼片在贮藏前期汁液流失较快，冷藏 8 d 后其汁液流失逐渐减缓。

3）挥发性盐基氮的变化

鱼类的挥发性盐基氮和新鲜度有很高的相关性，因此是判断水产品腐败程度的重要指标。GB 2733—2015 中规定淡水鱼的鲜度为：挥发性盐基氮≤13 mg/100g 为

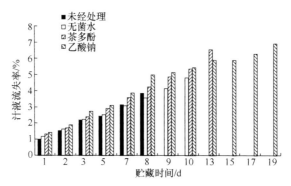

图 4-25　抑菌处理对冷藏脆肉鲩鱼片汁液流失率的影响

一级标准；挥发性盐基氮≤20 mg/100g 为二级标准。由图 4-26 可知随着冷藏时间的延长，未经处理脆肉鲩鱼片的挥发性盐基氮含量逐渐增加，开始时增长速度较为平缓，5 d 后急速增加，7 d 时达到不可食用的 21.32 mg/100g，这一变化与感官指标基本一致；无菌水处理及茶多酚浸渍处理的则分别在冷藏至 9 d 和 10 d 时达到 20.69 mg/100g 和 19.77 mg/100g；乙酸钠处理脆肉鲩鱼片的挥发性盐基氮在前 3 d 增长较快，之后增长平缓，冷藏 19 d 后其挥发性盐基氮的含量仅为 14.46 mg/100g。

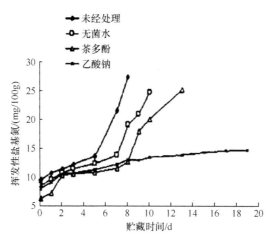

图 4-26　抑菌处理对冷藏脆肉鲩鱼片挥发性盐基氮的影响

　4）抑菌处理对脆肉鲩鱼片微生物的影响

　　比较 3 种抑菌处理对脆肉鲩鱼片的菌落总数及假单胞菌数的影响，结果见图 4-27 和图 4-28。采用无菌水清洗、乙酸钠浸渍及茶多酚浸渍处理均可降低脆肉鲩鱼片的原始带菌量并在冷藏期间具有抑菌效果，其中乙酸钠浸渍及茶多酚浸渍的抑菌效果较好，冷藏 5 d 时，未经任何抑菌处理的脆肉鲩鱼片菌落总数已达到 9.52×10^6 CFU/g，而茶多酚浸渍及乙酸钠浸渍的菌落总数分别只有 2.91×10^5 CFU/g

和 8.99×10⁴ CFU/g，说明乙酸钠及茶多酚具有较好的抑菌效果且乙酸钠的抑菌效果优于茶多酚。

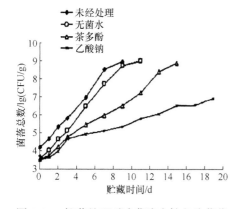

图 4-27　抑菌处理对冷藏脆肉鲩鱼片菌落
总数的影响

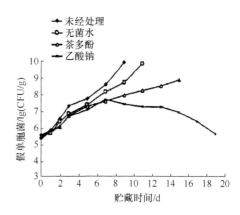

图 4-28　抑菌处理对冷藏脆肉鲩鱼片假单胞
菌数的影响

　　脆肉鲩鱼片在冷藏条件下的特定腐败菌是假单胞菌，因此确定假单胞菌的变化对于了解脆肉鲩的腐败特性非常重要。由图 4-28 可知，随着时间的延长，假单胞菌的数量逐渐增加，但不同处理鱼片的假单胞菌数目具有明显差异，冷藏初期，几种处理脆肉鲩鱼片中假单胞菌的生长趋势基本一致，无菌水清洗及茶多酚浸渍处理可延长假单胞菌的迟滞期，微生物生长曲线向右偏移；而乙酸钠浸渍处理的则完全不同，冷藏初期，假单胞菌的生长曲线与茶多酚浸渍处理的基本一致，冷藏至 7 d 时，假单胞菌的数量达到峰值(2.30×10⁷ CFU/g)，之后假单胞菌数量急剧下降，冷藏 19 d 后，假单胞菌数量仅为 7.98×10⁴ CFU/g。

　　5)抑菌处理对脆肉鲩鱼片特定腐败菌的影响

　　A. 茶多酚浸渍处理脆肉鲩鱼片腐败微生物 16S rDNA 克隆文库的限制性片段长度多态性(RFLP)分析

　　茶多酚可通过与蛋白质(酶、膜蛋白等)结合及与金属离子的络合导致微生物死亡；并可作为氢供体夺取过氧化自由基，清除环境中的活性氧，因此具有杀菌抑菌活性。有报道表明茶多酚可成功用于鲫鱼等水产品的保鲜。茶多酚处理的脆肉鲩冷藏 10 d 后腐败，以此鱼肉提取微生物宏基因组 DNA 作为模板扩增细菌 16S rDNA 并构建 Lc 基因文库；挑取 55 个阳性克隆子用 Msp I 进行 RFLP 分析。结果显示 Lc 基因文库有 5 种 RFLP 分型(图 4-29)，分型 1 和 2 的克隆子数占优势，分别为 34 个和 18 个，占总数的 61.82%和 32.73%(表 4-4)，表明这两种分型的细菌是茶多酚浸渍处理冷藏脆肉鲩鱼片的特定腐败菌。

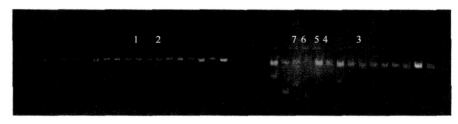

图 4-29　茶多酚处理的脆肉鲩腐败菌的 16S rDNA 克隆文库 Msp Ⅰ 酶切图

表 4-4　各 RFLP 分型所含克隆子数及 16S rDNA 序列比对分析结果

	分型编号	序列长度/bp	基因库最相似菌种名称(登录号)	相似度/%	克隆子数/个	所占比例/%
Lc 基因文库	1	1561	假单胞菌 p57(EU935094.1)	99	34	61.82
	2	1548	假单胞菌 p50(EU864269.1)	100	18	32.73
	3	1541	假单胞菌 LC07(EU595584.1)	99	1	1.82
	5	1521	假单胞菌 P57(EU935094.1)	99	1	1.82
	7	1563	假单胞菌 LC07(EU595584.1)	99	1	1.82
Ly 基因文库	8	1589	弯曲乳杆菌 CTSPL4(EU855223.1)	100	30	62.50
	9	1569	棉子糖乳球菌 IMAU：80682(EU826659.1)	99	10	20.83
	10	1580	非培养肠球菌 SL03(HQ264063.1)	99	5	10.42
	11	1584	弯曲乳杆菌 CTSPL4(EU855223.1)	99	2	4.17
	12	1586	棉子糖乳球菌(AB593336.1)	99	1	2.08

　　B. 乙酸钠处理脆肉鲩冷藏 19 d 后微生物细菌 16S rDNA 基因文库 RFLP 分析

　　美国食品药品监督管理局(FDA)允许乙酸钠用于水产品保鲜，并可调节 pH，在多种贮藏条件其均被证明安全有效。乙酸钠处理的脆肉鲩冷藏 19 d 后仍未产生腐败味，但产生了醋样酸味，以此鱼肉提取的微生物宏基因组 DNA 作为模板，扩增得到的细菌 16S rDNA 构建成 Ly 基因文库，挑取 48 个阳性克隆子用 Msp Ⅰ 进行 RFLP 分析。结果显示 Ly 基因文库的 16S rDNA 分型有 5 种 RFLP 分型(图 4-30)，细菌种类较少；其中分型 8 的克隆子数有 30 个，占总数的 62.50%；其次是分型 9(10 个)，占总数的 20.83%(表 4-4)。

图 4-30　乙酸钠处理的脆肉鲩腐败菌的 16S rDNA 克隆文库 Msp Ⅰ 酶切图

C. 不同 RFLP 分型的克隆子测序及序列比对分析

将 Lc、Ly 文库不同分型的克隆子送到上海英骏生物技术有限公司测序，得到的 16S rDNA 序列用 blastn 比对 NCBI 的核酸数据库，结果列于表 4-4。

从表 4-4 中可以看出，茶多酚处理脆肉鲩鱼片腐败菌的 16S rDNA Lc 文库中的各 RFLP 分型的克隆子序列与 Genbank 数据库中最相似的序列基本都是假单胞菌属（*Pseudomonas*）的细菌，因此茶多酚浸渍处理的脆肉鲩在冷藏条件下的优势菌仍是假单胞菌（*Pseudomonas* sp.）；而乙酸钠处理的脆肉鲩腐败菌的 16S rDNA 基因文库中的各 RFLP 分型的克隆子序列与 Genbank 数据库中最相似的序列从多到少依次是乳杆菌属（*Lactobacillus*）、乳球菌属（*Lactococcus*）、肠球菌属（*Enterococcus*），说明乳杆菌（*Lactobacillus* sp.）是乙酸钠浸渍处理脆肉鲩鱼片在冷藏过程中的优势菌。PCR 结合 RFLP 结果表明乙酸钠处理可以靶向抑制脆肉鲩鱼片的特定腐败菌——假单胞菌，因此乙酸钠浸渍结合冷链保鲜具有广泛的应用前景。

4.2.5　臭氧处理对脆肉鲩鱼片冷藏过程品质的影响

臭氧是一种氧化性很强的物质，它的氧化还原电位很高，仅次于氟，臭氧正是依靠其强氧化能力达到杀灭微生物的目的。臭氧灭菌具有如下优点：①高效性。臭氧灭菌速度比最常用的杀菌剂氯快一倍，杀菌能力是氯的两倍。②高洁性。臭氧具有快速自然分解为氧的特性，不残留任何有害物质，不污染环境，不会影响人体健康。③广谱性。臭氧对细菌、病毒等微生物都具有很强的杀伤力，不受微生物种类的限制。④经济性。臭氧生产可直接以氧气为原料，利用臭氧发生器产生，臭氧发生器价格低廉、耗电少。⑤应用简便。臭氧发生器的操作简便，自动化控制程度高，可自行运转。目前，臭氧技术在食品工业中的应用越来越多，其应用范围已扩大到果蔬、鸡蛋、肉类、水产品、禽类产品贮藏及加工等领域，其中臭氧在水产品贮藏保鲜以及加工中的应用研究不断增加。

传统的减菌方式如化学除菌、热杀菌等存在各自的缺陷，对水产品的品质影响较大，在应用上受到限制。特别是脆肉鲩，由于其特殊的脆性，对杀菌方式要求比较高，因此，利用臭氧具有很强的杀菌消毒、除味、去色、降解有机物，且安全、无污染的特性，可以有效解决普通冰藏过程中保鲜期短的问题。

1. 臭氧水对脆肉鲩冷藏过程品质的影响

将脆肉鲩鱼片在臭氧水浓度为 2 mg/L、流速 150 mL/min 的条件下淋洗 10 min后，进行包装，然后在 -0.5℃下冷藏保鲜，研究臭氧水对脆肉鲩品质的影响。

1）菌落总数

由图 4-31 可知，在贮藏过程中，菌落总数随贮藏时间的延长而增加，前处理方式不同，贮藏过程中菌落总数的变化也不同。鲜鱼经不同方法处理后菌落总数均有所下降，经臭氧水处理的脆肉鲩鱼片菌落总数的增长最为缓慢，其次为经二氧化氯淋洗的。没有经过抑菌处理的鱼片细菌增长较快，在贮藏 5 d 后，菌落总数已接近 10^6 CFU/g。二氧化氯处理过的鱼片贮藏 10 d，其菌落总数为 1.5×10^6 CFU/g。臭氧水处理过的鱼片细菌增长缓慢，在贮藏后 14 d 菌落总数才接近 10^6 CFU/g，仍在国标 GB 2733—2015 要求的鲜度范围内（$\leqslant 10^6$ CFU/g）。这是因为臭氧水具有强力杀菌效果，经臭氧水处理的脆肉鲩鱼片能更好地抑制微生物的生长繁殖，延长了鱼片的货架期，比对照组延长了 9 d。

2) 挥发性盐基氮

挥发性盐基氮是指动物性食品由于自身所含的酶和细菌的作用，使蛋白质和非蛋白质的含氮化合物降解而产生的氨以及胺类等挥发性碱性含氮化合物，是反映鱼肉新鲜度的指标之一。在冰温贮藏条件下，不同前处理的脆肉鲩鱼片的挥发性盐基氮含量随时间的变化见图 4-32。

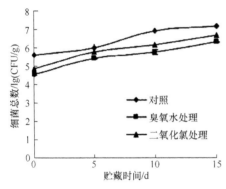

图 4-31　脆肉鲩鱼片冷藏过程中细菌总数的变化

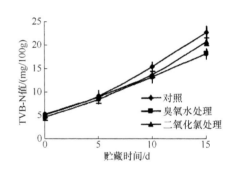

图 4-32　脆肉鲩鱼片冷藏过程中挥发性盐基氮的变化

由图 4-32 可知，脆肉鲩鱼片的 TVB-N 值随贮藏时间的延长而逐渐增大，前处理方式不同，值的增大程度也不同。贮藏前，三个处理组无明显差异。5 d 后，对照组的 TVB-N 值增加最快，其次为二氧化氯处理组，增加最为缓慢的是臭氧处理组。这是因为经臭氧水处理后鱼片的细菌增长最为缓慢，冰温也有效地抑制了鱼体中嗜温性微生物和酶的作用，从而减少了微生物对蛋白质的分解。

3) 质构特性

不同前处理方式下贮藏的脆肉鲩鱼片肌肉质构特性即硬度和咀嚼性的变化分别见图 4-33 (a) 和 (b)。由图 4-33 可以看出，随着贮藏时间的延长，脆肉鲩鱼片的肌肉硬度和咀嚼性呈现明显的下降趋势。在贮藏初期，二氧化氯处理组鱼片的硬度和咀嚼性下降最快，因为二氧化氯淋洗处理时的强渗透作用，造成肉质疏松，硬度下降。贮藏后期，对照组由于肉质腐败变质，硬度和咀嚼性迅速下降。而臭氧水处理组的硬度和咀嚼性下降最为缓慢，在贮藏 10 d 时，臭氧水处理组的鱼片咀嚼性为 82.3 g，二氧化氯处理组为 59.8 g，对照组为 39.2 g。这是因为臭氧具有安全、挥发性快的优点，抑菌处理的同时对鱼肉品质的影响最小。

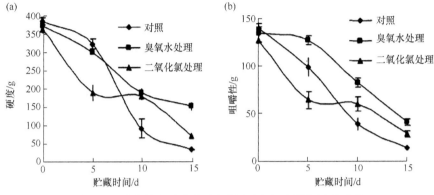

图 4-33　脆肉鲩鱼片冷藏过程硬度(a)和咀嚼性(b)的变化

4)感官指标

水产品在贮藏过程中由于自身酶的作用和微生物的生长代谢，会产生不良气味，色泽和弹性均变差。不同前处理后贮藏于冰温条件下的脆肉鲩鱼片气味、色泽、弹性及感官评分结果见图 4-34。

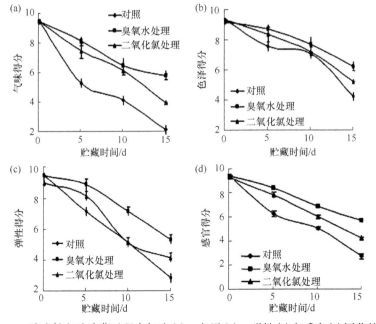

图 4-34　脆肉鲩鱼片冷藏过程中气味(a)、色泽(b)、弹性(c)和感官(d)评分的变化

由图 4-34(a)可以看出，随着贮藏时间的延长，对照组的气味得分下降最快，臭氧水处理组下降最为缓慢。这是因为对照组鱼肉在微生物和酶的作用下较快腐败变质，腐败后的鱼肉产生强烈的腥臭味。二氧化氯和臭氧水处理组抑菌延缓了肉质腐败，并且臭氧水去除异味性极强，可快速去除氧化分解的异味。由图 4-34(b)和图 4-34(c)可知，贮藏过程中鱼肉的色泽得分和弹性得分随贮藏时间的延长而下降，臭氧水处理组下降最为缓慢。这是因为对照组鱼肉较快腐败变质，汁液的大量渗出使肉色发黄，鱼肉腐烂变软。二氧化氯淋洗使鱼片肉色发白，肉质疏松，弹性下降，而臭氧水处理时快速分解释放出氧气，增加了鱼肉表面的氧分压，促进了氧合肌红蛋白的生成，使鱼肉颜色显得鲜红。由图 4-34(d)可知，贮藏过程中感官评分随贮藏时间的延长而下降。臭氧水处理组的感官评分最高，其次为二氧化氯，这可能是因为臭氧的稳定性差，会很快自行分解成氧气，所以持续作用的时间短，对鱼肉的品质影响较小。如果以 6 分为鲜度良好的界限，臭氧水处理组约在 14 d 达到界限，将脆肉鲩鱼片的保鲜期延长了约 9 d。

综合考虑菌落总数和感官指标可以判定，冰温贮藏脆肉鲩鱼片，采用臭氧水进行抑菌处理，保鲜期可达到 14 d，比对照延长了 9 d，显著延长了脆肉鲩鱼片的货架期。

2. 臭氧充气包装对脆肉鲩鱼片冷藏保鲜品质的影响

包装方式对食品的贮藏品质有显著的影响，目前最常用的包装方式有真空包装和气调包装。真空包装除去了使脂肪酸败及微生物赖以生存的氧气，可延长保质期，但无氧环境会使鲜肉的颜色变浅红或发白，不利于销售。气调包装技术不仅能延长产品货架期，还能较好保持产品的颜色、气味、口感及营养。一般情况下，气调包装的保护气体主要由 CO_2、O_2、N_2 中的 2 种或 3 种气体混合组成，对大多数需氧菌和霉菌的生长有较强的抑制作用，刺激 ATP 酶的活性，使正常代谢所需能量短缺，达到延缓腐败的效果。但是臭氧很少作为气调包装的气体用于水产品的保鲜。目前，臭氧充气包装还处于实验室规模水平，100%臭氧充气包装对脆肉鲩鱼片的抑菌效果非常明显，比常用气调包装效果更加明显。

1) 菌落总数

包装方式对贮藏过程中脆肉鲩鱼片的菌落总数有明显的影响。由图 4-35 可知，在贮藏过程中，脆肉鲩鱼片的菌落总数随贮藏时间的延长而增加，其中采用臭氧充气包装的脆肉鲩鱼片菌落总数增长最为缓慢，真空包装的脆肉鲩鱼片菌落总数高于 100% CO_2 包装的。真空包装的脆肉鲩鱼片在贮藏 14 d 后，菌落总数已达到 1.02×10^6 CFU/g；100% CO_2 包装的鱼片贮藏 16 d，其菌落总数已接近 10^6 CFU/g；臭氧充气包装的鱼片细菌增长缓慢，在贮藏 19 d 后菌落总数才接近 10^6 CFU/g，仍在国标 GB 2733—2015 要求的鲜度范围内（≤10^6 CFU/g）。从不同包装脆肉鲩鱼片的菌落总数的增长水平来看，臭氧和CO_2都有抑制微生物生长的作用，臭氧的抑菌效果更强。

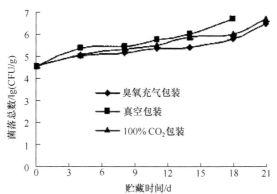

图 4-35　包装方式对脆肉鲩鱼片冷藏过程中菌落总数的影响

2) 挥发性盐基氮

由图 4-36 可以看出，脆肉鲩鱼片的 TVB-N 值均随贮藏时间的延长而逐渐增加。贮藏过程中，臭氧充气包装的 TVB-N 值低于其他包装方式。在 $-0.5℃$ 下贮藏 18 d，100% CO_2 包装和臭氧充气包装的脆肉鲩鱼片的 TVB-N 值分别为（16.70±1.88）mg/100g 和（9.10±0.78）mg/100g，低于国家规定的水产品 TVB-N 值一级鲜度的上限。TVB-N 值较低是由于细菌的生长受到抑制，或是由于细菌的非蛋白氮物质的氧化脱氨能力下降。臭氧气体的抑菌作用较强，所以臭氧充气包装脆肉鲩鱼片的 TVB-N 值增长最为缓慢。

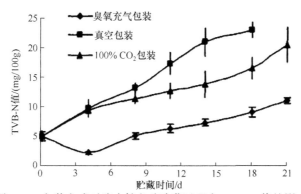

图 4-36　包装方式对脆肉鲩鱼片冷藏过程中 TVB-N 值的影响

3) 脂肪氧化和汁液流失率

由图 4-37 可知，随着贮藏时间的延长，真空包装和 100% CO_2 包装的脆肉鲩鱼片的 TBA 值呈现上升趋势，100% CO_2 包装的值变化平缓。臭氧充气包装的脆肉鲩鱼片的值呈先上升后下降的趋势，这是由于臭氧具有强氧化性，贮藏过程中促进了鱼片的脂肪氧化。

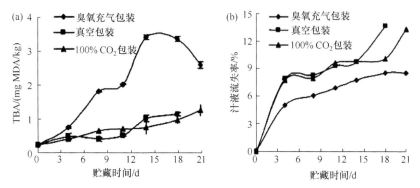

图 4-37　包装方式对脆肉鲩鱼片冷藏过程中 TBA 值(a)和汁液流失率(b)的影响

　　脆肉鲩鱼片的汁液流失率随贮藏时间的延长呈上升趋势。其中臭氧充气包装的脆肉鲩鱼片汁液流失率最低。−0.5℃下贮藏时，臭氧充气包装的脆肉鲩鱼片汁液流失率比真空包装的鱼片减少了 37.55%。这是因为真空包装贮藏环境中无填充气体，增加了鱼片的失重。

　　4)pH 和总酸度

　　鱼体的 pH 作为判定肉质新鲜度的参考指标之一。包装方式对贮藏过程中脆肉鲩鱼片的 pH 的影响见图 4-38(a)。贮藏初期，由于糖原的分解产生乳酸和磷酸，使 pH 下降。随着贮藏时间的延长，鱼体的新鲜度降低，蛋白质分解导致碱性物质的生成，使 pH 上升。而 pH 的二次下降可能是由于碱性物质被鱼体肌肉表面吸附，生成碳酸，使肌肉酸化，导致 pH 的降低。脆肉鲩鱼片的总酸度随贮藏时间的延长而上升，总酸度急剧上升，表明鱼肉迅速酸败。3 种包装方式下 pH 和总酸度的变化无明显差异。

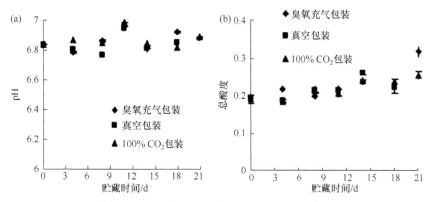

图 4-38　包装方式对脆肉鲩鱼片冷藏过程中 pH(a)和总酸度(b)的影响

5）质构特性和感官品质

随着贮藏时间的延长，脆肉鲩鱼片肌肉硬度和咀嚼性呈现下降的趋势，如图 4-39 所示。–0.5℃下贮藏，100% CO_2 包装和臭氧充气包装的脆肉鲩鱼片肌肉硬度和咀嚼性下降较为缓慢，真空包装的脆肉鲩鱼片肌肉硬度和咀嚼性下降最快。贮藏过程中感官评分随贮藏时间延长而下降，其中臭氧充气包装的脆肉鲩鱼片的感官评分高于其他包装方式。

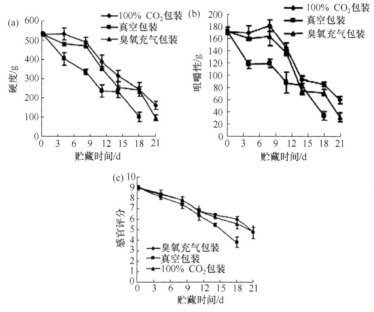

图 4-39　包装方式对脆肉鲩鱼片冷藏过程中硬度（a）、咀嚼性（b）和感官评分（c）的影响

在 –0.5℃的冰温贮藏过程中，100% CO_2 包装或臭氧充气包装对脆肉鲩鱼片的细菌生长和品质变化都有显著的抑制作用，臭氧的抑菌效果更强，臭氧充气包装的脆肉鲩鱼片的菌落总数、TVB-N 值、汁液流失率、感官评分指标要优于真空包装和 100% CO_2 包装，但由于臭氧的强氧化性，加速了鱼片贮藏过程中的脂肪氧化，使肉质变软，硬度和咀嚼性略低于 100% CO_2 包装。冰温贮藏下，真空包装、100% CO_2 包装和臭氧充气包装的脆肉鲩鱼片的货架期分别为 13 d、16 d 和 19 d。总的来说，臭氧充气包装更有利于脆肉鲩冷藏保鲜。

4.3　脆肉鲩冻藏保鲜方法

冻藏是长期保藏鱼的一个非常有效的方法，但是在长期冻藏过程中鱼肉还将发生一系列的化学及酶的反应，这些反应与蛋白质变性、脂肪氧化和肌肉颜色的变化有关，其结果直接表现为肌肉质构和颜色的变化。由于鱼肉中存在大量不饱和脂肪酸，极易发生氧化，并且在低温长期冻藏过程中，水分蒸发和冰晶升华使鱼肉组织与空气接触的面积增大，更加促进脂肪氧化。脂肪氧化过程产生的自由基破坏了肌肉的色素，使肉变色，而肉变色后产生的 Fe^{3+} 又是脂肪氧化的催化剂，脂肪氧化的结果使鱼白色肌肉变黄、红色肌肉变褐，并且导致鱼肉产生风味上的变化。另外，氧化了的脂肪与蛋白质发生反应，从而使鱼肉的组织结构发生变化，进而引起质构的变化。

在长期的冻藏过程中，蛋白质变性是鱼肉中最主要的变化。鱼肉蛋白一般由水溶性的肌浆蛋白、盐溶性的肌原纤维蛋白和不溶性的基质蛋白组成。鱼肉蛋白在冻藏中易发生变性而使溶解性下降，这种变性是由肌原纤维蛋白变性造成的，主要为其中的肌球蛋白变性引起的。另外，冻藏过程中蛋白质还会发生聚集。引起蛋白质冷冻变性的因素主要有：冻结冻藏条件、脂肪含量、冰晶的形成、脂肪的氧化产物、蛋白质分子间共价键的形成和二硫键的形成。Badii 等对鳕进行研究时也指出冰晶的形成及脂肪的氧化产物是引起蛋白质变性的主要原因。Lim 和 Harrd 对格陵兰庸鲽进行研究时也认为肌原纤维蛋白变性是由于形成分子间共价键并进一步形成纤维蛋白间的交联，这种组织变化使肌肉三维空间结构消失，降低了对水的吸附作用。然而，Connell 和 Fennema 认为，分子间的共价键并不起作用，而真正起作用的是形成的二硫键。目前对造成鱼肉蛋白冷冻变性的原因没有一致性的结论，对于脆肉鲩来说，它的蛋白质种类、含量、结构和热稳定性等都不同于鲩鱼，在冻结过程中蛋白质稳定性发生变化，而这些变化对脆肉鲩的特殊质构产生了明显的影响。

另外，冻藏方法也是影响脆肉鲩冻藏保鲜过程中品质的主要因素之一。冻结速率的快慢直接影响脆肉鲩鱼肉中水分形成冰晶的大小，冻结速率越快，形成的冰晶越小，脆肉鲩的冻藏品质越好。脆肉鲩鱼片主要的冻藏方法有鼓风冻结法、板式冻结法、直接浸渍冻结法等。

4.3.1　脆肉鲩肌肉的热特性

热是食品加工中最常用的加工参数，食品的热分析主要包括食品的玻璃化转变温度、蛋白质的热变性温度以及淀粉的糊化温度等。低温热特性是食品冷冻工艺的依据，也是低温保藏的基础。水产品最常用的加工方式是冷冻贮藏。因此，研究水产品低温下的热特性可为速冻过程控制及其设备设计提供依据。水产品热特性参数是低温保藏技术的基础。冰点温度、冻结温度和玻璃化转变温度等分别在冰温贮藏、冻结结晶和玻璃化贮藏中得到广泛应用。研究脆肉鲩的肌肉低温热特性，可为脆肉鲩的冷冻加工提供技术依据。另外，随着脆肉鲩深加工技术的发展，将脆肉鲩加工成各种产品后进行低温冻结也是脆肉鲩深加工发展的必经之路，在这些产品中,添加各种物质赋予脆肉鲩更加丰富的滋味,但也会使脆肉鲩肌肉的特性发生变化。因此,研究脆肉鲩肌肉原料及添加各种成分后产品的热特性,对脆肉鲩深加工技术的发展更加重要。

1. 脆肉鲩及鲩鱼肌肉热特性

由表 4-5 可知,鲩鱼和脆肉鲩的冻结相变温区分别为-16.7～-15.1℃和-12.5～-11℃,冻结过程反映了冰的结晶过程,为放热过程。鲩鱼的冻结相变温区低于脆肉鲩的,这可能是因为组织中的不溶性成分如脂肪对冻结温度影响较大,在组织冻结过程中起到晶核诱导的作用,促使晶核形成,与冻结温度呈正相关,而鲩鱼的脂肪含量低于脆肉鲩的,所以鲩鱼的冻结温度低于脆肉鲩的。鲩鱼和脆肉鲩的熔融相变温区分别为-2.6～0℃和-1.9～0.1℃,冰点分别为-0.4℃和-0.2℃,脆肉鲩肌肉的冰点较高,可能是脆肉鲩肌肉中蛋白质和脂肪含量较高所致。

表 4-5　鲩鱼和脆肉鲩鱼肉的基本组成与特性参数

项目	鱼肉基本组成/%				冻结相变温度/℃			熔融相变温度/℃		
	水分	蛋白质	脂肪	灰分	起始	峰值	终温	起始	峰值	终温
鲩鱼	80.78	17.32	1.76	0.92	-16.7	-15.4	-15.1	-2.6	-0.4	0.0
脆肉鲩	77.32	20.69	2.13	1.11	-12.5	-11.3	-11	-1.9	-0.2	0.1

表 4-6 列出了鲩鱼和脆肉鲩各温度点的表观比热和热熵的测定结果。在低温区(-40℃～冰点),表观比热随温度的升高逐渐变大,特别在-5～-1℃之间表观比热急剧增大,温度到达冰点时,鲩鱼和脆肉鲩的表观比热分别达到了其最大值124.97 J/(g·℃)和130.56 J/(g·℃)。相变结束后,冰晶完全转变成液态水,进一步升温不存在相变潜热的影响,因此表观比热变化不大。热熵在-40～-10℃温度区间缓慢增大,温度到达冰点时,鲩鱼和脆肉鲩的热熵分别急剧增大到了357.89 J/g、305.57 J/g,相变结束后,热熵缓慢上升。

表 4-6　鲩鱼和脆肉鲩的表观比热和热熵

温度	表观比热/[J/(g·℃)]		热熵/(J/g)	
	鲩鱼	脆肉鲩	鲩鱼	脆肉鲩
-40℃	1.20	1.31	0	0
-30℃	1.35	1.39	12.57	13.18
-20℃	2.53	1.84	31.25	28.55
-10℃	5.93	4.31	69.21	56.52

温度	表观比热/[J/(g·℃)]		热焓/(J/g)	
	鲩鱼	脆肉鲩	鲩鱼	脆肉鲩
冰点	124.97	130.56	357.89	305.57
3℃	3.70	2.77	403.72	335.15

2. NaCl 对脆肉鲩肌肉热特性的影响

由表 4-7 可知，随着添加量由 0%增加到 4%，脆肉鲩的冻结相变温区向低温方向移动，从-12.5～-11℃降低到了-16.6～-14.5℃，起始冻结温度从-12.5℃下降到了-16.6℃，结晶放出的热焓从 1332 J/g 下降到了-256.7 J/g；而脆肉鲩的熔融相变温区随着添加量的增加，从-1.9～-0.1℃降低到了-6.5～-3.8℃，冰点由-0.2℃下降到了-4.2℃，相变吸收的热焓由-1063 J/g 下降到-157.9 J/g。随着 NaCl 添加量的增加，冻结和熔融过程的峰值均向低温方向移动，热焓也有所降低，其原因是一方面，Na⁺、Cl⁻与鱼肉中的自由水结合，使冻结(或熔融)过程中的可冻结(或可熔融)的水分减少；另一方面，鱼肉中含有大量的盐溶性的肌原纤维蛋白，添加 NaCl 则会使得肌原纤维蛋白形成溶胶，使鱼肉的黏弹性、持水性上升，从而使鱼肉冻结和熔融过程的峰值向低温方向移动，热焓降低。这说明食盐可以作为冰点降低剂，利用冰温冷藏高品质地保存食品的新鲜度、风味和口感。

表 4-7　NaCl 添加量对脆肉鲩肌肉热特性参数的影响

NaCl 添加量/%	冻结相变温度/℃			冻结热焓/(J/g)	熔融相变温度/℃			熔融热焓/(J/g)
	起始	峰值	终温		起始	峰值	终温	
0	-12.5	-11.3	-11	1332	-1.9	-0.2	-0.1	-1063
1	-13.9	-12.5	-12.1	1191	-4.6	-2.5	-2.1	-759.3
2	-14.3	-12.7	-12.4	1216	-5.3	-2.5	-2.1	-821.3
3	-15.5	-13.8	-13.2	1071	-5.8	-3.6	-3.0	-673.8
4	-16.6	-14.9	-14.5	-256.7	-6.5	-4.2	-3.8	-157.9

从表 4-8 可知，相变前肌肉中食盐含量越高、不可冻结水比例越大，则在相同温度下的表观比热越大。在-40～-10℃温度段，随着 NaCl 的添加量由 0%上升到 4%，脆肉鲩肌肉的表观比热由 1.31～4.31 J/(g·℃)缓慢上升到 1.81～14.02 J/(g·℃)。在冰点时，新鲜脆肉鲩肌肉的表观比热明显高于添加食盐的脆肉鲩肌肉。其原因是 NaCl 的添加改变了脆肉鲩鱼肉中水的结合状态，大部分的自由水在 NaCl 的作用及脆肉鲩鱼肉蛋白凝胶形成过程中转化为结合水，从而使

可熔融的自由水比例减少，相变热焓、表观比热峰值则随食盐含量的增加而下降。相变后，随着食盐含量增加，表观比热的变化不大。在−40～−10℃温度范围，随着 NaCl 添加量的增加，脆肉鲩肌肉的热焓增大。在相同浓度下，随着温度的升高，脆肉鲩肌肉的热焓明显增加，到达冰点时其热焓急剧增大，温度高于冰点后，鱼肉的热焓继续缓慢增加。

表 4-8　NaCl 添加量对脆肉鲩肌肉的表观比热和热焓的影响

NaCl 添加量/%		0	1	2	3	4
表观比热 /[J/(g·℃)]	−40℃	1.31	1.43	2.01	1.33	1.81
	−30℃	1.39	1.86	2.45	1.88	2.37
	−20℃	1.84	4.12	3.27	3.07	3.87
	−10℃	4.31	8.89	8.81	9.85	14.02
	冰点	130.56	48.30	63.21	43.14	47.06
	10℃	3.48	4.52	3.42	4.19	4.24
热焓/(J/g)	−40℃	0	0	0	0	0
	−30℃	13.18	15.43	20.99	16.45	20.92
	−20℃	28.55	43.63	47.64	40.04	50.64
	−10℃	56.52	103.40	97.97	93.42	122.92
	冰点	305.57	261.13	290.92	238.40	290.94
	10℃	335.16	321.70	340.07	305.89	357.31

3. 蔗糖对脆肉鲩肌肉热特性的影响

蔗糖为多羟基化合物，羟基会与组织中的自由水结合从而对相变曲线产生影响。由表 4-9 可知，随着蔗糖添加量由 0%增加到 4%，脆肉鲩的冻结相变温区向高温方向移动，从−12.5～−11℃上升到了−11.1～−6.2℃；结晶放出的热焓变化不大。有研究表明蔗糖添加量由 0%上升到 4%，鲢鱼的冻结相变温区向低温方向移动，但是鲫鱼的则先下降再上升，蔗糖对两种鱼的相变温度表现出不稳定的影响趋势。

随着蔗糖添加量由 0%增加到 4%，脆肉鲩的熔融相变温区从−1.9～−0.1℃降到了−2.4～0℃，冰点由−0.2℃下降到了−0.4℃，相变吸收的热焓变化不大。这显示了蔗糖对组织熔融过程的影响不及对其冻结过程的影响大。

表 4-9　蔗糖添加量对脆肉鲩肌肉热特性参数的影响

蔗糖添加量/%	冻结相变温度/℃			冻结热熔 /(J/g)	熔融相变温度/℃			熔融热熔 /(J/g)
	起始	峰值	终温		起始	峰值	终温	
0	−12.5	−11.3	−11	1332	−1.9	−0.2	−0.1	−1063
1	−11.6	−10.3	−10	1382	−2.4	−0.5	−0.1	−1022
2	−12.3	−11.1	−11	1339	−2.3	−0.9	−0.5	−573.8
3	−10.4	−9.1	−8.8	1257	−2.5	−0.8	−0.8	−1224
4	−11.1	−8.2	−6.2	1466	−2.4	−0.4	0	−1045

　　表 4-10 列出了脆肉鲩的热特性参数。在−40～−10℃温度段,随着蔗糖的添加量由 0%上升到 4%,肌肉的表观比热值变化不大,在冰点时,肌肉的表观比热峰值由 130.56 J/(g·℃)下降到 97.59 J/(g·℃),脆肉鲩肌肉的热熔峰值也由 305.57 J/g 下降到 237.55 J/g。其原因也可能是蔗糖的亲水性使鱼肉组织中的自由水状态发生了变化。与添加等量 NaCl 相比,蔗糖对表观比热及热熔的影响不大。

表 4-10　蔗糖添加量对脆肉鲩肌肉的表观比热和热熔的影响

蔗糖添加量/%		0	1	2	3	4
表观比热 /[J/(g·℃)]	−40℃	1.31	1.97	2.19	1.95	1.53
	−30℃	1.39	1.84	1.89	1.61	1.67
	−20℃	1.84	1.96	1.93	1.77	2.62
	−10℃	4.31	4.69	3.89	4.10	6.05
	冰点	130.56	110.40	98.3	96.40	97.59
	10℃	3.48	3.16	7.14	4.68	4.08
热熔/(J/g)	−40℃	0	0	0	0	0
	−30℃	13.18	14.94	16.06	13.92	12.87
	−20℃	28.55	30.22	31.69	27.54	29.33
	−10℃	56.52	53.86	54.10	48.90	60.76
	冰点	305.57	248.83	217.24	214.34	237.55
	10℃	335.16	275.42	195.04	214.13	308.36

4. NaCl 和蔗糖对脆肉鲩肌肉热特性的影响

　　由表 4-11 可知,在 NaCl 添加量较少(0%～2%)的鱼肉样品中,添加蔗糖可使冻结相变温区向高温方向移动,而当 NaCl 添加量较高(3%～4%)时,添加蔗糖对脆肉鲩的冻结相变温区的影响不大,而表现出与单独添加 NaCl 相似的变化趋势。可见在 NaCl 添加量较少的鱼糜中添加蔗糖,可提高鱼肉的冻藏稳定性。另外,随着

NaCl-蔗糖混合物添加量由 0%增加到 4.8%，脆肉鲩的熔融相变温区从−1.9～−0.1℃
降低到了−5.9～−3.5℃，冰点由−0.2℃下降到−4.0℃，相变吸收的热熔由 1063 J/g 下
降到 388.4 J/g。这与单独添加时变化趋势一致，但下降程度较缓慢，这说明添加
NaCl-蔗糖混合物对脆肉鲩鱼肉熔融相变的影响与单独添加的影响差别不大。

表 4-11　NaCl 和蔗糖添加量对脆肉鲩肌肉热特性参数的影响

NaCl 添加量/%	蔗糖 添加量/%	冻结相变温度/℃			冻结热熔 /(J/g)	熔融相变温度/℃			熔融热熔 /(J/g)
		起始	峰值	终温		起始	峰值	终温	
0	0	−12.5	−11.3	−11	1332	−1.9	−0.2	−0.1	−1063
1	0.2	−10.8	−8.1	−7.0	1398	−3.0	−1.1	−0.8	−997.7
2	0.4	−12.1	−9.7	−9.1	966	−4.1	−2.1	−1.6	−676.8
3	0.6	−15.9	−13.6	−13.2	1295	−5.4	−3.0	−2.6	−826.6
4	0.8	−15.9	14.4	−14.0	805.8	−5.9	−4.0	−3.5	−388.4

　　由表 4-12 可知，在−40～−10℃温度范围内，随着 NaCl-蔗糖混合物添加量由
0%上升到 4.8%，脆肉鲩肌肉的表观比热由 1.31～4.31 J/(g·℃)缓慢上升到 1.19～
8.89 J/(g·℃)。当温度到达冰点时，随着 NaCl-蔗糖混合物添加量的增大，表观比
热的峰值向低温方向移动，从 130.56 J/(g·℃)减小到 31.43 J/(g·℃)。与单独添
加相比，在添加量较低的鱼肉中添加蔗糖时可使其表观比热峰值下降速度减缓，
而当添加量超过 2%后，添加蔗糖对鱼肉表观比热峰值下降的影响不大，与单独添
加 NaCl 时相似。

表 4-12　NaCl 和蔗糖添加量对脆肉鲩肌肉的表观比热和热熔的影响

NaCl 添加量/%		0	1	2	3	4
蔗糖添加量/%		0	0.2	0.4	0.6	0.8
表观比热 /[J/(g·℃)]	−40℃	1.31	1.38	1.08	1.41	1.19
	−30℃	1.39	1.75	1.47	2.06	1.62
	−20℃	1.84	2.84	2.32	3.52	2.69
	−10℃	4.31	7.36	6.07	11.03	8.89
	冰点	130.56	91.17	54.04	52.73	31.43
	10℃	3.48	4.19	3.93	3.58	2.20
热熔/(J/g)	−40℃	0	0	0	0	0
	−30℃	13.18	15.33	12.00	17.80	13.68
	−20℃	28.55	37.55	30.32	43.98	33.34
	−10℃	56.52	81.80	66.96	105.89	79.44
	冰点	305.57	336.72	228.18	294.25	192.11
	10℃	335.16	379.58	347.23	192.11	228.82

在–40～–10℃温度范围内，随着 NaCl-蔗糖混合物添加量从0%上升到4.8%，脆肉鲩鱼肉的热焓则从 0～56.52 J/g 升高到 0～79.44 J/g，其上升速度比单独添加的缓慢。温度到达冰点时，热焓又急剧增大，随着 NaCl 和蔗糖的添加量由(0%+0%)上升到(4%+0.8%)，冰点处的热焓由 305.57 J/g 下降到了 192.11 J/g，比单独添加下降更多。

总的来说，鲩鱼和脆肉鲩的冻结相变温区分别为–16.7～–15.1℃和–12.5～–11℃，熔融相变温区分别为–2.6～0.0℃和–1.9～0.1℃，冰点分别为–0.4℃和–0.2℃，表观比热峰值分别为 124.97 J/(g·℃)和 130.56 J/(g·℃)，冰点的热焓值分别 357.89 J/g 和 305.57 J/g。

随着 NaCl 添加量的增加，脆肉鲩的冻结相变温区向低温方向移动，表观比热峰值下降，冰点的热焓值下降。随着蔗糖添加量的增加，冻结的峰值向高温方向移动，熔融过程的峰值变化不大，表观比热峰值下降，冰点的热焓值稍有下降。

鱼肉中 NaCl 添加量较低时，添加蔗糖可减缓相变区温度的升高，当 NaCl 浓度大于2%时，添加蔗糖对脆肉鲩鱼肉相变区温度的影响不大，NaCl 起主导作用。

4.3.2　鼓风冻结对脆肉鲩冻藏品质的影响

1. 冻结工艺

将脆肉鲩经过三去、取片、去皮后切成 12 cm×8 cm×3 cm 的矩形鱼片，将预处理好的脆肉鲩鱼片放在风速为 8.0 m/s 的速冻机中进行冻结至鱼片中心温度分别为–18℃和–35℃。冻结后迅速将鱼片进行真空包装和非真空包装，包装材料为聚酰胺/聚乙烯(PA/PE)[厚度 80 μm，透氧率(OTR)≤100 cm³/(m²·d)，透湿气率(WVTR)≤10 g/(m²·d)]、聚酰胺/乙烯-乙烯醇共聚物/聚酰胺/聚乙烯(PA/EVOH/PA/PE)[厚度 80 μm，透氧率≤5 cm³/(m²·d)，透湿气率≤10 g/(m²·d)]。包装后分别迅速将鱼片放入(–18±1)℃和(–40±2)℃的条件中进行贮藏。

2.冻藏过程品质变化

1)质构特性

脆肉鲩特殊的脆性表现在硬度、弹性、胶黏性、咀嚼性和回复性。在冻藏过程中，脆肉鲩肌肉的质构特性发生变化。从图 4-40(a)～(f)中可以看到，在各种温度和各种包装条件下，冻藏后脆肉鲩肌肉的硬度、脆度、咀嚼性、弹性、胶黏性和回复性都发生了变化，并且随着冻藏时间的延长质构特性之间的变化更加明显。对于 PA/EVOH/PA/PE 包装的脆肉鲩肌肉来说，在–40℃和–18℃冻藏到 20 周后，与新鲜样品相比，硬度和脆度分别增加了 19.57%与 22.66%和 19.59%与22.68%；咀嚼性、弹性、胶黏性、回复性分别下降了 15.51%与 27.55%、19.16%与 24.01%、14.21%与 21.95%和 16.48%与 21.33%。对于 PA/PE 材料包装的脆肉鲩肌肉，在–40℃和–18℃冻藏到 20 周后，硬度和脆度分别增加了 20.36%与 23.42%

和 20.38%与 23.45%；咀嚼性、弹性、胶黏性、回复性分别下降了 17.25%与 30.45%、20.56%与 25.33%、17.04%与 24.51%、23.35%与 28.49%。从上面结果可以明显看出，温度越低，越有利于脆肉鲩质构特性的保持。脆肉鲩肌肉在冻藏过程中变硬，咀嚼性、回复性下降。在这些指标中，咀嚼性是一个综合性的指标，它与硬度、胶黏性、弹性有关。在冻藏过程中，脆肉鲩肌肉的硬度虽然增加，但是弹性、胶黏性和回复性都随贮藏时间的延长而降低，最终使脆肉鲩肌肉的咀嚼性下降。在前面的研究中发现，脆肉鲩肌肉的质构特性与水分含量、蛋白质成分和结构有关。

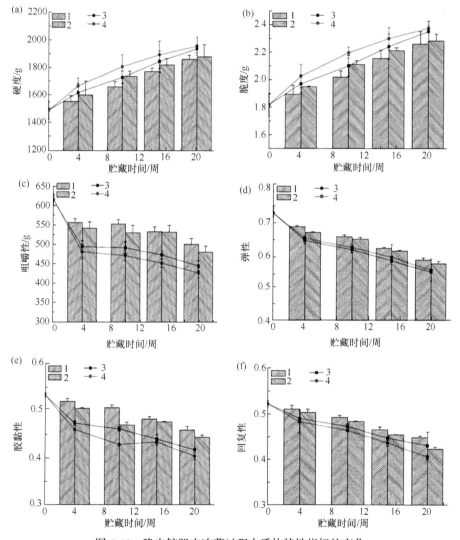

图 4-40　脆肉鲩肌肉冻藏过程中质构特性指标的变化

(a)硬度；(b)脆度；(c)咀嚼性；(d)弹性；(e)胶黏性；(f)回复性。图中 1、2 分别代表-40℃条件下 PA/EVOH/PA/PE 和 PA/PE 材料包装；3、4 分别代表-18℃条件下 PA/EVOH/PA/PE 和 PA/PE 材料包装；下同

包装材料也是影响脆肉鲩肌肉质构特性的一个因素。所有包装材料的厚度和透湿气率相同，但透氧率不同，分别是 PA/PE≤100 cm³/(m²·d)，PA/EVOH/PA/PE ≤5 cm³/(m²·d)，这说明影响脆肉鲩肌肉的质构特性的因素与包装材料的透氧性有关，而透氧性与脆肉鲩肌肉的脂肪氧化有关。由于脆肉鲩肌肉的脂肪含量很高（6.36 g/100g），在贮藏过程中可能容易发生氧化，脂肪氧化不但与环境中氧气含量有关，还与环境的温度以及肌肉微环境的变化有关。脂肪氧化引起质构的变化可能是由于氧化后的脂肪与蛋白质反应导致肌肉的硬度增大。从上面的结果与分析可知，温度越低和隔氧性能越好的包装材料越有利于冻藏过程中脆肉鲩鱼片质构特性的保持。

2) 理化特性

A. 脂肪氧化

脂肪氧化是肉类制品冻藏过程经常发生的化学变化，脂肪氧化的程度会影响鱼肉的品质。在冻藏过程中，肌肉中的自由水结晶而使肌肉环境中溶质浓度增大，使肌肉中的脂肪与氧的接触面积增大，使氧化速度加快。脆肉鲩肌肉的氧化程度随温度与包装材料不同而不同。在图 4-41 中可以看到，在冻藏过程中，脆肉鲩鱼肉 TBA 值发生显著变化，且时间越长，温度越高，变化程度越大。在-40℃条件下，PA/EVOH/PA/PE 和 PA/PE 材料包装的脆肉鲩肌肉的 TBA 值由新鲜样品的 0.125 mg 丙二醛/kg 分别上升到20周的 0.623 mg 丙二醛/kg 和 0.823 mg 丙二醛/kg，分别是新鲜样品的 4.98 倍和 6.58 倍；在-18℃条件下，这两种材料包装 TBA 值由新鲜样品的 0.125 mg 丙二醛/kg 分别上升到 20 周的 0.842 mg 丙二醛/kg 和 1.12 mg 丙二醛/kg，分别是新鲜样品的 6.74 倍和 8.96 倍。这些结果说明了脆肉鲩肌肉的氧化程度随冻藏时间的延长而增强，并且冻藏温度越高，脂肪氧化程度越大。

从图 4-41 中还发现，在同种温度条件下，采用 PA/EVOH/PA/PE 材料包装的脂肪氧化程度没有用 PA/PE 材料包装的高，在冻藏 10 周前，用 PA/EVOH/PA/PE 材料包装的脆肉鲩在-18℃条件下的 TBA 值与在-40℃条件下用 PA/PE 材料包装的脆肉鲩的 TBA 值没有显著性差别(P>0.05)。这进一步说明包装材料的隔氧性对脆肉鲩肌肉冻藏过程中的脂肪氧化有较大影响。EVOH(ethylene vinyl alcohol) 是乙烯-乙烯醇共聚物，具有很强的阻隔作用，与聚酰胺(polyamide，PA)、聚乙烯(polyethylene，PE)组成复合包装材料，具有很强的阻隔性能，其透氧率≤5 cm³/(m²·d)，而 PA/PE 拉伸的复合薄膜透氧率很高[≤100 cm³/(m²·d)]。由于脆肉鲩脂肪含量比较高，隔氧性能强的 PA/EVOH/PA/PE 能有效地阻止氧分子进入包装中，减少脂肪氧化的程度，从而减少脆肉鲩肌肉由脂肪氧化引起的其他特性的改变。在脂肪氧化的过程中，脂肪氧化产物与亲质子物质发生反应，如与肌肉中的游离氨基酸、多肽、蛋白质和氨基磷脂反应。有人曾证实了不饱和脂质氧化生成物中检出短链脂肪酸及醛类，促进了肌动球蛋白的不溶。

B. 蛋白质溶解性

肌原纤维蛋白溶解性的变化用于衡量蛋白质变性的程度。从图 4-42 中可以看出，脆肉鲩肌肉蛋白的溶解性在冻藏过程中随着时间的延长而下降，并且冻藏温度越低，下降程度越小。在–40℃冻藏 20 周后，用 PA/EVOH/PA/PE 和 PA/PE 材料包装的脆肉鲩肌肉的盐溶性蛋白的溶解性分别下降了 34.08%和 35.70%；在 –18℃条件下其盐溶性蛋白的溶解性分别比新鲜的下降了 42.88%和 43.97%。从这些结果可知，温度对脆肉鲩肌肉的蛋白质的溶解性影响比较大。从图 4-42 中还可以看到，在同种温度下，PA/EVOH/PA/PE 材料包装的脆肉鲩肌肉的蛋白溶解性与用 PA/PE 包装的存在显著性差别($P<0.05$)，PA/EVOH/PA/PE 材料包装的蛋白质溶解性比用 PA/PE 材料包装的大，说明隔氧性好的包装材料能减少脆肉鲩肌肉蛋白的冷冻变性程度。从脂肪氧化结果来看，用 PA/PE 包装的脆肉鲩肌肉氧化程度比用 PA/EVOH/PA/PE 的高，高的氧化程度必然产生更多的氧化产物，脂肪的氧化产物与蛋白质等亲质子物质反应使蛋白质变性程度更大。另外，不同包装材料引起的蛋白质溶解性的不同还与包装材料本身的特性有关，在不同的温度下，包装材料的透氧率和透湿气率可能会发生改变。王京海对聚氯乙烯(PVC)、聚对苯二甲酸乙二酯(PET)、PE 和双向拉抻聚丙烯(BOPP)等材料的透湿气率研究发现，这些包装材料的透湿气率随着温度的升高而增大。虽然王京海对包装材料性质的测定都在 30℃以上进行，但结果可以推测不同温度对包装材料的性能会产生影响，而包装性能的改变会影响被包装鱼片冻藏过程中性质的变化。

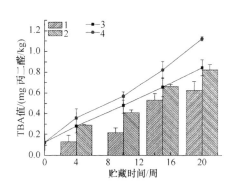

图 4-41　脆肉鲩鱼片冻藏过程中 TBA 值的变化

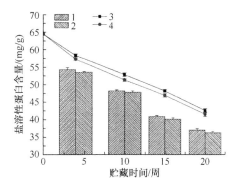

图 4-42　脆肉鲩鱼片冻藏过程中盐溶性蛋白含量变化

蛋白质溶解性的大小是肌肉蛋白在冻藏过程中冷冻变性程度大小的指标之一，在冻藏过程中蛋白质溶解性越小，说明蛋白质的变性程度越大。在鱼肌肉的冻藏过程中，蛋白质中的结合水和自由水同时结冰，使蛋白质的立体结构发生变化，另外，由于水的结晶，肌肉中的盐类被浓缩而导致肌肉蛋白结构发生部分改变，同时肌肉细胞外生成的冰晶对肌肉组织造成破坏，从而使肌肉中的蛋白质结构发生改变而变性，蛋白质的水化程度降低。

C. 蛋白质持水性

汁液流失率、蒸煮损失率是衡量鱼肉蛋白质持水性的主要指标。从图 4-43 可知，汁液流失率和蒸煮损失率随着冻藏时间的延长而增大，温度越低，汁液流失率和蒸煮损失率增大的程度越小，并且不同包装材料对两者的影响不一样。在 -40°C 下，用 PA/EVOH/PA/PE 和 PA/PE 材料包装的脆肉鲩肌肉在 20 周的汁液流失率分别是新鲜肉的 1.76 倍和 1.87 倍，蒸煮损失率分别是新鲜肉的 1.76 倍和 1.79 倍；在 -18°C 下，PA/EVOH/PA/PE 和 PA/PE 材料包装的脆肉鲩肌肉在 20 周的汁液流失率分别是新鲜肉的 2.87 倍和 2.97 倍，蒸煮损失率分别是新鲜肉的 1.88 倍和 1.92 倍。从上面这些结果可知，冻藏温度对脆肉鲩的汁液流失率和蒸煮损失率存在显著性的影响（$P<0.05$），但包装材料之间的差别不显著（$P>0.05$）。汁液流失率和蒸煮损失率的增大说明了脆肉鲩肌肉蛋白的持水性下降，持水性下降与蛋白质的冷冻变性程度有关，而冷冻变性的程度与蛋白质的溶解性有关。这进一步说明了脆肉鲩在冻藏过程中随着冻藏时间的延长，蛋白质变性进一步加剧。但是，在冻藏过程中，蛋白质如何变性？蛋白质结构发生哪些变化使蛋白质的稳定性发生改变及变性？Lim 和 Harrd 认为造成格陵兰庸鲽肌原纤维蛋白变性的原因是冻藏过程中分子间共价键的形成并进一步与纤维蛋白间的交联，使肌肉三维空间结构消失，降低了对水的吸附作用；Connell 和 Fennema 却认为造成蛋白质变性的是形成的二硫键而不是分子间的共价键。

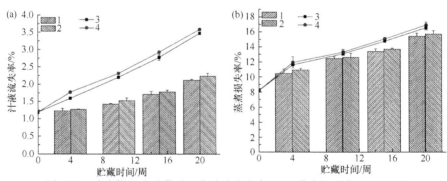

图 4-43　脆肉鲩鱼片冻藏过程中汁液流失率(a)和蒸煮损失率(b)的变化

3) 蛋白质结构

A. 二级结构

在冻藏过程中，肌肉蛋白由于冷冻变性发生结构上的改变。α 螺旋、β 折叠是蛋白质二级结构构象的主要形式。从图 4-44(a)和(b)可以看出，脆肉鲩肌肉经过冻藏 20 周后，蛋白质的酰胺 I 谱带发生了改变，并且不同包装的肌肉蛋白变化不一样。一般来说，α 螺旋含量高的蛋白质集中在 1650～1658 cm^{-1} 处有强峰，β 折叠含量高的蛋白质集中在 1665～1680 cm^{-1} 附近有强峰，β 回折含量高的蛋白质在 1640～1645 cm^{-1} 和 1680～1690 cm^{-1} 附近有强峰，而无规则卷曲含量高的蛋白质在 1660～1670 cm^{-1} 处有强峰。新鲜的样品在 1653 cm^{-1} 出现一个强峰，冻藏后仍然在 1653 cm^{-1} 附近有强峰出现，但强度都相应降低［图 4-44(a) 和(b)］。从图 4-44(a) 和(b) 中可知，在同种包装条件下，-40℃贮藏的 α 螺旋结构的峰强比在 -18℃贮藏条件下的强；在相同温度下，同种材料包装脆肉鲩的酰胺 I 区中 α 螺旋结构的强度都随着贮藏时间的延长而降低。但是，两种包装材料对脆肉鲩肌肉蛋白中 α 螺旋结构的影响却不一样。在-40℃贮藏条件下，PA/PE 材料包装的 α 螺旋结构的峰强从 2.709(4 周)减小到 1.878(20 周)，PA/EVOH/PA/PE 的从 2.807(4 周)减少到 2.023(20 周)。在-18℃贮藏条件下，脆肉鲩肌肉蛋白 α 螺旋的变化与-40℃的表现出同样的变化，但强度比-40℃的相对值低。酰胺 I 区中出现的谱带是肌球蛋白中具有 α 螺旋结构部分的特征谱带。这说明冻藏温度和包装材料对脆肉鲩肌肉蛋白中的肌球蛋白二级结构的影响不一样。

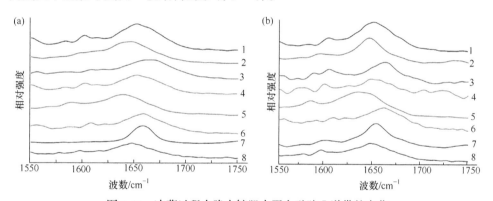

图 4-44　冻藏过程中脆肉鲩肌肉蛋白酰胺 I 谱带的变化

(a) PA/EVOH/PA/PE 包装；(b) PA/PE 包装。图中 1、2、3、4 分别表示在-40℃冻藏 4 周、10 周、15 周和 20 周；5、6、7、8 分别表示在-18℃冻藏 4 周、10 周、15 周和 20 周；下同

酰胺 III 区的谱带范围为 1200～1350 cm^{-1}，α 螺旋含量高的蛋白质集中在 1260～1300 cm^{-1} 处有强峰，β 折叠含量高的蛋白质集中在 1238～1245 cm^{-1} 处有强峰，而无规则卷曲含量高的蛋白质在 1250 cm^{-1} 处有强峰。在酰胺 III 区出现的谱带也反映了肌球蛋白的二级结构，肌球蛋白中具有 α 螺旋结构的部分在该区域有特征谱带。由图 4-45(a) 和(b) 中可以看出，不同温度和包装材料下脆肉鲩的酰胺 III 谱带变化不一样。在相同温度下，两种包装材料的 α 螺旋结构的强度随着贮藏时间的延长而减少，β 折叠结构的强度随着时间的延长而增多，并且随着贮藏时间的延长，在该区域产生的强峰增多，这说明在贮藏过程中，随着 α 螺旋结构含量的减少，β 折叠结构的含量随之增多。对于不同包装材料来说，在-40℃条件下，

PA/EVOH/PA/ PE 材料包装的脆肉鲩肌肉蛋白的 α 螺旋结构在 1275 cm^{-1} 附近有强峰，1234 cm^{-1} 和 1210 cm^{-1} 附近也有强峰出现；在-18℃下，其 α 螺旋结构在 1262 cm^{-1} 附近出现强峰，并在 1210 cm^{-1} 和 1234 cm^{-1} 附近有峰强出现。对于 PA/PE 材料包装的脆肉鲩肌肉来说，在-40℃下 α 螺旋结构在 1275 cm^{-1} 附近有强峰，其他强峰在 1208 cm^{-1} 附近出现，并且冻藏到 15 周后在 1238 cm^{-1}、1250 cm^{-1} 和 1310 cm^{-1} 附近还有强峰出现；在-18℃下，其 α 螺旋结构在 1262 cm^{-1} 附近出现强峰，其他峰则在 1210 cm^{-1} 和 1318 cm^{-1} 附近出现，冻藏到 15 周后在 1245 cm^{-1} 附近也有强峰出现。这些结果表明，随着贮藏时间的延长，蛋白质二级结构中的 α 螺旋会减少，伴随着其他结构的生成，进一步说明了酰胺 I 区中 α 螺旋结构的减少，β 折叠结构的增多。但是酰胺 III 区在贮藏过程中二级结构的变化还涉及其他更复杂结构的形成，如 β 回折和无规则卷曲。贮藏温度和包装条件均会使脆肉鲩肌肉中蛋白质的二级结构发生改变。

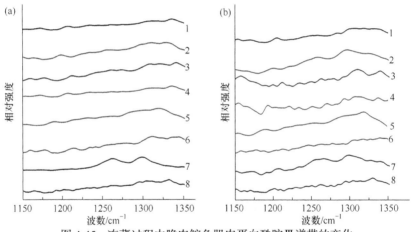

图 4-45　冻藏过程中脆肉鲩鱼肌肉蛋白酰胺 III 谱带的变化
(a) PA/EVOH/PA/PE 包装；(b) PA/PE 包装

α 螺旋和 β 折叠是蛋白质主要的二级结构，除了在酰胺 I 区和酰胺 III 区中有这两种二级结构外，在 C—C 链的振动谱带上 940 cm^{-1}、900 cm^{-1} 和 1239 cm^{-1} 附近的谱峰分别是 α 螺旋和 β 折叠特征谱带，C—C 伸缩振动的谱线是多肽和蛋白质模型，它的多肽骨架的构象是灵敏的。在表 4-13 中可以看到，-40℃和-18℃冻藏下，两种包装的肌肉蛋白的 C—C 振动在 902 cm^{-1} 附近的谱带强度随着冻藏时间的延长而增强，在 935 cm^{-1} 附近的谱带强度随着冻藏时间的延长而减弱，在-40℃条件下的峰强均比在-18℃的弱，而且采用 PA/PE 包装的脆肉鲩肌肉蛋白在该谱带附近的峰强也比采用 PA/EVOH/PA/PE 材料包装的强。对于在 935 cm^{-1} 谱带附近的样品来说，这两种材料包装的峰强均是随着贮藏时间的延长而减弱，并在同种包装条件下，-40℃的峰强均比-18℃的强，并且减弱的速度比-18℃的慢。

这些结果进一步说明了冻藏过程中随着 α 螺旋结构含量的减少，β 折叠结构的含量会增多。

表 4-13　脆肉鲩冻藏过程中部分拉曼光谱归属

归属	温度	波数/cm⁻¹	PA/EVOH/PA/PE				PA/PE			
			4 周	10 周	15 周	20 周	4 周	10 周	15 周	20 周
S—S	−40℃	510±2					0.382	1.110	0.198	0.437
		522±2	0.346	1.256	0.814	0.346	0.512		0.448	0.518
		540±2					0.501	0.974	0.575	0.682
	−18℃	502±2	0.933	0.734	0.702	0.584	1.052	0.789	0.734	0.422
		522±2					0.969	0.837	0.721	0.611
		528±5		0.923	0.846	0.760		0.936	0.730	0.561
C—S	−40℃	660±2	0.448	0.392	0.329	0.147	0.209	0.608	0.113	0.186
		693±5						0.583	0.225	0.371
		709±8					0.260	0.550	0.242	0.322
		753±2	0.529	0.473	0.420	0.306			0.165	0.428
	−18℃	660±2	0.587	0.487	0.438	0.372	0.568	0.563	0.397	0.305
		682±9	0.553	0.481	0.432	0.331		0.509	0.336	0.270
		701±5			0.232	0.253	0.559	0.489	0.395	0.268
		728±6	0.532	0.573	0.596	0.627	0.561	0.489	0.414	0.366
C—C	−40℃	902±2	0.347	0.418	0.453	0.487	0.350	0.425	0.470	0.501
		910±5	0.503	0.495	0.302	0.239	0.503	0.476	0.436	0.367
		932±4	0.545	0.452	0.384	0.345	0.509	0.435	0.302	0.257
	−18℃	890±3	0.483	0.512	0.567	0.584	0.503	0.537	0.569	0.593
		935±6	0.653	0.612	0.632	0.447		0.458	0.298	0.193
C—H	−40℃	1450±2	1.694	1.833	1.924	2.103	1.736	1.936	2.054	2.264
	−18℃	1446±5	2.021	2.134	2.296	2.401	2.131	2.215	2.312	2.473

从酰胺 Ⅰ 区、酰胺 Ⅲ 区和 C—C 链振动谱带所反映的 α 螺旋和 β 折叠等蛋白质二级结构的变化可以看到，脆肉鲩肌肉蛋白在冻藏过程中主要是由于分子内部的一些键发生变化，使蛋白质内一些旧键断裂伴随着一些新键的产生，如部分 α 螺旋结构消失，β 折叠结构增多，脆肉鲩肌肉蛋白的内部结构发生改变而导致蛋白质的变性。

B. C—H 振动和 O—H 振动

C—H 在 1450 cm⁻¹ 左右的弯曲振动可以反映蛋白质疏水区域的变化情况，在其附近峰强的增大表明有更多的疏水基团暴露在极性环境中。在表 4-13 中可以看到，在不同温度和包装材料下，所有样品在 1450 cm⁻¹ 附近的强度随着时间的延长而增强。在-40℃条件下，PA/EVOH/PA/PE 和 PA/PE 材料包装的脆肉鲩从 1.694（4周）和 1.736（4 周）分别增大到 2.103（20 周）和 2.264（20 周）。在-18℃条件下，PA/EVOH/PA/PE 和 PA/PE 材料包装的脆肉鲩从 2.021（4 周）和 2.131（4 周）分别增大到 2.401（20 周）和 2.473（20 周）。这些结果表明在冻藏过程中，脆肉鲩肌肉蛋白的疏水基团暴露在极性环境中，疏水相互作用减弱。由于疏水相互作用是维持蛋白质三级结构的主要因素之一，疏水相互作用的减弱，必然会导致蛋白质的立体结构发生改变，从而使蛋白质的稳定性下降，影响脆肉鲩的特殊脆性。

C—H 在 2500～3100 cm⁻¹ 附近的伸缩振动主要是反映脂肪族和芳香族残基的变化。由图 4-46 可知，在同种包装条件下，C—H 的伸缩强度随着贮藏时间的延长而增强。在-40℃条件下，PA/EVOH/PA/PE 材料包装的脆肉鲩肌肉蛋白中 C—H 的伸缩强度从 8.066 增大到 12.526，而 PA/PE 材料包装的从 8.232 增大到 13.095。在-18℃条件下，C—H 的伸缩强度均比-40℃贮藏的高，PA/EVOH/PA/PE 和 PA/PE 两种材料包装的脆肉鲩肌肉蛋白中 C—H 的伸缩强度分别从 11.847（4 周）到 15.285（20 周）和从 12.068（4 周）到 15.562（20 周）。在冻藏过程中，C—H 键的变化反映在二甲胺、亚甲基、甲基的变化，这些变化与氧化三甲胺和脂肪氧化有关。在冻藏过程中，水产品中的氧化三甲胺易被内源酶分解为二甲胺和甲醛，而甲醛与蛋白质作用产生的亚甲基在赖氨酸和精氨酸、赖氨酸和谷氨酸之间形成链桥，引起蛋白质交联，最终使肌肉变得坚韧。由于脆肉鲩是一种脂肪含量很高的鱼，背部肌肉脂肪含量达到 6.36 g/100g，脂肪在贮藏过程中容易发生氧化，特别是不饱和脂肪酸最容易发生氧化，引起 C=C 键的变化。另外，脂肪的氧化还会引起脂肪酰基链的变化从而使 CH₂ 发生变化，并且氧化产物与蛋白质反应结合在一起，使冻藏过程中的脆肉鲩脆性发生改变，硬度上升，胶黏性和回复性下降。C—H 伸缩振动强度随着冻藏时间延长而增强，说明了脆肉鲩肌肉蛋白在冻藏过程中脂肪族氨基酸残基暴露的程度增大，这进一步说明脆肉鲩肌肉在冻藏过程中冷冻变

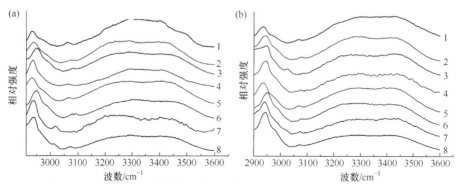

图 4-46 冻藏过程中脆肉鲩肌肉蛋白中 C—H 和 O—H 键拉曼光谱的变化

(a) PA/EVOH/PA/PE 包装；(b) PA/PE 包装

性的程度与其肌肉蛋白的疏水性基团逐渐暴露在极性环境中的程度有关，结果使脆肉鲩肌肉的质构发生变化。

3100~3500 cm^{-1}附近的谱带来自于水分子羟基(O—H)的振动。从图 4-46(a)和(b)可以看到，所有样品在该波段范围都出现共轭双峰，双峰的频率范围在 3200 cm^{-1}和 3400 cm^{-1}附近。在-40℃或者在-18℃条件下，脆肉鲩肌肉中的 O—H振动频率的强度随着冻藏时间的延长而下降，但是-40℃条件下的 O—H 振动强度都比-18℃条件下相对应的强。从图 4-47 可以看出，O—H 与 C—H 强度之比随着贮藏时间的延长而下降，并且贮藏温度越高，下降的速度越快。在同一温度条件下，两种材料包装的脆肉鲩肌肉蛋白中的 O—H 强度下降的程度是：PA/EVOH/PA/PE ＜PA/PE。这些结果说明了脆肉鲩在冻藏过程中蛋白质的水化程度下降。在冻藏过程中，由于冰晶的生成以及肌肉表面水分的蒸发，蛋白质的水化程度下降，另外，蛋白质中疏水性氨基酸逐渐暴露在极性环境中也使蛋白质的水化程度下降，溶解性下降，使蛋白质的变性程度进一步加剧。

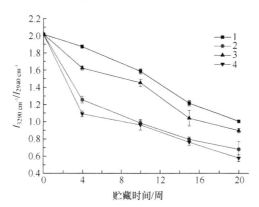

图 4-47　冻藏过程中脆肉鲩肌肉蛋白中 ν(O—H)和 ν(C—H)强度比
图中 1、2、3、4 分别代表 PA/EVOH/PA/PE -40℃冻藏、PA/EVOH/PA/PE -18℃冻藏、PA/PE -40℃冻藏和 PA/PE -18℃冻藏

C. C—S 键、S—S 键

二硫键是决定脆肉鲩肌肉特殊脆性的主要因素之一，其谱带范围为 490~550 cm^{-1}。从表 4-13 可知，在 490 cm^{-1}附近的强峰消失，而在 510 cm^{-1}、528 cm^{-1}和 540 cm^{-1}附近的峰增多，这说明了冻藏后链内二硫键消失，链间二硫键增多，链内二硫键转变为链间二硫键。二硫键在该谱带的强峰量随着冻藏温度的不同而不同，-18℃条件下二硫键出现的强峰比-40℃的多，并且在两种温度下二硫键出现的强峰随着贮藏时间的延长而增多。对于不同包装材料来说，PA/EVOH/ PA/PE材料包装的脆肉鲩肌肉蛋白中的二硫键的强峰数比用 PA/PE 材料包装的少。这些结果显示在脆肉鲩冻藏过程中有二硫键的形成。在冻藏过程中，二硫键的生成是

引起蛋白质冷冻变性的主要原因，它是一种共价键，使蛋白质肽链的空间结构更为紧密。

C—S 键的谱线出现在 650～750 cm^{-1} 处，在 630～670 cm^{-1} 出现的谱线属于扭曲曲线，而在 700～745 cm^{-1} 出现的谱线属于反式构象。从表 4-13 可以看出，C—S 在冻藏过程中发生变化。在同种温度下，随着贮藏时间的延长，脆肉鲩肌肉蛋白中 C—S 结构的扭曲构象逐渐减少，反式构象逐渐增多，但是-40℃条件下的 C—S 结构的反式构象比-18℃条件下的少。对于不同包装来说，PA/PE 材料包装的脆肉鲩肌肉中 C—S 结构的反式构象比 PA/EVOH/PA/PE 的多，说明不同包装材料对脆肉鲩肌肉蛋白的结构有不同的影响，这些变化进一步揭示冷冻变性伴随旧键断裂，新键产生，使蛋白质的结构发生改变。

4）热稳定性

水合程度下降、溶解性降低、构象的改变是脆肉鲩肌肉蛋白变性的特征。对于蛋白质变性过程，热力学特性揭示蛋白质变性过程的展开行为。蛋白质在热变性过程中，吸收热量时由有序状态变为无序状态，分子内相互作用被破坏，多肽链展开。在冻藏过程中，由于肌肉蛋白的分子结构已经发生了部分变化，在热变性过程中，冻藏后已发生变化的肌肉蛋白中分子内相互作用的力相对变弱，从宏观上表现为温度及能量的变化。从表 4-14 中可以看到，冻藏过程中蛋白质的变性温度及变性焓发生了变化，并且随着冻藏温度的高低而不同。与新鲜样对比，在-40℃和-18℃条件下 PA/EVOH/PA/PE 和 PA/PE 材料包装的脆肉鲩肌肉冻藏 20 周后肌球蛋白（峰Ⅰ）、肌浆蛋白（峰Ⅱ）和肌动蛋白（峰Ⅲ）的变性温度和焓值均下降。从这些结果可以看出肌球蛋白在冻藏过程中的变性温度变化最大，在-40℃冻藏 20 周的温度比新鲜的低 2.33℃（PA/EVOH/PA/PE）和 2.86℃（PA/PE），肌浆蛋白的变性温度比新鲜的低 1.93℃（PA/EVOH/PA/PE）和 2.13℃（PA/PE），肌动蛋白的比新鲜的低 1.62℃（PA/EVOH/PA/PE）和 1.88℃（PA/PE）。在-18℃条件下各种变性温度的下降程度更大。这说明了脆肉鲩肌球蛋白是最不稳定的。

表 4-14　脆肉鲩鱼片冻藏过程中变性温度和焓值的变化

条件		贮藏时间	峰Ⅰ		峰Ⅱ		峰Ⅲ	
			变性温度/℃	变性焓/（J/g）	变性温度/℃	变性焓/（J/g）	变性温度/℃	变性焓/（J/g）
PA/EVOH/PA/PE	-40℃	新鲜样	44.99±0.71	0.13±0.03	55.31±0.38	0.940±0.13	76.60±0.68	0.48±0.10
		4 周	43.56±0.59	0.096±0.04	55.16±0.98	0.883±0.09	76.47±0.28	0.445±0.02
		10 周	43.27±0.39	0.086±0.05	54.65±0.53	0.841±0.05	76.08±0.54	0.429±0.05
		15 周	42.93±0.98	0.065±0.01	53.88±0.72	0.802±0.10	75.85±0.49	0.384±0.07
		20 周	42.66±0.72	0.043±0.01	53.38±0.12	0.778±0.02	74.98±0.23	0.332±0.02

续表

条件		贮藏时间	峰I		峰II		峰III	
			变性温度/℃	变性焓/（J/g）	变性温度/℃	变性焓/（J/g）	变性温度/℃	变性焓/（J/g）
PA/EVOH/PA/PE	−18℃	4周	43.17±0.31	0.078±0.02	54.47±0.39	0.812±0.05	76.23±0.27	0.411±0.04
		10周	42.74±0.48	0.068±0.03	54.10±0.48	0.769±0.04	75.75±0.44	0382±0.02
		15周	42.15±0.32	0.052±0.03	53.83±0.72	0.714±0.07	75.26±0.35	0.351±0.05
		20周	41.69±0.28	0.041±0.01	52.89±0.27	0.668±0.05	74.46±0.21	0.318±0.01
PA/PE	−40℃	4周	43.32±0.85	0.087±0.03	55.01±0.75	0.853±0.08	76.26±0.25	0.428±0.03
		10周	43.07±0.84	0.079±0.02	54.33±0.39	0.829±0.03	75.89±0.37	0.402±0.01
		15周	42.44±0.43	0.063±0.03	54.05±0.47	0.784±0.05	75.39±0.21	0.365±0.05
		20周	42.13±0.46	0.039±0.01	53.18±0.75	0.748±0.01	74.72±0.38	0.316±0.04
	−18℃	4周	42.84±0.39	0.071±0.03	54.12±0.46	0.802±0.06	76.18±0.56	0.406±0.05
		10周	42.37±0.24	0.062±0.02	53.86±0.32	0.742±0.08	75.70±0.47	0.377±0.03
		15周	41.75±0.42	0.047±0.03	53.32±0.45	0.703±0.03	75.06±0.34	0.332±0.01
		20周	41.03±0.41	0.036±0.01	52.73±0.45	0.621±0.02	74.28±0.46	0.304±0.04

　　在冻藏过程中，脆肉鲩肌肉中肌球蛋白的 α 螺旋结构含量减少，β 折叠和其他二级结构含量增多，伴随着变性温度的降低，从而进一步证明了肌球蛋白在冻藏过程中最容易产生冷冻变性。另外，在脆肉鲩肌肉冻藏过程中，O—H 键强度下降，蛋白质持水力下降，疏水基团逐渐暴露到极性环境中，蛋白质的亲水性下降从而使变性焓降低。在蛋白质变性过程中出现的熵-焓互补现象主要是由蛋白质中水分子重组造成的。在冻藏过程中，水结晶使盐浓度增大，部分盐溶性蛋白溶出，蛋白质分子链展开，链内二硫键转变为链间二硫键使链间二硫键增多，这些现象的出现使蛋白质的构象发生改变，而蛋白质构象的改变使蛋白质变性温度下降。从蛋白质热变性温度和焓值的变化可以反映脆肉鲩肌肉冻藏过程中蛋白质结构和肽链的变化状态，进一步揭示蛋白质的变性。在表 4-14 中还发现，不同包装形式，蛋白质的变性温度和变性焓不一致，PA/EVOH/PA/PE 材料包装的变性温度和变性焓的变化程度比 PA/PE 包装的小，这说明 PA/EVOH/PA/PE 材料有利于保持蛋白质的稳定性，减少脂肪氧化对蛋白质变性程度的影响。

　　5）颜色变化

　　鱼肉的色泽是影响冻藏后鱼可接受度的主要因素之一，特别是暗色肉的颜色更为重要。在冻藏过程中，由于一系列的生物化学反应，鱼肉的颜色发生改变。在本试验中，脆肉鲩暗色肉和白色肉的颜色都发生了显著性的改变。暗色肉颜色的变化用亮度(L^*)和红色(a^*)的变化来表示，白色肉用 L^*、黄色(b^*)的变化和白度来表示。从图 4-48(a)中可以看到，在−40℃条件下两种包装的脆肉鲩暗色肉的 L^* 在 4 周前呈增大的趋势，而在 10 周后开始下降，总体的趋势是亮度下降，在 20 周时，PA/EVOH/PA/PE 和 PA/PE 包装的亮度分别下降了 2.47%和 3.43%；在 −18℃条件下两种包装的脆肉鲩暗色肉的 L^* 变化不一样，贮藏 4 周前 PA/EVOH/PA/PE 的暗色肉 L^* 增大，然后随着贮藏时间延长而逐渐下降，PA/PE 包装的暗色肉在 4 周前下降，但在 10 周时上升随后又开始下降，总体 L^* 呈下降趋势，20 周时 PA/EVOH/PA/PE 和 PA/PE 包装的亮度分别比新鲜的下降了 11.80%和 14.14%。a^* 值的大小反映的是肌肉红色变化的程度，在图 4-48(b)中可以看到在前 15 周所有样品 a^* 值都呈增大的趋势。在−40℃条件下，PA/EVOH/PA/PE 材料包装的脆肉鲩暗色肉的 a^* 在冻藏过程中都呈增大的趋势，在 20 周时比新鲜样时增大了 7.98，但是在−18℃冻藏过程中，在 15 周时 a^* 从新鲜 13.04 增大到 19.248 后开始下降。对于 PA/PE 材料包装的脆肉鲩来说，在两种冻藏温度下，a^* 均是增大到 15 周后开始下降，但总体呈增大的趋势。这些变化可以看出，暗色肉颜色的变化与包装材料不同的透氧性有关。PA/EVOH/PA/PE 包装材料的透氧率≤5 cm³/(m² · d)，而 PA/PE 的透氧率≤100 cm³/(m² · d)，PA/EVOH/PA/PE 材料适宜的透气性有利于维持包装内低氧分压环境。因为在适宜的氧分压环境中，肌红蛋白与氧气结合成较为稳定的氧合肌红蛋白，而不会迅速产生高铁肌红蛋白，同时脆肉鲩的冻藏温度比较低，特别是在−40℃，各种生化反应比较慢，由酶促反应引起的变化比较慢，所以在 −40℃时保持良好的颜色。但在−18℃环境中，由于温度相对较高，各种生化反应速度较快，更能促进还原酶的反应，同时脂肪氧化的程度也比较高，因而使颜色在冻藏的后期发生不利的变化，从透氧性更强的 PA/PE 材料更能看到暗色肉颜色的变化，暗色肉颜色变褐与脂肪氧化的程度成正比。从这些分析可以推断脆肉鲩暗色肉的变化与环境中的氧和脂肪氧化存在一定的关系。

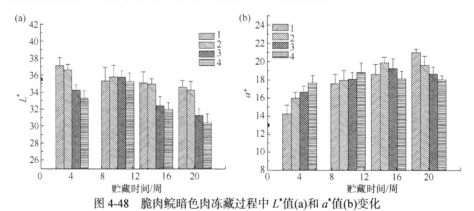

图 4-48　脆肉鲩暗色肉冻藏过程中 L^* 值(a)和 a^* 值(b)变化

图中 1、2、3、4 分别代表 PA/EVOH/PA/PE −40℃冻藏、PA/EVOH/PA/PE −18℃冻藏、PA/PE −40℃冻藏和
PA/PE −18℃冻藏，下同

从图 4-49(a)中可以看到,脆肉鲩白色肉的 L^* 在冻藏过程中均呈先下降后上升又下降的趋势,PA/EVOH/PA/PE 包装的 L^* 在–40℃冻藏到 20 周比新鲜的上升了 1.39%,但其他条件下的肌肉都呈下降趋势。PA/PE 包装的 L^* 在–40℃和–18℃冻藏到 20 周比新鲜的分别下降了 0.64%和2.98%,PA/EVOH/PA/PE 包装的 L^* 在–40℃冻藏的下降了 1.56%。b^* 值是肌肉中黄色的反映。在图 4-49(b)中可以看到,所有样品的 b^* 在冻藏过程中都呈上升的趋势,并且因冻藏温度和包装材料的不同,上升的速度不同。在–40℃条件下,20 周时 PA/PE 包装的 b^* 是 PA/EVOH/PA/PE 的 1.25 倍,在–18℃条件下是 1.28 倍。从图 4-50 中发现,脆肉鲩白色肉在冻藏过程中白度呈先下降再上升又下降的趋势,但总体还是呈下降的趋势,并且因条件的不同而不同。在–40℃条件下,20 周时 PA/EVOH/PA/PE 和 PA/PE 包装的白度分别比新鲜的减少了 1.52%和2.09%,–18℃条件下的白度分别比新鲜的减少了 2.62%和 7.76%。从上面这些结果发现,在脆肉鲩白色肉的冻藏过程中有黄色素的生成,这与脂肪氧化的程度密切相关。因为鱼中脂肪氧化会产生黄色素和类胡萝卜素,而这些色素使鱼肉亮度下降。

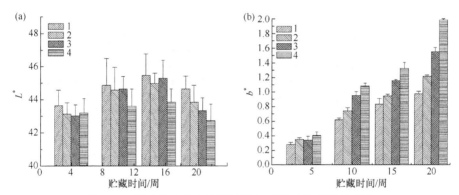

图 4-49　脆肉鲩白色肉冻藏过程中 L^* 值(a)和 b^* 值(b)变化

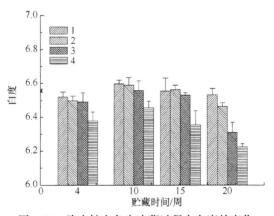

图 4-50　脆肉鲩白色肉冻藏过程中白度的变化

总的来说，影响脆肉鲩冻藏过程中质构特性变化的主要因素是脂肪氧化和蛋白质变性，对这些影响因素的控制手段是采用更低的冻藏温度和使用隔氧性能好的包装材料对脆肉鲩肌肉进行冻藏和处理。

4.3.3　浸渍冻结联合抗冻剂对脆肉鲩鱼片品质的影响

冷冻保鲜技术根据冻结的速率可以分为慢冻和速冻，慢冻的冻结速率慢，在冻藏的过程中形成的冰晶体积大和不规则，且分布散乱，从而导致细胞体积增大而受到损伤，使水产品的品质下降，水产品的品质和风味将受到比较严重的影响。而速冻能够以较快的速度通过最大冰晶生长带，所形成的冰晶较小且分布均匀，对水产品的细胞组织损害较小，冻品的质量较好。浸渍快速冻结技术是利用低温的冷冻液与物品直接接触，在物品浸入液体后瞬间表层冻结的加工技术。浸渍快速冻结不仅冻结速率快，而且能耗低，是一种较理想的冻结技术。脆肉鲩由于其特殊的脆性，在冻藏过程中容易由于反复冻融而使脆性逐渐变差，因此，利用浸渍快速冻结的冻结速率快且能耗低的优点，将脆肉鲩进行冻结，对脆肉鲩鱼片冻藏过程中品质维持具有重要的意义。

1.冻结方法对脆肉鲩鱼片品质的影响

1）冻结工艺

将脆肉鲩经过三去、取片、去皮后切成 12 cm×8 cm×3 cm 的矩形鱼片，将预处理好的脆肉鲩鱼片置于−18℃条件下进行空气冻结，当中心温度至−18℃时，用滤纸吸干样品表面残留的液体，密封于聚乙烯塑料袋中，在 4℃下解冻备用，为第 1 组。

将预处理好的脆肉鲩鱼片置于冷冻液（−35℃）中冻结（直接浸渍冻结），冻结至中心温度为−18℃，用滤纸吸干样品表面残留的液体，密封于聚乙烯塑料袋中，在 4℃下解冻备用，为第 2 组。其中冷冻液由 20%乙醇、10%丙二醇、7%甜菜碱和 10%氯化钠组成，此冷冻液的冻结点可达−66.10℃。

将预处理好的脆肉鲩鱼片采用聚乙烯塑料袋真空包装后置于冷冻液（−35℃）中冻结（直接浸渍冻结），冻结至中心温度为−18℃，用滤纸吸干样品表面残留的液体，在 4℃下解冻备用，为第 3 组。其中冷冻液的配方与第 2 组相同。

2）冻结曲线

冻结速率一直以来是影响物料冻结品质的重要因素，特别是水产品，冻结速率对水产品的质量起关键作用。从图 4-51 可知浸渍冻结通过最大冰晶生长带（冻结点）的时间少于−18℃冻结。−18℃冻结、直接浸渍冻结和间接浸渍冻结至鱼块中心温度−18℃分别需要 6.3 h、0.38 h 和 0.43 h，可知直接浸渍冻结和间接浸渍冻结的速率大于−18℃冻结，直接浸渍冻结的速率和间接浸渍冻结速率相差不大。Jeremiah 研究指出冻结速率快，形成的冰晶体积小、数量多、分布均匀，对组织细胞的破坏作用小，可以较好地保持食品的品质。由此可见，浸渍冻结更有利于脆肉鲩品质的维持。

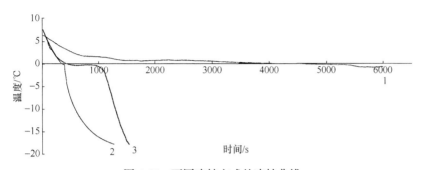

图 4-51 不同冻结方式的冻结曲线

1. −18℃冻结；2. 直接浸渍冻结；3. 间接浸渍冻结

3）肌原纤维含量变化

鱼肉在冻结过程中，肌原纤维蛋白发生变性导致其盐溶性发生变化，盐溶性蛋白的含量减少。通常鱼肉蛋白的冷冻变性越严重，其盐溶性蛋白的含量越低。从图 4-52 可以看出，与新鲜鱼块相比，冻结后样品的肌原纤维蛋白含量的溶出量有不同程度的降低，直接浸渍冻结和间接浸渍冻结下降的程度比−18℃冻结的小。由图 4-51 可知，直接浸渍冻结和间接浸渍冻结冻结速率快，快速通过最大冰晶生长带，在冻结的鱼肉中形成的冰晶细小且均匀，对肌肉组织破坏较小，因此直接浸渍冻结和间接浸渍冻结对蛋白质变性程度影响较小，提取的肌原纤维含量相对−18℃冻结的高。

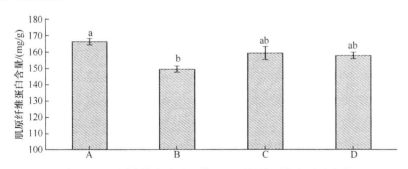

图 4-52 不同冻结方式处理前后肌原纤维蛋白含量的变化

A. 新鲜样品对照组；B. −18℃冻结；C. 直接浸渍冻结；D. 间接浸渍冻结；下同。不同的字母表示存在显著性差异

4）Ca^{2+}-ATPase 活性的变化

Ca^{2+}-ATPase 来源于肌球蛋白，Ca^{2+}-ATPase 活性表征其头部 S-1 片段的性质，是衡量蛋白质冷冻变性的重要指标。冻结前后样品的 Ca^{2+}-ATPase 活性都有不同程度的降低，由图 4-53 可知，分别经直接浸渍冻结和间接浸渍冻结的样品其蛋白

质变性的程度比经−18℃冻结的小。经−18℃冻结，Ca^{2+}-ATPase 活性下降程度最大，说明冻结速率慢，通过最大冰晶生长带时间长，肌球蛋白的完整性易破坏，蛋白质容易发生变性。而经直接浸渍冻结和间接浸渍冻结的样品冻结速率快，有助于快速通过最大冰晶生长带，从而可以减缓脆肉鲩蛋白的冷冻变性程度。

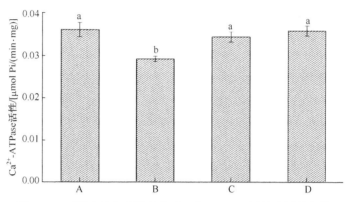

图 4-53   不同冻结方式处理前后 Ca^{2+}-ATPase 活性含量的变化

5) 总巯基含量的变化

鱼肉蛋白质中最能反映其活性的基团是巯基，因此巯基对于脆肉鲩肌原纤维蛋白空间结构的稳定性具有重要的意义。巯基含量的变化反映蛋白质的变性程度。由图 4-54 可知，经−18℃冻结处理后的总巯基含量显著下降，而经过直接浸渍冻结和间接浸渍冻结处理的几乎没有下降。因此可推测出，−18℃冻结的冻结速率慢，形成了较大和较多的冰晶，很大程度上破坏了蛋白质的结构，埋藏在其分子内部的巯基更加容易暴露，易氧化形成二硫键，从而使总巯基含量下降。

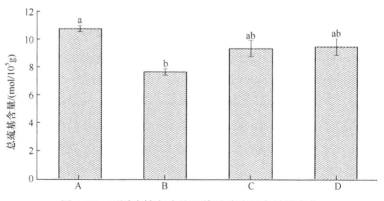

图 4-54   不同冻结方式处理前后总巯基含量的变化

6) 表面疏水性的变化

蛋白质的表面疏水性不仅反映的是蛋白质分子表面疏水性氨基酸的相对含

量，也可以用来衡量蛋白质的变性程度。从图 4-55 可以看出经过不同冻结方式的处理后，表面疏水性都显著增加，直接浸渍冻结和间接浸渍冻结的增加量比-18℃冻结的少。在冻结的过程中，蛋白质的伸展和疏水性脂肪族及芳香族氨基酸的暴露是导致蛋白质表面疏水性增加的主要原因。其破坏了蛋白质原来的空间构象，从而使蛋白质表面疏水性增加。

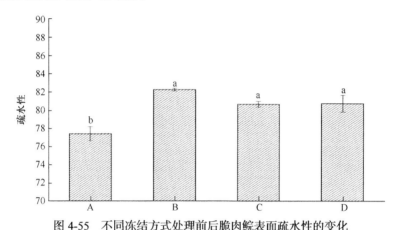

图 4-55　不同冻结方式处理前后脆肉鲩表面疏水性的变化

7）质构的变化

不同冻结方式处理前后的脆肉鲩质构分析如图 4-56～图 4-59 所示，结果表明，-18℃冻结、直接浸渍冻结和间接浸渍冻结下脆肉鲩的硬度、弹性、内聚性和咀嚼性有不同程度降低。直接浸渍冻结下脆肉鲩的硬度、弹性、内聚性和咀嚼性下降程度明显小于-18℃冻结（$P<0.05$），直接浸渍冻结和间接浸渍冻结的硬度、弹性、内聚性和咀嚼性的大小几乎没有差别，两者对脆肉鲩的品质影响类似。经直接浸渍冻结和间接浸渍冻结的脆肉鲩质构特性优于-18℃冻结。

总的来说，采用-18℃冻结、直接浸渍冻结和间接浸渍冻结进行冻结，冻结前后脆肉鲩背部肌肉的肌原纤维蛋白含量、Ca^{2+}-ATPase 活性和总巯基含量都有

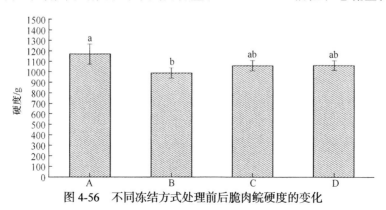

图 4-56　不同冻结方式处理前后脆肉鲩硬度的变化

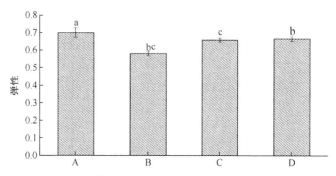

图 4-57　不同冻结方式处理前后脆肉鲩弹性的变化

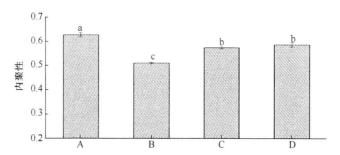

图 4-58　不同冻结方式处理前后脆肉鲩内聚性的变化

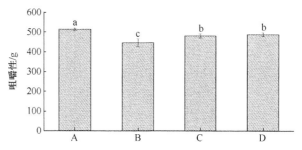

图 4-59　不同冻结方式处理前后脆肉鲩咀嚼性的变化

不同程度的降低，而直接浸渍冻结和间接浸渍冻结降低的幅度小。经直接浸渍冻结和间接浸渍冻结的脆肉鲩的硬度、弹性、内聚性和咀嚼性下降程度明显小于-18℃冻结。综合各理化指标，可以得出经浸渍快速冻结，脆肉鲩的品质优于-18℃冻结。

2. 浸渍冻结对脆肉鲩贮藏过程品质的影响

1)冻结工艺

将脆肉鲩经过三去、取片、去皮后切成 12 cm×8 cm×3 cm 的矩形鱼片，将预处理好的脆肉鲩鱼片分为四组，第一组为对照组，将脆肉鲩鱼片真空包装后直接置于-18℃条件下冻藏；第二组为抗冻剂组，将脆肉鲩鱼片直接浸泡在抗冻剂溶液里 30 min，然后真空包装后直接放置在-18℃条件下冻藏；第三组为浸渍冻结组，将脆肉鲩鱼片真空包装后置于冷冻液中浸渍冻结，至中心温度达到-18℃，然后放置于-18℃条件下冻藏；第四组为抗冻剂+浸渍冻结组，首先将鱼片浸泡在抗冻剂里 30 min，然后真空包装置于冷冻液中浸渍冻结，当中心温度达到-18℃后取出置于-18℃条件下冻藏。抗冻剂由 4%海藻糖、6%聚葡萄糖和 5%乳酸钠组成；冷冻液由 20%乙醇、10%丙二醇、7%甜菜碱和 10%氯化钠组成。

2) 冻结曲线

从图 4-60 可以清楚地看到浸渍冻结组和抗冻剂+浸渍冻结组通过最大冻结点的时间明显少于对照组和抗冻剂组（$P<0.05$）。对照组、抗冻剂组、浸渍冻结组和抗冻剂+浸渍冻结组冻结至鱼块中心温度-18℃分别需要 6.31 h、6.30 h、0.38 h 和 0.43 h，可知浸渍冻结组和抗冻剂+浸渍冻结组的冻结速率大于对照组和抗冻剂组，对照组和抗冻剂组的冻结曲线基本重合，抗冻剂+浸渍冻结组和浸渍冻结组的冻结速率差不多。

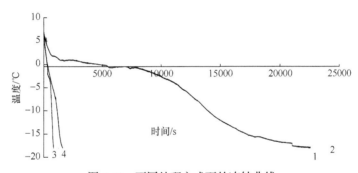

图 4-60　不同处理方式下的冻结曲线

1. 对照组；2. 抗冻剂组；3. 浸渍冻结组；4. 抗冻剂+浸渍冻结组；下同

3) pH 的变化

pH 的变化在一定程度上反映了鱼肉腐败程度，是脆肉鲩品质的理化指标之一。脆肉鲩的蛋白质含量高达 165 mg/g，在贮藏期间，体内 pH 不断增加，主要是由于体内蛋白质分解成碱性物质，如氨、吲哚和组胺等物质。

由图 4-61 可知，新鲜脆肉鲩的 pH 为 6.52，随着冻藏时间的增加，四种贮藏方式的脆肉鲩 pH 不断增加，抗冻剂+浸渍冻结组脆肉鲩的 pH 在各个时间段低于其他三种处理方式，抗冻剂组和浸渍冻结组 pH 的大小和变化类似，抗冻剂组和浸渍冻结组的 pH 也始终低于对照组，脆肉鲩贮藏第二个月的 pH 的增加速率明显比贮藏第一个月快，第三个月后对照组脆肉鲩的 pH 上升的速率趋于平缓，说明了在冻藏期间四种处理方式的脆肉鲩蛋白均不断分解。浸渍冻结和抗冻剂优于对照组，且联合抗冻剂与浸渍冻结技术优于抗冻剂和浸渍冻结，表明联合抗冻剂和浸渍冻结可以较好地降低蛋白质和氨基酸的降解速率，可以延长脆肉鲩鱼片的贮藏时间。

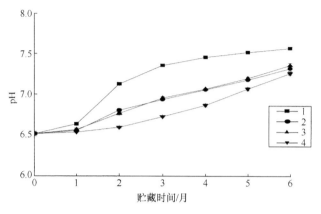

图 4-61　不同处理的脆肉鲩在冻藏期间 pH 的变化

4)挥发性盐基氮含量的变化

TVB-N 通常是用来衡量动物性食品品质的一个重要指标。TVB-N 指食品中的蛋白质在内源酶或细菌的作用下分解成氨类等碱性含氮挥发性物质。根据 GB 2741—1994 的规定，TVB-N≤25 mg/100g 为一级鲜度；TVB-N≤30 mg/100g 为二级鲜度。

由图 4-62 可知，新鲜脆肉鲩的 TVB-N 值（9.26 mg/100g）≤25 mg/100g，为一级鲜度。贮藏期间四种处理方式的脆肉鲩鱼片的 TVB-N 值不断增加，抗冻剂+浸渍冻结组的脆肉鲩鱼片的 TVB-N 值始终低于其他三种处理方式，抗冻剂组、浸渍冻结组的脆肉鲩鱼片的 TVB-N 值也始终低于对照组，抗冻剂组和浸渍冻结组的脆肉鲩鱼片的 TVB-N 值的变化相似。冻藏第 2 个月时，对照组的脆肉鲩的 TVB-N 值达到 25.45 mg/100g，属于二级鲜度。而其他三组分别为 20.63 mg/100g、19.86 mg/100g

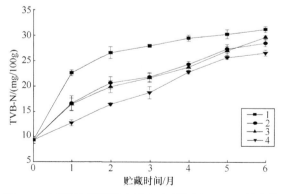

图 4-62　不同处理的脆肉鲩在冻藏期间 TVB-N 的变化

和 16.39 mg/100g，均小于 25 mg/100g，属于一级鲜度，其脆肉鲩的品质优于对照组的脆肉鲩。

由于抗冻剂能溶解冰晶和阻止冰晶生长，而浸渍冻结速率快，快速通过最大冰晶生长带，在脆肉鲩细胞内形成的冰晶较小，对细胞的破坏较小，且营养物质流出较少，被微生物利用也较少，因此抗冻剂组和浸渍冻结组的 TVB-N 值比对照组小，两种贮藏方式都有利于脆肉鲩贮藏。抗冻剂+浸渍冻结组结合两者的优点，对脆肉鲩鱼肉细胞的破坏更小，更加有利于对脆肉鲩品质的保持，延长其冻藏时间。

5）TBA 的变化

脆肉鲩在贮藏过程中，其中的脂类物质会发生氧化反应，分解生成醛、酮和一些低级脂肪酸等。TBA 值随着贮藏时间的延长不断增加，是反映脆肉鲩品质的一项指标。贮藏期间四种处理方式的脆肉鲩 TBA 值的变化如图 4-63 所示。由图 4-63 可知，新鲜组的 TBA 值为 0.0105 mg/100g，第一个月后，四组 TBA 增加速率分别为 202.74%、13.17%、10.85%、1.39%，对照组的 TBA 值增加速率明显高于其他三组（$P<0.05$），并且抗冻剂+浸渍冻结组的 TBA 增加速率最慢。第一个月到第二个月期间，对照组的 TBA 值增加速率明显高于其他三组（$P<0.05$），对照组在后几个月的增加速率没有明显的差异（$P>0.05$）。四种处理方式下脆肉鲩的 TBA 值随时间推移均不断增加，对照组的 TBA 值始终高于其他三组，说明浸渍冻结和抗冻剂冻结比$-18℃$冻结能更有效地抑制脆肉鲩在贮藏期间的腐败变质。浸渍冻结组与抗冻剂组的 TBA 值的大小和变化类似。由于联合了抗冻剂能阻止冰晶生长和浸渍冻结速率快的性质，抗冻剂+浸渍冻结组的 TBA 值始终低于抗冻剂组和浸渍冻结组，因此，联合抗冻剂和浸渍冻结的技术有利于延长脆肉鲩的贮藏时间。

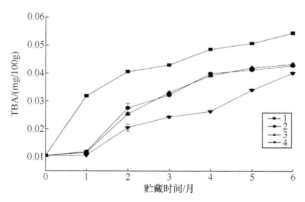

图 4-63　不同处理的脆肉鲩在冻藏期间 TBA 的变化

6）K 值的变化

K 值是水产品的一个鲜度指标。目前，国际上通用 K 值作为判断鲜度的指标，

一级鲜度 K 值≤20%；二级鲜度 K 值为 20%～40%。脆肉鲩在冻藏期间 K 值变化如图 4-64 所示。对照组、抗冻剂组、浸渍冻结组和抗冻剂+浸渍冻结组的 K 值均随着冻藏时间的增加而逐渐升高，鲜活度下降。在整个贮藏期间，抗冻剂+浸渍冻结组的 K 值始终低于其他三组，抗冻剂组和浸渍冻结组的 K 值比对照组小，抗冻剂组和浸渍冻结组的 K 值的大小和变化基本一致。冻藏一个月后，对照组、抗冻剂组、浸渍冻结组和抗冻剂+浸渍冻结组的 K 值迅速由新鲜时的 1.20%上升为 9.20%、5.50%、5.20%和 3.78%。在贮藏的前三个月内，K 值上升幅度较大，随后幅度变小。贮藏第三个月时，对照组的 K 值为 20.33%，属于二级鲜度；抗冻剂组的为 15.70%，属于一级鲜度；浸渍冻结组的为 14.77%，属于一级鲜度；抗冻剂+浸渍冻结组为 11.83%，也属于一级鲜度。因此，浸渍冻结和抗冻剂可以抑制 ATP 的降解，有效地保持了脆肉鲩贮藏期间的鲜度。

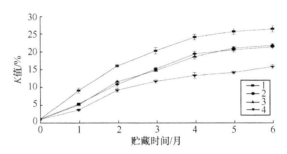

图 4-64　不同处理的脆肉鲩在冻藏期间 K 值的变化

7) 质构

A. 硬度和弹性的变化

贮藏期间四种处理方式下的脆肉鲩鱼片的硬度和弹性的变化如图 4-65 所示。由图 4-65(a)可知，新鲜脆肉鲩的硬度达到(1171.27±96.97)g，四种处理方式下的脆肉鲩的硬度均不断下降，且变化趋势基本上一致。在贮藏的前三个月内，四种贮藏方式下脆肉鲩的硬度大幅度下降，其中对照组的脆肉鲩硬度下降幅度最大，且第三个月，对照组的脆肉鲩硬度为(423.68±20.47)g，仅为新鲜硬度的 36.17%。

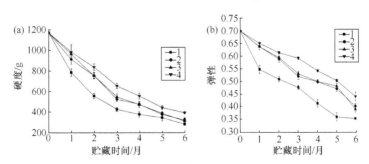

图 4-65　不同处理的脆肉鲩在冻藏期间硬度(a)和弹性(b)的变化

三个月后,四种处理方式下的脆肉鲩的硬度下降速率均下降。据报道,鱼肉硬度下降是由于冻藏过程中形成许多冰晶,破坏了鱼肉肌原纤维的结构,使其变形,并造成机械损伤。抗冻剂组和浸渍冻结组的脆肉鲩的硬度大小和变化基本一致,抗冻剂+浸渍冻结组的脆肉鲩的硬度均大于其他三组,表明联合抗冻剂和浸渍冻结能缓解脆肉鲩鱼肉组织的破坏程度。

弹性在一定程度上反映肉中肌原纤维蛋白的性质。冻藏过程中,肌原纤维蛋白在蛋白酶和微生物的作用下发生降解,从而肌原纤维蛋白结构变得疏松,弹性下降,最终致使鱼肉的品质下降。由图 4-65(b)可知,第一个月后四组脆肉鲩弹性下降速率分别为 21.82%、8.84%、8.89% 和 4.88%,对照组的脆肉鲩弹性下降速率明显高于其他三组($P<0.05$)。后五个月脆肉鲩弹性的下降速率均比第一个月的下降速率慢。四种不同处理方式下的脆肉鲩肌肉组织的弹性随着时间的增加而不断下降,抗冻剂组、浸渍冻结组和抗冻剂+浸渍冻结组的脆肉鲩的弹性始终高于对照组的弹性。抗冻剂+浸渍冻结组的脆肉鲩的弹性始终高于其他三组,抗冻剂组和浸渍冻结组的脆肉鲩弹性的大小和变化基本一致。这说明在冻藏过程中,联合抗冻剂和浸渍冻结可能抑制蛋白酶和微生物的活性,从而弹性下降速率较慢。

B. 咀嚼性和内聚性的变化

咀嚼性是质地综合评价参数的指标之一。咀嚼性是指固体食品从咀嚼到吞咽时所需能量。由图 4-66(a)可知,随着冻藏时间的延长,不同处理间的脆肉鲩的咀嚼性均下降,这是因为鱼肉的质地受水分含量、脂肪含量和蛋白质含量的影响。脆肉鲩的咀嚼性大,表明脆肉鲩鱼片中水分和脂肪的含量高,鱼肉质地柔软。在冻藏过程中会伴随着鱼肉水分流失、蛋白质降解和脂肪氧化等过程,最终鱼肉的味感变得越来越差。对照组的咀嚼性在整个贮藏期间始终低于其他三组的咀嚼性。抗冻剂+浸渍冻结组的咀嚼性始终最大,浸渍冻结组和抗冻剂组的咀嚼性变化类似且各个时期大小差不多。联合抗冻剂和浸渍冻结可以较好维持脆肉鲩在冻藏期间的咀嚼性。

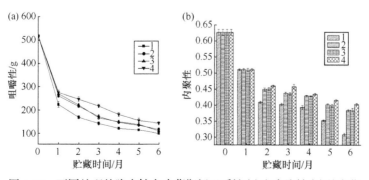

图 4-66 不同处理的脆肉鲩在冻藏期间咀嚼性(a)和内聚性(b)的变化

由图 4-66(b)可以得知,四种不同处理方式下的内聚性都随着冻藏时间的增加而逐渐下降,抗冻剂+浸渍冻结组的内聚性最大,其次是浸渍冻结组和抗冻剂组,最小的是对照组。四者的内聚性在贮藏一个月后相差不大且没有显著性的差异($P<0.05$)。从第 60 d 开始,对照组的脆肉鲩肌肉组织内聚性下降的程度始终高于抗冻剂组、浸渍冻结组和抗冻剂+浸渍冻结组。抗冻剂+浸渍冻结组的内聚性始终高于其他三组,表明结合抗冻剂和浸渍冻结两者的优点能够很好保持脆肉鲩在贮藏期间的内聚性。

8)保水性

蒸煮损失率是指鱼肉从鲜肉到熟肉过程中水分的流失状况,是用来衡量鱼肉持水性的一个重要指标,蒸煮损失率影响鱼肉品质和鱼的外观。从图 4-67(a)可以看出,不同处理方式下的脆肉鲩鱼片冷冻后解冻时的蒸煮损失率都有不同,且随着贮藏时间的延长而发生变化。四种处理方式下的蒸煮损失率均随着冻藏时间的增加而不断上升,对照组脆肉鲩的蒸煮损失率在贮藏的第一个月上升幅度最大,达到 16.18%,而抗冻剂组和抗冻剂+浸渍冻结组的蒸煮损失率略有下降,说明抗冻剂能够有效地减少蒸煮损失。冻藏期间对照组脆肉鲩的蒸煮损失率逐渐增大,且始终大于抗冻剂组、浸渍冻结组和抗冻剂+浸渍冻结组。抗冻剂+浸渍冻结组的蒸煮损失率始终明显低于其他三组,说明联合抗冻剂和浸渍冻结技术能较好维持脆肉鲩的保水性。

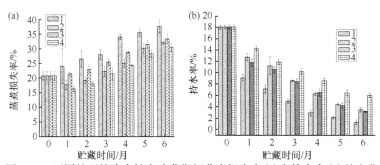

图 4-67　不同处理的脆肉鲩在冻藏期间蒸煮损失率(a)和持水率(b)的变化

持水力是肌肉在外力的作用下保持内部水分的能力。图 4-67(b)显示不同处理方式下脆肉鲩的持水率随着时间的增加均不断下降,抗冻剂+浸渍冻结组脆肉鲩的持水率始终高于其他三组。原因可能是浸渍快速冻结,脆肉鲩细胞内外形成较小的冰晶而对组织状态无明显损伤,持水率下降较小;并且抗冻剂能够阻止冰晶生长,形成较小的冰晶,所以对组织伤害较小,因此,抗冻剂+浸渍冻结组持水率均高于对照组、抗冻剂组和浸渍冻结组。在冻藏的前两个月内抗冻剂组的持水率高于浸渍冻结组,可能是由于抗冻剂配方具有亲水性,并且其分子量也较大,很难进入肌肉组织的内部形成自由水。

9)肌原纤维蛋白含量的变化

四种不同处理方式下的脆肉鲩在冻藏期间盐溶性肌原纤维蛋白含量的变化如图 4-68 所示。从第一个月到第六个月，对照组的肌原纤维蛋白的溶出量一直呈快速下降趋势。特别是在贮藏的前一个月里，对照组脆肉鲩的肌原纤维蛋白溶出量迅速从(166.36±4.65)mg/g 下降到(136.22±6.05)mg/g，降幅达到 18.12 %。抗冻剂组和浸渍冻结组在第一个月内，肌原纤维蛋白溶出量略微下降，从第一个月后，肌原纤维蛋白溶出量开始明显下降。在冻藏的

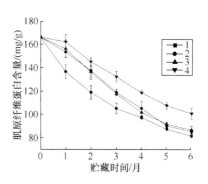

图 4-68　不同处理的脆肉鲩在冻藏期间肌原纤维蛋白含量的变化

第一个月，抗冻剂+浸渍冻结组的肌原纤维蛋白溶出量几乎没有变化，而从第二个月起肌原纤维蛋白溶出量呈缓慢下降趋势。对照组肌原纤维蛋白溶出量在冻藏至第三个月时降为(102.93±4.62)mg/g，抗冻剂组肌原纤维蛋白溶出量为(118.50±3.03)mg/g，浸渍冻结组肌原纤维蛋白溶出量为(116.66±1.76)mg/g，而抗冻剂+浸渍冻结组肌原纤维蛋白溶出量高达(131.87± 4.62)mg/g。抗冻剂组和浸渍冻结组之间差异不显著($P>0.05$)，抗冻剂组和浸渍冻结组分别与对照组之间的差异显著($P<0.05$)，抗冻剂+浸渍冻结组与其他三组之间的差异显著($P<0.05$)。

肌原纤维蛋白的溶解性受到许多因素的影响。其中，组织细胞中的部分结合水形成冰晶而析出，导致蛋白质的高级结构(三级结构和四级结构)受到破坏，从而使肌原纤维蛋白溶出量减少。由冻结速率可知，浸渍快速冻结的冻结速率是−18℃冻结速率的 16 倍，因此在浸渍快速冻结的脆肉鲩内形成的冰晶比−18℃冻结形成的冰晶细小和均匀，从而浸渍快速冻结对脆肉鲩肌肉组织破坏相对较小，肌原纤维蛋白损失较少。另外，抗冻剂能阻止冰晶的生长，对组织破坏较小，肌原纤维蛋白损失量较少，因此抗冻剂+浸渍冻结组的脆肉鲩肌原纤维蛋白溶出量高于其他三组。

10)Ca^{2+}-ATPase 活性的变化

由图 4-69 可知，四种不同处理方式下脆肉鲩的 Ca^{2+}-ATPase 活性在冻藏过程中均降低，然而四种不同的处理方式下脆肉鲩的 Ca^{2+}-ATPase 活性有一定区别。对照组脆肉鲩的 Ca^{2+}-ATPase 活性在冻藏的第一个月降低速率最大，第一个月时活性降低了 47.21%，随后降低速率变慢，冻藏四个月后活性降低了 74.44%，冻藏六个月后活性仅为(0.037±0.0031)μmol Pi/(min·mg)。

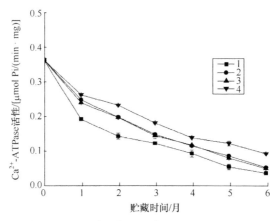

图 4-69　不同处理方式的脆肉鲩在冻藏期间 Ca^{2+}-ATPase 活性的变化

　　抗冻剂组和浸渍冻结组的脆肉鲩 Ca^{2+}-ATPase 活性在整个冻藏期间的变化趋势非常接近。在贮藏第一个月时，抗冻剂组的 Ca^{2+}-ATPase 活性降低了 31.78%，而浸渍冻结组的活性降低了 33.97%，抗冻剂组和浸渍冻结组的 Ca^{2+}-ATPase 活性无明显差异（$P > 0.05$），随着贮藏时间的延长，Ca^{2+}-ATPase 活性不断地降低。抗冻剂组和浸渍冻结组的 Ca^{2+}-ATPase 活性在贮藏第四个月时分别降低了 68.40% 和 67.76%，两者 Ca^{2+}-ATPase 活性的下降程度明显低于对照组。抗冻剂组和浸渍冻结组的 Ca^{2+}-ATPase 活性在贮藏六个月时分别为（0.053 ± 0.0025）μmol Pi/(min·mg) 和（0.05 ± 0.0028）μmol Pi/(min·mg)，两者的 Ca^{2+}-ATPase 活性均明显高于对照组（$P < 0.05$）。

　　抗冻剂+浸渍冻结组的脆肉鲩 Ca^{2+}-ATPase 活性在一个月时活性降低了 27.67%，低于其他三组的变化量，冻藏四个月时活性降低了 62.00%，活性缓慢降低，且低于其他三组的 Ca^{2+}-ATPase 活性变化量。冻藏六个月时，抗冻剂+浸渍冻结组的 Ca^{2+}-ATPase 活性为（0.093 ± 0.0067）μmol Pi/(min·mg)，均明显高于对照组、抗冻剂组和浸渍冻结组（$P < 0.05$）。

　　冻结过程中蛋白质空间结构的破坏是由冰晶的生长引起的，从而造成 Ca^{2+}-ATPase 活性下降。抗冻剂在一定程度上可以阻止冻结过程中冰晶的生长。而浸渍快速冻结的速率快，形成较小且均匀的冰晶。因此，结合两者优点的抗冻剂+浸渍冻结组的蛋白质结构损伤最小。

　　11）巯基含量的变化

　　巯基是蛋白质中的一类活性基团。总巯基包含活性巯基和隐形巯基，其中活性巯基基团可以分为三种，分别为 SH_1、SH_2 和 SH_α。SH_1、SH_2 存在于肌动球蛋白的头部，对 Ca^{2+}-ATPase 活性有较大的影响；而 SH_α 与二聚物的形成和肌球蛋白重链的氧化有很大的关系。

由图 4-70 可知,四种不同处理方式下的活性巯基含量随着冻藏时间的增加而逐渐下降。冻藏三个月后,对照组的活性巯基含量由初始的 $(9.18\pm0.08)\,\mathrm{mol}/10^5\mathrm{g}\,\mathrm{Pi}$ 下降到 $(5.09\pm0.08)\,\mathrm{mol}/10^5\mathrm{g}\,\mathrm{Pi}$,下降率达到了 45.55%。而随后三个月下降的趋势比前三个月下降的趋势平稳。抗冻剂组和浸渍冻结组活性巯基下降的趋势基本类似,仅在第二个月和第三个月的下降速率有点差别。抗冻剂+浸渍冻结组的活性巯基含量始终高于对照组、抗冻剂组和浸渍冻结组。贮藏六个月后,抗冻剂+浸渍冻结组的活性巯基含量为 $(5.22\pm0.07)\,\mathrm{mol}/10^5\mathrm{g}\,\mathrm{Pi}$,明显高于对照组、抗冻剂组和浸渍冻结组 $(P<0.05)$。

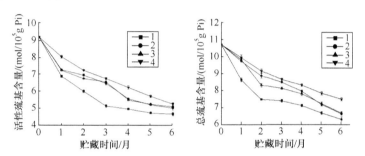

图 4-70 不同处理方式的脆肉鲩在冻藏期间活性巯基含量(a)和总巯基含量(b)的变化

对于总巯基含量来说,四组脆肉鲩的肌原纤维蛋白的总巯基含量随着贮藏时间的增加而下降,其中下降程度最大的是对照组,抗冻剂组和浸渍冻结组的总巯基含量大小和变化基本一致,抗冻剂+浸渍冻结组的总巯基含量下降程度最小。冻藏一个月,对照组、抗冻剂组、浸渍冻结组和抗冻剂+浸渍冻结组的总巯基含量分别为 $(8.59\pm0.11)\,\mathrm{mol}/10^5\mathrm{g}\,\mathrm{Pi}$、$(9.70\pm0.03)\,\mathrm{mol}/10^5\mathrm{g}\,\mathrm{Pi}$、$(9.80\pm0.06)\,\mathrm{mol}/10^5\mathrm{g}\,\mathrm{Pi}$ 和 $(9.92\pm0.16)\,\mathrm{mol}/10^5\mathrm{g}\,\mathrm{Pi}$,抗冻剂组、浸渍冻结组和抗冻剂+浸渍冻结组的总巯基含量比对照组高 $(P<0.05)$。第二个月到第四个月期间,四组的总巯基含量下降趋势较平稳。冻藏六个月后,对照组、抗冻剂组、浸渍冻结组和抗冻剂+浸渍冻结组的总巯基含量下降程度依次为 41.44%、38.44%、37.98%和30.31%,抗冻剂+浸渍冻结组的总巯基含量下降程度最小,抗冻剂组和浸渍冻结组的总巯基含量下降程度相似,对照组的下降程度最大。

鱼肉肌动球蛋白结构的变化,会导致一系列功能性基团发生改变,如巯基。目前关于巯基含量变化的理论和学说大概有以下三种。

第一种,总巯基含量和活性巯基含量下降与二硫键的形成有较大的关系。在冻藏过程中,肌肉组织和细胞中形成许多大小不一的冰晶,破坏肌原纤维蛋白的空间结构和构象,使得活性巯基充分地暴露出来而被氧化成二硫键。因此巯基含量与二硫键的形成相关。

第二种,巯基含量与 Ca^{2+}-ATPase 活性密切相关。Ca^{2+}-ATPase 活性下降是由

SH_α 巯基(肌球蛋白重链)促进氧化反应而导致的;SH_1、SH_2 巯基(肌球蛋白头部区域)的氧化更进一步导致 Ca^{2+}-ATPase 活性下降。由于水产品的种类不同,巯基的氧化和 Ca^{2+}-ATPase 活性之间的相互作用的程度有所区别。

第三种,巯基含量的变化对肌原纤维蛋白的溶出量具有较大的影响。随着冻藏时间的增加,巯基氧化形成二硫键会不断增加,导致肌球蛋白重链不断聚集,从而肌原纤维蛋白的溶出量减少。

抗冻剂能够有效地阻止脆肉鲩在冻结过程中冰晶的生长,从而抑制了蛋白质的冷冻变性。浸渍快速冻结能够以较快的速度通过最大冰晶生长区,生成冰晶分布均匀且细小,对蛋白质的变性程度影响较小。抗冻剂+浸渍冻结组结合两者的优点,较好地保持了鱼肉蛋白的功能特性和理化性质。

12)表面疏水性的变化

蛋白质三级结构是由二级结构元件构建成的总三维结构。维持蛋白质三级结构的主要动力是疏水作用。蛋白质在一些因素的影响下发生构象的改变和肽链的展开,这是疏水性氨基酸暴露的原因。由图 4-71 可以看出,四种不同处理方式下脆肉鲩的蛋白质与荧光探针 ANS 反应所呈现的荧光强度随冻藏时间的增加而越来越大,表面疏水性随着冻藏时间逐渐增加。抗冻剂+浸渍冻结组的表面疏水性始终高于对照组、抗冻剂组和浸渍冻结组,抗冻剂组和浸渍冻结组的表面疏水性变化基本一致且始终高于对照组。在冻藏的前三个月,对照组表面疏水性增加的速率明显高于其他三组($P<0.05$),第三个月后,对照组脆肉鲩肌原纤维蛋白表面疏水性增加的速率趋于平缓。

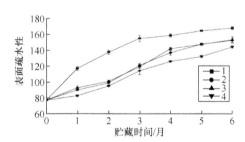

图 4-71　不同处理的脆肉鲩在冻藏期间表面疏水性的变化

蛋白质的表面疏水性增加是蛋白质链的伸展形成开链蛋白质导致的。隐藏在蛋白质分子内部的疏水性的脂肪族氨基酸和芳香族氨基酸的暴露也可以导致蛋白质的表面疏水性增加。Niwa 等研究发现了肌动球蛋白疏水性的变化是由肌球蛋白变性导致的。于是,可以推断出肌球蛋白构象发生变化使螺旋结构伸展开来,于是疏水性残基暴露出来,因此蛋白质表面疏水性随着冻藏时间延长不断增加。复合抗冻剂(5%海藻糖+6%聚葡萄糖+4%乳酸钠)三个不同组分分别渗透到脆肉鲩的肌肉组织中,氨基酸之间的疏水相互作用程度增加,而表面疏水性增加的程度较小，从而提高了蛋白质的稳定性。浸渍快速冻结形成的冰晶规则且均匀分布，对蛋白质的组织和细胞结构损伤较小，所以浸渍快速冻结的蛋白质的表面疏水性较小。抗冻剂+浸渍冻结组结合抗冻剂和浸渍冻结两者的优点，因此提高了蛋白质的稳定性。

13)肌原纤维蛋白二级结构的变化

目前有多种测定蛋白质二级结构的方法，其中傅里叶变换红外光谱法是较普遍的测定方法之一。辐射具有刚好满足物质振动能级跃迁时所需的能量，且与物质之间有耦合作用，这是物质吸收红外光必须具备的两个条件。不同物质在红外光谱中有一定特征的吸收带。例如，C=H 伸缩振动出现在 $1715\sim1720$ cm^{-1}，可以判断是酮类物质；出现在 $1720\sim1740$ cm^{-1}，可以确定是醛类；出现在 $1735\sim1750$ cm^{-1} 可以认为此物质可能为酯类；出现在 $1700\sim1760$ cm^{-1} 也可以初步判断为羧酸。蛋白质和多肽在红外区有很多个特征吸收带(酰胺Ⅰ带、酰胺Ⅱ带和酰胺Ⅲ带等)，在这些吸收带中，对研究蛋白质二级结构最有意义的是波数为 $1600\sim1700$ cm^{-1} 的酰胺Ⅰ带。

蛋白质的二级结构主要有以下四种，分别是α螺旋($1650\sim1658$ cm^{-1})、β折叠($1618\sim1640$ cm^{-1})、β转角($1660\sim1695$ cm^{-1})和无规则卷曲($1640\sim1650$ cm^{-1})。其中α螺旋和β折叠结构在蛋白质二级结构中最为普遍。具有高度稳定性和有序的蛋白质二级结构是α螺旋，而β转角和无规则卷曲由于是一些无序的结构，因此其稳定性相对α螺旋结构较差。于是可以用α螺旋结构的变化来判断蛋白质的结构变化。

将对照组、抗冻剂组、浸渍冻结组和抗冻剂+浸渍冻结组的红外光谱图使用PeakFit 4.11 软件对波数范围 $1600\sim1700$ cm^{-1} 的图谱进行自动去卷曲和曲线拟合分析，得到酰胺Ⅰ带的蛋白质二级结构变化如图 4-72 和图 4-73 所示。由图 4-72 和图 4-73 可知，四种不同处理下脆肉鲩的肌原纤维蛋白的β折叠、β转角和无规则卷曲的含量均随着贮藏时间的延长而增加，而脆肉鲩肌原纤维蛋白中的α螺旋含量不断减少。对照组的α螺旋含量在冻藏 180 d 后降到 1.11%，几乎接近为 0，即脆肉鲩在贮藏六个月后的α螺旋结构全部转化为其他结构。对照组的β折叠增加到 41.47%，β转角上升到 34.03%，无规则卷曲增加到 20.33%，表明对照组的脆肉鲩鱼肉蛋白的二级结构变化剧烈。对照组的α螺旋含量在贮藏第一个月的下降速率明显高于其他三组($P<0.05$)；然而对照组的β折叠、β转角和无规则卷曲的含量增加速率分别高于其他三组($P<0.05$)。抗冻剂组和浸渍冻结组的α螺旋、β折叠、β转角和无规则卷曲的含量和变化基本一致，没有多大的差别。抗冻剂+浸渍冻结组的α螺旋含量始终高于其他三组，而抗冻剂+浸渍冻结组的β折叠、β转角和无规则卷曲的含量始终低于其他三组。

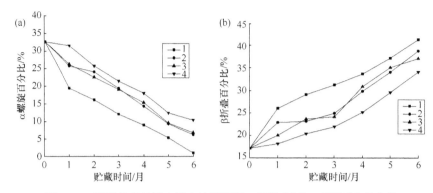

图 4-72　不同处理的脆肉鲩在冻藏期间 α 螺旋(a)和 β 折叠(b)的变化

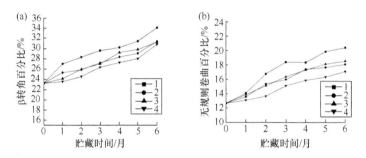

图 4-73　不同处理的脆肉鲩在冻藏期间 β 转角(a)和无规则卷曲(b)的变化

脆肉鲩肌原纤维蛋白的 α 螺旋结构在贮藏期间不断地减少，而 β 折叠、β 转角和无规则卷曲结构均不断地增加。由此可见，脆肉鲩的蛋白质结构由螺旋结构转向折叠结构，同时由有序结构转向无规则卷曲结构。红外光谱经去卷积化拟合分析表明，抗冻剂+浸渍冻结比抗冻剂、浸渍冻结和-18℃冻结更有利于维持蛋白质结构的稳定性。

总的来说，抗冻剂能够溶解冰晶和抑制冰晶生长，而浸渍快速冻结的冻结速率快，形成冰晶小且均匀分布，所以抗冻剂联合浸渍冻结处理能够有效地减少冻藏过程冰晶对脆肉鲩肌肉组织细胞的损伤，能较好保持脆肉鲩蛋白质的功能特性，较好地维持了脆肉鲩的品质，延长冻脆肉鲩鱼片的货架期。

参 考 文 献

白凤霞, 孔保华, 戴瑞彤. 2008. 肉类颜色的影响因素研究. 肉类研究, 11(4): 15-19.

甘承露. 2010. 脆肉鲩肌肉特性及其贮藏稳定性的研究. 武汉: 华中农业大学.

甘承露, 郭姗姗, 荣建华, 等. 2009. 脆肉鲩低温相变区热特性的研究. 食品科学, (23): 224-228.

郭姗姗. 2010. 臭氧处理对冰温保鲜脆肉鲩鱼片品质的影响. 武汉: 华中农业大学.

何建川, 邵阳, 张波. 2012. 蛋白质和变性蛋白质二级结构的 FTIR 分析进展. 化学研究与应用, 24(8): 1176-1180.

鸿巢章二, 桥本周久. 1994. 水产利用化学. 北京: 中国农业出版社.

李汴生, 朱志伟, 阮征, 等. 2008. 不同温度冻藏对脆肉鲩鱼片品质的影响. 华南理工大学学报(自然科学版), 36(7): 134-139.

李琳, 邓标, 孙莉娜, 等. 2013. 脆肉鲩鱼片气调保鲜工艺的研究. 食品科技, (4): 139-142.

李琳, 潘子强, 魏晓雅, 等. 2013. 靶向抑菌技术在冷链脆肉鲩鱼片中的应用. 中国食品学报, 13(9): 139-146.

李晓璐, 王琼, 刘妍, 等. 2017. 生姜对脆肉鲩在活体运输过程中抗缺氧能力的影响及冷藏保鲜效果的研究. 保鲜与加工, 17(3): 53-59, 63.

林婉玲, 邓建朝, 曾庆孝, 等. 2012. 脆肉鲩冷藏保鲜过程中暗色肉颜色的变化. 食品工业科技, 33(22): 355-359.

刘磊, 杨超, 郭庆祥. 2000. 蛋白质变性中的熵-焓互补现象. 科学通报, 45(9): 918-922.

鲁长新. 2007. 淡水鱼肌肉的热特性研究. 武汉: 华中农业大学.

马晓斌. 2015. 浸渍冻结对脆肉鲩品质影响的研究. 湛江: 广东海洋大学.

潘子强, 张玉山, 贾冠聪, 等. 2011. 脆肉鲩鱼在冷藏条件下的特定腐败菌分析. 食品科技, 36(9): 36-40.

荣建华, 张亮子, 谢淑丽, 等. 2015. 冷冻对脆肉鲩和草鱼肉微观结构和质构特性的影响. 食品科学, 36(12): 243-248.

王京海. 1998. 温度对食品包装薄膜材料透湿性能的影响. 食品科学, 19(4): 57-59.

辛美丽, 关熔, 朱志伟, 等. 2012. 壳聚糖涂膜结合低温对脆肉鲩鱼片保鲜效果的研究. 食品工业科技, 33(9): 398-401.

许以明. 2005. 拉曼光谱及其在结构生物学中的应用. 北京: 化学工业出版社.

阎隆飞, 孙之荣. 1999. 蛋白质分子结构. 北京: 清华大学出版社.

杨少玲, 戚博, 李来好, 等. 2014. 脆肉鲩鱼肉硬度特性测定方法的优化. 食品工业科技, 35(2): 97-99.

杨贤庆, 侯彩玲, 刁石强, 等. 2012. 浸渍式快速冻结技术的研究现状及发展前景. 食品工业科技, 33(12): 434-437.

杨宪时, 许钟, 肖琳琳. 2004. 水产食品特定腐败菌与货架期的预测和延长. 水产学报, 28(1): 106-111.

张方乐, 曾庆孝. 2009. 不同包装处理对脆肉鲩颜色和保鲜效果的影响. 现代食品科技, (11): 30-32, 36.

朱志伟, 李汴生, 阮征, 等. 2008. 冷冻贮藏过程中包装处理对脆肉鲩鱼片品质的影响. 食品与发酵工业, 34(4): 137-141.

Fennema O R. 2003. 食品化学. 王璋, 许时婴, 江波, 等译. 北京: 中国轻工业出版社.

Aubourg S P, Pieiro C, González M J. 2004. Quality loss related to rancidity development during frozen storage of horse mackerel(*Trachurus trachurus*). Journal of the American Oil Chemists' Society, 81(7): 671-678.

Badii F, Howell N K. 2002a. Changes in the texture and structure of cod and haddock fillets during frozen storage. Food Hydrocolloids, 16(4): 313-319.

Badii F, Howell N K. 2002b. Effect of antioxidants, citrate, and cryoprotectants on protein denaturation and texture of frozen cod(*Gadus morhua*). Journal of Agricultural and Food Chemistry, 50(7): 2053-2061.

Bourne M C. 2002. Food Texture and Viscosity: Concept and Measurement (2nd ed.). San Diego: Academic Press.

Careche M, Li-Chan E C Y. 1997. Structural changes in cod myosin after modification with formaldehyde or frozen storage. Journal of Food Science, 62 (4): 717-723.

Connell J J. 1980. Advances in Fish Science and Technology. Surrey: Fishing News Books Ltd.

Herrero A M, Cambero M I, Ordóñez J A, et al. 2008. Raman spectroscopy study of the structural effect of microbial transglutaminase on meat systems and its relationship with textural characteristics. Food Chemistry, 109 (1): 25-32.

Kim C R, Hearnsberger J O, Vickery A P, et al. 1995. Extending shelf life of refrigerated catfish fillets using sodium acetate and monopotassium phosphate. Journal of Food Preservation, 58: 644-647.

Lim H K, Haard N E. 1984. Protein insolubilization in frozen Greenland Halibut (*Reinhardtius hippoglossoides*). Food Biochemistry, 8:163-187.

Lippert J L, Tyminski D, Desmeules P J. 1976. Determination of the secondary structure of proteins by laser Raman spectroscopy. Journal of the American Chemical Society, 98 (22): 7075-7080.

Lucas T, Raoult-wack A L. 1998. Immersion chilling and freezing in aqueous refrigerating media review and future trends. International Journal of Refrigeration, 21 (6): 419-429.

Marju S, Jose L, Goal T K S, et al. 2007. Effects of sodium acetate dip treatment and vacuum-packaging on chemical, microbiological, textural and sensory changes of Pearlspot (*Etroplus suratensis*) during chill storage. Food Chemistry, 102: 27-35.

Martinez O, Salmerón J, Guilléna M D, et al. 2007. Textural and physicochemical changes in salmon (*Salmo salar*) treated with commercial liquid smoke flavourings. Food Chemistry, 100 (2): 498-503.

Pan S, Wu S. 2014. Effect of chitooligosaccharides on the denaturation of myofibrillar protein during frozen storage. International Journal of Biological Macromolecules, 65: 549-552.

Santiago P A, Isabel M.1999. Influence of storage time and temperature on lipid deterioration during cod (*Gadus morhua*) and haddock (*Melanogrammus aeglefinus*) frozen storage. Journal of the Science of Food and Agriculture, 79 (13): 1943-1948.

Sirintra B. 2007. Effects of freezing and thawing on the quality changes of tiger shrimp frozen by air-blast and cryogenic freezing. Journal of Food Engineering, 80: 292-299.

Thawornchinsombut S, Park J W, Meng G, et al. 2006. Raman spectroscopy determines structural changes associated with gelation properties of fish proteins recovered at alkaline pH. Journal of Agricultural and Food Chemistry, 54 (6): 2178-2187.

第5章 调理制品加工技术

5.1 概 述

　　我国是淡水渔业大国，近年来的淡水鱼养殖产量逐年增加，《中国渔业统计年鉴》发布的数据表明2018年我国淡水鱼产量已达到2959.84万吨。其中，鲩鱼是养殖淡水鱼中产量最大的鱼种，其产量占到我国淡水鱼年产量的 40%～50%，因其个体较大、肉质鲜美、营养价值高、价格适中，深受我国各地消费者的喜爱。鲩鱼（*Ctenopharyngodon idellus*），隶属鲤形目、鲤科、雅罗鱼亚科、草鱼属，与青鱼、鲢鱼、鳙鱼并称为中国四大家鱼；将其用普通饲料喂养到一定质量后，使用蚕豆进行强化饲喂，可获得肉质紧密、爽脆、不易煮烂、味道鲜美且风味独特的"脆肉鲩"（*Ctenopharyngodon idellus* C. et V）。

　　国内学者对脆肉鲩的化学组成、营养价值、养殖过程及影响因素、肌肉特性、贮藏特性、加工过程中的风味变化等进行了较深入、系统的研究，这些研究为开展以鲩鱼为原料的产品研发与生产加工奠定了良好的理论和实验基础。

5.1.1 调理食品

　　随着现代社会发展、生活节奏加快、食品加工技术的多元化和消费者口味需求的不断丰富，具有快速、食用简便特点的调理食品应运而生，并逐渐被广大消费者接受。国外一般将调理食品指定为经过一系列预处理后，可直接进行烹饪的预加工食品。我国则依据原料种类、调理加工工艺和产品特性的不同，将调理食品定义为多以农、畜、禽、水产品为原料，依据产品口感和营养品质特点，经适当前处理调味加工后进行合理包装，在冷冻(–18℃)、冷藏(7℃以下)或经特殊处理后的条件下进行品质控制、贮藏、流通和销售，可直接食用或食用前经简单加工(微波加热、简单蒸煮等)即可食用的产品。调理食品本质上是一种方便食品，表现为贮藏方便、可即食、口味好、附加值高、讲究营养均衡等特点。

　　调理食品属于冷冻食品的范畴，按照加工方式和运销贮存特性，可将调理食品分为常温调理类和低温调理类(含冷冻类调理食品和冷藏类调理食品)；也可依据原料来源，分为菜蔬类调理食品(如脱水蔬菜、春笋)、肉类调理食品(如调味肉丸、鸡块)、水产类调理食品(如调味鱼排)、混合类调理食品(如水饺、火锅料)。在国际上，冷藏调理食品的发展高潮始于 20 世纪 90 年代初，且至今经久不衰，其中蔬菜、薯条、肉丸和牛排等食品的销量更是连年不断攀升，如欧洲市场近几年的调理食品以年均超 3%的增幅快速增加。我国的调理食品也取得了长足的发展，市面上涌现出不少深受大众喜爱的产品，如上海冠生园食品有限公司生产的美食佳系列炒饭，上海国福龙凤食品股份有限集团推出的"茄汁排骨"和"水煮牛肉"等。在我国市售的众多肉类调理食品中，以畜肉、禽肉冷调理食品为主，而包括鱼类产品在内的水产加工调理食品相对较少。

调理食品不仅可以体现传统食品工业化的特点，而且可以表达食品工业化的内涵；同时，国家农业农村部为贯彻落实党中央关于实施城乡冷链物流设施建设等补短板工程的部署要求，根据《中共中央、国务院关于抓好"三农"领域重点工作确保如期实现全面小康的意见》（中发〔2020〕1号）和2019年中央经济工作会议、中央农村工作会议精神，于2020年4月启运实施"农产品仓储保鲜冷链物流设施建设工程"，进一步从源头加快解决农产品出村进城"最初一公里"问题；我国冷链流通体系的不断完善，也为调理食品开拓了无限广阔的市场前景。因此，进一步发展调理食品对延长易腐原料贮存期和提升其附加值、丰富饮食产品种类、拓展消费市场、更好地满足不同地域人群的饮食需求都具有现实而长远的意义。

5.1.2　脆肉鲩的研究现状

1. 脆肉鲩的加工研究现状

随着脆肉鲩消费市场的扩大，其养殖规模也逐渐增加，产量逐年上升。目前，我国养殖脆肉鲩销售依然主要通过活产活销的方式进行，相关的产品研发与生产加工相对滞后。此外，脆肉鲩加工方式比较少，以冰鲜、冷冻等为主，腌制品、罐头、鱼糜等制品市场占有率明显偏低。虽然脆肉鲩产量逐年增高且增长迅速，但是加工比率、加工方式、加工技术等仍比较落后，与一些水产加工强国还存在不小差距。脆肉鲩鱼片蛋白质和脂肪含量高，贮藏过程中蛋白质易发生变性，导致鱼片品质下降。因此，对脆肉鲩的加工技术进行研究势在必行。

此外，脆肉鲩独特的肉质使其并不适合如咸鱼干等传统的加工方式，这也在一定程度上阻碍了脆肉鲩加工业的发展。因此，基于脆肉鲩当前的加工基础研究和应用研究相对薄弱，丰富的脆肉鲩资源与较低的产品研制效率和落后的加工方式之间的矛盾日益突出，积极开展适于脆肉鲩的加工技术和产品研发工作，提高脆肉鲩附加值和延伸产业链，降低经济损失，已成为进一步发展脆肉鲩产业亟待解决的问题之一。

2. 脆肉鲩的贮藏保鲜研究现状

目前脆肉鲩多以生鲜鱼片及冷冻等方式出售，腌制品、罐头、鱼糜等形式的产品市场销售份额较低。有关脆肉鲩的贮藏保鲜我国学者做了大量的研究。利用臭氧水和二氧化氯处理冰温贮藏下的脆肉鲩鱼片，发现采用臭氧水淋洗，冰温贮藏下脆肉鲩鱼片货架期明显延长。涂盐 m (鱼片)：m (盐)＝100：2 的涂盐处理和浸泡盐水 1 min 处理脆肉鲩鱼片，蒸煮后感官评价结果也显示其气味、颜色、口感和总体接受度为最优。不同包装方式对脆肉鲩鱼片颜色和保鲜效果影响很大，不透氧真空包装贮藏效果最好。采用臭氧充气、二氧化碳充气和真空 3 种方式包装脆肉鲩鱼片，臭氧充气包装和二氧化碳充气包装效果优于真空包装，臭氧充气包装鱼片品质好于其他两种包装方式。高浓度及高分子量的壳聚糖有利于低温条件下贮藏鱼片持水性、颜色等性质的保持，并降低鱼片的溃败程度，延长贮藏期。生姜运用于脆肉鲩鱼体保鲜，与对照组相比可明显延长货架期。不仅如此，采用镀冰衣结合真空包装也能更好保持脆肉鲩贮藏品质。目前，关于如何保障脆肉鲩鱼片贮藏过程中的品质，减缓脆肉鲩鱼片冷藏及冻藏过程品质改变已成为脆肉鲩产业良性发展急需解决的问题。

5.2　调理的目的及保藏原理

脆肉鲩含水量高、蛋白质含量和脂肪含量丰富，适合微生物生长且易在贮藏、运输、鲜销等环节发生腐败变质。因此，采用现代加工和质量控制技术对其进行适度的产品加工并进行合理包装，可有效延长脆肉鲩的销售货架期并提升其附加值；其中，经过简单处理即可食用的脆肉鲩调理产品已越来越受到消费者和市场的青睐。

由于脆肉鲩营养价值高，口感独特，市场销量一直居高不下；同时，脆肉鲩当前的加工销售渠道还有待完善和系统化，因而目前多以鲜鱼销售为主。近年来，随着养殖地域规模的扩大和从事脆肉鲩养殖人员的增多，脆肉鲩产量逐年快速上升，在满足脆肉鲩鲜鱼市场需求的情况下，开展以脆肉鲩为主要原料的产品研发与加工已成为进一步提升其附加值和延长脆肉鲩产业链的有效途径。然而，以鱼类为原料进行产品研发与生产加工，不仅要考虑采用合适的加工与质量控制技术，如何保证其深加工后的产品贮藏品质也是从业人员和科研人员的一项重要工作内容。

近年来，国内外都开展了不少有关水产调理食品方面的研究，例如，刘言宁利用复合保鲜液和辐照技术的协同作用，获得冷藏货架期超过 90 d 的南美白对虾调理食品。陶晶对冷藏调理牡蛎食品的生产工艺进行了优化。王丽虹通过确定脱腥、增脆、抑菌等工序的关键技术参数，开发了一种冷藏鲨鱼皮调理食品。水产品种类丰富，各类原料的特性不一，因此需结合原料的特定属性加以精准地进行调理食品开发。

5.2.1　调理鱼制品的加工

鱼类调理制品是指将新鲜的鱼经清洗和整形处理后，加以调味和预烹调得到的预制品。我国淡水鱼养殖规模和年产量巨大，但现有的加工产品种类比较单一，以冷冻制品、鱼糜制品、干熏制品和罐头制品为主，缺乏具有特色的深加工产品。随着水产品加工方式和保鲜贮藏技术的迅速发展，新型水产调理食品的出现迎来了历史性的机遇。

5.2.2　调理的目的

调理对产品品质的影响涉及多学科、多专业(如现代营养学、食品工艺学)的知识，并且包括原料处理、冷藏、冻藏、熟制、包装、保藏、运输和销售等多个环节。从国内外对鲩鱼、鲈鱼、罗非鱼、生鲜牛肉、鱿鱼、对虾等调理食品已有的研究中可以发现，调理过程添加的食盐、蔗糖、醋、酒等辅料可使得调理制品中的组分发生一系列变化，获得在口感、风味、营养、质地等特性方面完全不同的产品品质。

5.2.3　脆肉鲩及调理脆肉鲩制品的保鲜与保藏

水产品在捕捞后体内仍然进行着一系列的物理、化学、生理上的变化。在初始期(也俗称为尸僵阶段)，肝糖原进行无氧降解并生成肌酸，肌磷酸分解成磷酸，原料肌肉的 pH 随之下降；同时，肌肉中的 ATP 分解释放出能量而使体温上升，引起蛋白质酸性凝固和肌肉收缩，导致肌肉逐渐变硬。这一阶段的肉质硬度高，加热时不易煮熟，有明显的粗糙感，肉汁流失较多，产品缺乏应有的风味。尸僵阶段持续一定时间(约 2 h)后，在组织蛋白酶等的作用下进入成熟阶段，此时肌肉中的 pH 逐渐升高，偏离肌肉蛋白质的等电点，这一阶段的肉质硬度降低，保水性有所恢复，肉质变得柔嫩多汁，具有良好的风味，最适于调理食品的加工。进入自溶作用阶段的水产品，在组织酶和微生物的综合作用下，其体内的蛋白质、脂肪等发生一系列分解，生成氨基酸、可溶性含氮物、游离脂肪酸等中间产物，并进一步分解生成 NH_4^+、三甲胺、硫化氢、硫醇、吲哚、尸胺及组胺等终产物；同时，在多酚氧化酶的作用下生成黑色素物质，出现黑斑，使水产品不堪食用。

脆肉鲩营养物质丰富，表现为水分含量、蛋白质含量和脂肪含量高，易在贮藏、运输和销售过程受环境因素影响而发生不良品质变化，如蛋白质变性、脂肪氧化、微生物污染等，从而引起鱼片品质的下降。此外，现有的脆肉鲩加工多以冰鲜、冷冻等粗加工和初级加工为主，加工程度和加工技术低，以其为原料制成的腌鱼片、鱼片罐头、鱼糜等产品类别相对较少；同时，随着我国脆肉鲩产量的快速增长，由此带来的加工滞后使得脆肉鲩在加工前和加工成调理食品后的有效保藏显得十分必要。常用的保鲜技术主要有低温冷藏保鲜法和冷冻保藏保鲜法。

5.3　调理加工工艺

调理食品的生产加工大致包含三个阶段：第一阶段为原材料处理，包括清洗、拣选、杀菌、切断、预热、混合；第二阶段进行调理加工，包括成型、填充、装饰、加热；第三阶段为包装加工，包括预冷、冻结、包装、检验、贮藏。结合调理鱼制品的一般生产工艺流程(图 5-1)，依据脆肉鲩的原料属性和加工特性，可采用不同的加工方式按选择性要点工序进行相应产品制作。

5.3.1　工艺流程

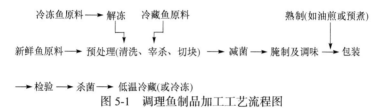

图 5-1　调理鱼制品加工工艺流程图

工艺流程中操作要点如下。

1. 解冻

解冻方式是影响产品质量评估及其加工特性等的重要因素，解冻过程的温度等参数可能会引起冻结原料的蛋白质变性、质量损失、色泽和质地变化、脂肪氧化等品质影响，以及造成肌肉组织的理化特性变化。

冷冻保藏是脆肉鲩常用的保藏方法，在对其进行调理食品加工前，须进行得当的解冻处理，以尽可能保证脆肉鲩的后续加工品质。目前，有国内学者探讨了空气解冻、静水解冻、低温解冻、微波解冻、超声波解冻等不同方式对脆肉鲩鱼肉品质的影响，通过对肌原纤维蛋白总巯基含量、羰基含量、质构特性、色泽、保水性(表 5-1)进行综合评价，发现静水解冻更适合脆肉鲩鱼肉的解冻。

表 5-1　解冻方式对脆肉鲩保水性的影响

指标	对照	低温解冻	空气解冻	静水解冻	微波解冻	超声波解冻
解冻时间/min		650	110	38	7	17
解冻损失率/%		4.79±2.47^b	2.59±0.76^a	2.99±0.69^{ab}	4.51±1.31^b	3.40±1.18^{ab}
pH	6.52±0.01^{bc}	6.44±0.04^a	6.45±0.06^{ab}	6.55±0.02^c	6.63±0.02^d	6.49±0.01^b
加压失水率/%	6.83±0.74^a	15.74±2.22^b	14.62±1.36^b	13.96±2.18^b	14.68±2.01^b	13.93±2.05^b
蒸煮失水率/%	44.52±1.37^a	46.46±1.23^{ab}	49.36±2.00^b	45.78±2.74^{ab}	46.51±4.61^{ab}	42.50±4.27^a

注：表中同行相同小写字母表示差异不显著，不同小写字母表示差异显著。

2. 减菌

原料的清洁状况对后续工序处理与卫生控制以及终产品的卫生安全品质有直接影响。目前，工业化生产过程的原料减菌多采用喷淋和浸渍的化学减菌方式。对于宰杀的鲜脆肉鲩或解冻后的原料脆肉鲩，可选择臭氧、二氧化氯为减菌剂采用浸渍法进行减菌处理。

3. 调理

水产类调理食品通常包括调味和腌制两个环节。调味主要是依据原料特性和终产品口味要求，选择合适的呈味物质配制成调味液或直接物理性混合进行风味性感官调配；常用的调味料有食盐、白砂糖、白酒、生抽、葱、姜、蒜等。

调理腌制是一种历史悠久的加工处理方法，按照腌制工艺的不同，可分为干腌、湿腌和混合腌制三种。腌制过程往往伴随着复杂的物理、化学、生物反应，除了调理液中的可溶性成分向原料内部的渗透和原料中水分的向外迁移之外，鱼肉还会在内源性酶和微生物的双重作用下发生脂肪氧化、碳水化合物和蛋白质分解等一系列变化。国内外不少学者对腌制过程中的腌制温度、腌制时间等参数对产品固形物含量、水分含量、粗蛋白含量、盐分含量、质构、得率、风味、保藏性的影响进行了研究；这些影响的形成与程度大小涉及多重因素，需做具体探讨分析。

4. 包装

包装方式和包装材料对调理制品的贮藏货架期有直接影响。就包装方式或包装技术而言，普通包装、真空包装、气调包装是水产品最常用的包装方式，其中，真空包装通过降低包装袋内部的空气(特别是氧气)含量，起到抑制好氧微生物生长、繁殖的作用，实现延长产品货架期的目的。气调包装是将一种或一定比例的混合气体(如 $O_2+CO_2+N_2$、N_2+CO_2、O_2+CO_2 等)充入包装内，防止食品在物理、化学、生物等方面发生质量下降或减缓质量下降的速度，从而延长产品货架期。普通包装一般采用透明膜包装，成本低且操作简便，但产品的保质期较短。例如，林婉玲等采用真空包装、气调包装和普通包装 3 种方式对调理脆肉鲩鱼片进行包装，发现经气调包装的产品的汁液流失率、挥发性盐基氮值、硫代巴比妥酸值均低于真空包装和普通包装，且贮藏至第 15 d 的样品菌落总数未超过国家规定的货架期范围。

就包装材料而言，调理鱼制品研究中已报道的包装材料有 PVDC/Al/PE 复合蒸煮袋、PVDC 包装袋、PE 包装袋，它们对调理脆肉鲩制品的品质保持都有较好的效果。

5. 检验

包装的完整性、包装内容物规格(如净重)、包装内部或食品内容物中可能存在的异物(如金属颗粒、玻璃颗粒)等对调理食品的市场销售影响较大,也存在一定的食用安全与健康风险,因而有必要进行检测加以排除。X 射线成像、核磁共振等技术具有操作简单、测量快速、精确、重复性高等特点,测量结果受材料大小、外观、色泽的影响较小,且不受操作人员的技术和判断影响,在食品无损检测领域应用广泛。

6. 杀菌

目前,调理食品常用的杀菌方法主要包含热杀菌和非热杀菌两大类。热杀菌技术是食品加工与保藏中用于改善食品品质、延长食品贮藏期的最重要的处理方法之一。传统的热杀菌技术已日臻完善,具有加热均一、加热速率快、适用于一定尺寸包装食品等特点的微波杀菌、高频射频杀菌等新型热杀菌技术也广泛地用于调理食品行业。

近年来,对热敏性营养成分影响更小的辐照、高压二氧化碳、超高压、高压脉冲电场、超声波、微生物源生物防腐等非热杀菌技术在保持调理食品原有新鲜度、减少营养物质流失/损失/破坏等方面表现出明显的优势,可在一定程度上弥补热杀菌技术对调理食品综合品质的不良影响,在调理食品的加工中越来越受到关注。

7. 低温冷藏/冷冻

低温冷藏或冷冻处理能较好地在货架期内保持调理脆肉鲩的综合品质,尤其是速冻处理;速冻能在尽可能短的时间内将食品温度降到冰点以下,食品组分在此过程中发生一系列变化,如蛋白质的变性、脂肪氧化、维生素的保持和损失、色泽变化以及质地(如嫩度、风味和含水量)的变化等。有研究表明,在 $-30℃$ 贮藏脆肉鲩,可以大大延缓鱼肉的腐败进程,并对产品的感官品质影响较小。

5.3.2　常用加工技术与原理

1. 超高压技术

超高压(ultra-high pressure, UHP)技术属冷杀菌技术,是指将食品密封于弹性容器或置于无菌压力系统中(常以水或其他流体介质作为传递压力媒介),采用 $100 \sim 1000$ MPa 静态液压在常温或较低温度下对食品物料进行处理的方式。该技术能耗低、效率高、过程不产生毒素,可用于食品的灭酶、杀菌、改性等处理工艺,在保护食品营养、色泽与风味方面也有很好的效果。

国内外已有不少关于超高压技术在水产类调理食品中的应用研究。例如,在 600 MPa 高压下处理淡腌海鳗 15 min,可极大地抑制微生物生长和脂肪氧化,降低海鳗的挥发性盐基氮和三甲胺含量,非常适宜于腌鱼保藏。同样,超高压处理可提高烟熏鳕鱼的亮度值,赋予产品明亮的外观,增加其硬度和剪切力;并且在 400 MPa、10 min 和 500 MPa、5 min 超高压条件下处理烟熏鳕鱼,能较好地保护产品贮藏期间不受病原菌的二次污染,使其货架期延长至 60 d。

在鱼糜制品加工方面,在压力 300 MPa、保压时间 15 min、温度 20℃条件下,梅鱼鱼糜的蛋白质体积缩小,结构变得更紧凑,所得凝胶内聚性明显高于传统的热处理制品。罗非鱼鱼糜经超高压处理后,形成的共价键和非共价键可增强其凝胶结构,鱼糜制品的凝胶强度和破断力也较未超高压处理的样品显著提高;并且高压处理可防止蛋白质热变性而形成具有一定黏性的鱼糜产品。

调理食品的成分体系较为复杂,受限于超高压处理后的食品组分变化及组分间的相互作用,其对产品品质的影响还有待进一步探索,超高压技术目前在调理食品加工过程中仅主要应用于原料处理、调理加工、包装加工等三个阶段。但超高压作为一种新型非热加工技术,随着其在食品行业的应用范围不断扩大,应用于调理食品以更好地保证食用品质和安全性也将成为必然趋势。

2. 微波技术

微波是指频率为 300 MHz～300 GHz 的电磁波,与作用方式为外部加热干燥的热风、蒸气、电加热等传统干燥方法不同,微波干燥属于内部加热方法;物料可在微波作用下具有趋于一致的干燥速率,加热均匀,且微波干燥技术在多数情况下不影响物料的色、香、味及组织结构,物料中的有效成分也不易被分解、破坏。

目前微波加工技术主要有高效节能保质负压微波脉冲喷动均匀干燥关键技术、高效节能保质微波真空冷冻干燥关键技术、典型调理食品的高效节能保质真空微波关键技术和典型调理食品的高效节能保质负压微波分段联合干燥关键技术。例如,冰鲜海鱼和所选耐盐蔬菜经相应工序的处理后,将两者按比例混合,进行负压微波脉冲喷动均匀干燥,制备成一种休闲脆粒食品;以鱼肉为主要原料,采用真空微波膨化技术制作松脆脱水重组鱼丸;新鲜或冰鲜鱼经一定处理所获得的纯鱼肉,经脱腥、擂溃、成丸、凝胶化和加热熟化工序后,进行负压微波分段联合干燥,获得高品质的即食松脆脱水鱼丸等。这些调理食品负压微波高效节能保质干燥关键技术与应用的研究,为微波技术在调理脆肉鲩制品加工中的应用提供了坚实的理论与实践指导。

3. 煎炸技术

煎炸(包含油煎、油炸)过程以油脂为热量传递介质,可快速去除原料表面的水分并使原料内部的水分迅速外移，同时伴随油脂与原料之间的物质交换，从而赋予产品特有的色泽、风味和口感品质。国外在煎炸用油类型、油煎条件、原料品质对牛排、猪肉、牛肉、大马哈鱼、鳕鱼等产品的脂肪含量、微生物种类与数量(如大肠杆菌、李斯特菌、沙门氏菌)、含水量、风味特性等方面的影响开展了较深入的研究，国内有关油煎/油炸在调理鱼制食品方面的报道相对较少。此外，不得当的煎炸条件也可能对产品品质产生一些不良影响，如可能增大原料或产品产生极性物质、热氧化产物等具有潜在有毒有害物质的风险。

5.3.3　质量控制

调理食品的质量控制包括从原料到产品及后续的贮藏、运输、销售等全过程，需要依据相应法律法规，采用合理的控制指标和控制方法，制定科学的控制措施。危害分析与关键控制点(hazard analysis and critical control point, HACCP)是建立在良好操作规范(GMP)和卫生标准操作程序(SSOP)基础之上的一种预防性质量控制体系；该体系通过对影响食品安全性的重要/潜在危害进行鉴别、评定，使食品加工生产从传统的以终产品检验为主转变为生产过程中的提前预防与控制，最大限度地减少或降低食品污染与食品危害因素，从而充分保证食品安全，也是目前公认的食品安全自我控制最经济、最有效的手段之一。该方法在国内外得到了广泛而成熟的运用，质量控制与保证效果显著；因此，根据调理脆肉鲩制品的具体加工工艺，在严格遵循良好操作规范和卫生标准操作程序基础上，在调理脆肉鲩制品加工过程中建立和实施 HACCP 体系，按照 HACCP 体系的七大原理实施有效监控，将能有效预防、控制或降低调理脆肉鲩制品生产过程中可能出现的危害，保障产品卫生安全质量。

5.4　调理制品加工实例

目前，脆肉鲩多以冷冻脆肉鲩或直接包装方式出售，这会在一定程度上造成肉品的脆性品质下降。一些国内学者在尽量保持脆肉鲩肉质脆性的前提下，尝试以其为原料制作成调理制品；并通过采用定性描述和定量分析的方法对脆肉鲩调理食品的感官品质、营养品质进行了评价，为调理脆肉鲩的产品开发和品质改良做了有益探索。

目前，对脆肉鲩调理产品的品质评价多采用感官评价方式测定，具体评价项目依据产品制作过程所用配辅料对产品感官品质的影响而定，主要包括色泽、滋味(鱼肉味、咸甜味、腥味)、口感(油腻感、湿润感)、组织状态等，可参见表 5-2。

表 5-2 脆肉鲩调理产品感官评分标准

感官指标		定义	评分项(采用 5 点评分制)
颜色		实际颜色的深浅程度，如亮红色	1～5 分
气味	香味	没有品尝之前鼻腔感觉到的香气	1～5 分
	肉味	该种鱼特有的鱼肉味，而不是腥味等其他味道	1～5 分
风味	辣味	在人的口腔中引起的刺激性灼热感	1～5 分
	咸味	基本味之一	1～5 分
	甜味	基本味之一，由蔗糖引起的感觉	1～5 分
质地	弹性	牙齿咬压样品感受到的反弹力大小	1～5 分
	刚度	用筷子将样品取下的难易程度	1～5 分
	多汁性	当样品被咀嚼时释放出来的水分多少	1～5 分
余味	灼热感	由一些特定物质，如红辣椒中的辣椒素或黑胡椒中的胡椒碱，引起的口腔中的灼烧感	1～5 分

【实例一】 脆肉鲩鱼干

1. 加工工艺流程(图 5-2)

原料鱼 ⟶ 清洗 ⟶ 预处理 ⟶ 漂洗 ⟶ 原料修整 ⟶ 浸洗 ⟶ 切块

成品 ⟵ 烘烤 ⟵ 风干 ⟵ 煮沸收汁 ⟵ 配料 ⟵ 浸洗

图 5-2 脆肉鲩鱼干加工工艺流程

2. 操作要点

浸洗：用清水浸泡两次，每次 5 min。

切块：每块大小约 1.5 cm×1.5 cm×1 cm(长×宽×厚)。

配料：以鱼肉质量为基准，配料用水量固定为鱼肉质量的 4 倍，再分别加入其他调料(食盐、白糖、生抽和料酒)后搅拌均匀。

煮沸收汁：将鱼肉块与配料汁倒入锅中，煮沸后慢火收汁。

风干：采用鼓风干燥机于 40℃下风干 6 h。

烘烤：采用 150℃烘烤 20 min。

在食盐用量、白糖用量、生抽用量单因素基础上，通过正交优化试验得到脆肉鲩鱼干加工的最优配方组合为：食盐用量 1.5%、白糖用量 4%、生抽用量 3%；此条件下制得的鱼干成品呈金黄色且色泽均匀、鱼香味浓郁、口感佳、硬度和弹性适中。

【实例二】　脆肉鲩鱼片

1. 加工工艺流程(图 5-3)

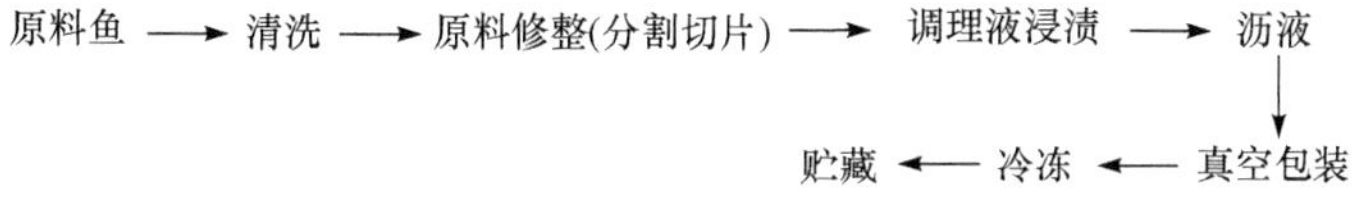

原料鱼 ⟶ 清洗 ⟶ 原料修整(分割切片) ⟶ 调理液浸渍 ⟶ 沥液

贮藏 ⟵ 冷冻 ⟵ 真空包装

图 5-3　脆肉鲩鱼片加工工艺流程

2. 操作要点

预处理：原料鱼去头、去内脏等后，清洗干净。

原料修整：将脆肉鲩分割成厚度为 0.5 cm 的规格大小、均一的鱼片。

调理液配制：用纱布将一定比例的姜、葱、洋葱、蒜包裹，加适量水煮沸 10～20 min 后冷却，然后按质量比添加食盐、白糖、醋等调味料，拌匀即得调理液。

调理液浸渍：按调理液：鱼片=1：1 或 1：2 的质量比，将鱼片放入 20℃左右的调理液中浸渍 2～4 h。

包装：浸渍好的鱼片捞出，并沥液后，进行真空包装。

冷冻：将包装好的脆肉鲩调理鱼片放在低于–20℃的温度下，使鱼片中心温度冻至–18℃以下，然后冷藏。

【实例三】　调味鱼片

1. 加工工艺流程(图 5-4)

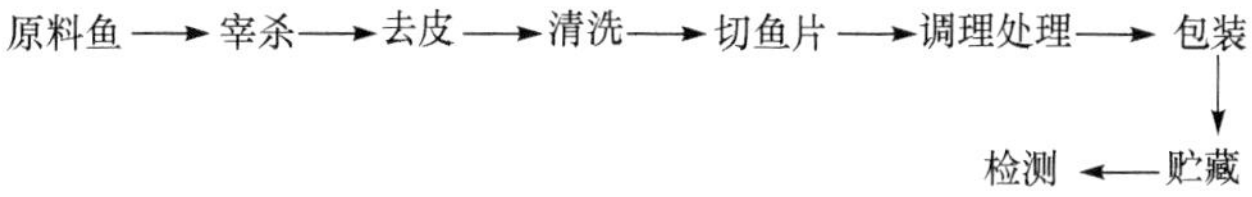

原料鱼 ⟶ 宰杀 ⟶ 去皮 ⟶ 清洗 ⟶ 切鱼片 ⟶ 调理处理 ⟶ 包装

检测 ⟵ 贮藏

图 5-4　调味鱼片加工工艺流程

2. 操作要点

切鱼片：将已用大量清水冲洗后的两片鱼肉放入无菌操作台中，无菌条件下切成 4 cm×4 cm×1 cm 规格大小均一的鱼片。

调理：按料液比 1：1.5(m/m)将鱼片置于一定比例和浓度的磷酸盐溶液(已灭菌处理)中，真空(70 mmHg，0℃)浸泡 30 min。

包装：将鱼片置于已灭菌的聚乙烯包装袋中，真空或充气包装(CO_2：N_2=7：3)。

贮藏：将包装好的调理鱼片分别于 4℃、(–1±0.5)℃下贮藏。

【实例四】　冷冻调理食品

冷冻调理食品(frozen prepared food)是冷冻食品的一个主要大类，系指以农产、畜禽、水产品等为主要原料，经前处理及配制加工后，采用速冻工艺，并在冻结状态下(产品中心温度在-18℃以下)贮存、运输和销售的包装食品；可分为生制冻结(frozen without cooking)和熟制冻结(cooked before freezing)两种,包括点心类、分割肉和肉制品类、调味配菜类等。

冷冻调理食品的一般生产工艺流程为：原料验收(关键控制点 1，CCP1)→解冻→清洗切片(块)→预煮烹调(CCP2)→预冷→真空包装(CCP3)→速冻金属检测(CCP4)→成品→冷冻库。

1. 加工工艺流程(以冷冻调理脆肉鲩鱼片制作为例，图 5-5)

原料暂养→预处理→脱腥腌制→真空包装→浸渍冻结→金属检测→成品→冷冻库

图 5-5　冷冻调理脆肉鲩鱼片加工工艺流程

2. 关键参数及操作要点

(1)原料暂养及预处理：选用鲜活脆肉鲩,将原料脆肉鲩在 1∶2(w∶v)的冰水混合物中麻痹 30 min 后，将脆肉鲩放血 1 h 后进行剖杀、去刺、清洗，处理成每片约 0.1～0.2 cm 厚度的鱼片。

(2)脱腥腌制：鱼片腌制时间为 10 min，鱼片与腌制液质量比为 1∶4，腌制液配方为 10%的食盐和 0.2 g/L 的紫苏水提物。

(3)真空包装：将腌制好的鱼片滤干后装入真空包装袋，在真空度≥0.09 MPa的真空条件下封口。

(4)浸渍冻结：将真空包装好的鱼片置于-40℃低温冷冻液中浸渍冻结，冷冻液成分及质量分数比例为 40%乙醇、10%丙二醇、10%食盐、5%甜菜碱，冻结时间为 8 min，鱼片中心温度为-18℃。

(5)金属检测和贮藏：将冻结好的鱼片进行金属检测,检测无问题后置于-18℃的冷库中进行冻藏。

参 考 文 献

胡飞华. 2010. 梅鱼鱼糜超高压凝胶化工艺及凝胶机理的研究. 杭州: 浙江工商大学.

蓝蔚冰, 奚贵力, 韩鑫, 等. 2019. 微波熟制制备近江牡蛎酸辣型调理食品研究. 中国调味品, 44(12): 69-72.

李琳, 潘子强, 魏晓雅, 等. 2013. 靶向抑菌技术在冷链脆肉鲩鱼片中的应用. 中国食品学报, 13(9): 139-146.

刘冰, 吴继红, 杨阳, 等. 2016. 超高压技术在调理食品中的应用研究进展. 食品工业, 37(5): 263-266.

刘洪亮, 张庆玉, 王颖, 等. 2015. 不同鱼糜对鱼滑加工品质的影响. 食品研究与开发, 36(18): 35-38.

苏晨. 2018. 脆肉鲩调理食品的开发及品质控制的研究. 大连: 大连工业大学.

苏瑞华. 2019. 脂肪酶对鲶鱼鱼糜凝胶特性的影响及机制. 无锡: 江南大学.

闫宇. 2019. 基于多尺度波谱技术的冷冻鱼糜蛋白变性机理研究. 上海: 上海海洋大学.

颜桂阜. 2012. 冷藏鳙鱼调理食品加工工艺研究. 无锡: 江南大学.

张愍, 王丽萍. 2012. 调理食品杀菌技术研究进展. 食品与生物技术学报, 31(8): 785-792.

张诗雯. 2019. 芹菜对鱼糜制品凝胶品质及体外消化特性的影响. 锦州: 渤海大学.

张树峰, 陈丽丽, 赵利, 等. 2019. 不同解冻方法对脆肉鲩肉品质特性的影响. 河南工业大学学报(自然科学版), 40(3): 56-62.

周航, 刘斌, 岳文亮, 等. 2017. 超高压技术在预制调理食品生产中的应用研究进展. 包装与食品机械, 35(2): 47-51.

周巍, 王志江, 吴小勇, 等. 2020. 脆肉鲩鱼干加工工艺研究. 科学养鱼, (1): 73-74.

朱志伟, 李汴生, 阮征, 等. 2008. 冷冻贮藏过程中包装处理对脆肉鲩鱼片品质的影响. 食品与发酵工业, 34(4): 137-141.

Hovda M B, Sivertsvik M, Lunestad B T, et al. 2007. Characterisation of the dominant bacterial population in modified atmosphere packaged farmed halibut(*Hippoglossus hippoglossus*) based on 16S rDNA-DGGE. Food Microbiology, 24(4): 362-371.

第6章　脆肉鲩的烹调加工技术

6.1　烹调制品概述

6.1.1　脆肉鲩的原料特点

脆肉鲩，因其鱼肉肉质结实、清爽、脆口，且耐煮不烂、肉味清香可口，而得名"脆肉鲩"。脆肉鲩，并非什么新的物种，正是我们常见的四大家鱼之———鲩鱼的"变种"，通过特定的喂养方式生产出的具有特殊生物特性（如"脆""嫩""有嚼劲"）的鲩鱼。

"脆肉鲩"同属于鲩鱼，但是脆肉鲩颜色较鲩鱼略为金黄、体型较大。作为烹调原料来说，原料整体体现为：脊骨坚硬，肉质紧密、爽脆软滑、带有嚼劲、肉丝韧性大等特点。

脆肉鲩最大的特点就是"脆"，这是广东人对它的直观印象，而所谓的"脆"，是指肉质爽脆，有嚼劲，这是其区别于其他淡水鱼类食材的主要赏味点。由于特殊的活水养殖及饲料投喂模式，脆肉鲩的肉质硬度、弹性、黏度等各项指标均高于同等鱼类。肉质胶原蛋白含量较高，肌肉间质较厚，蛋白质含量较高，使得其在肉质口感上既爽脆又有嚼劲，不像其他鱼类肉质受热容易松散开来，具有不易煮烂的特点；同样特殊的养殖方式使得其细小纤维数同比增多，让脆肉鲩肉质口感在爽脆的同时又保留了鱼肉本身的细腻嫩滑。

不仅如此，脆肉鲩本身还具有非常高的营养价值。虽然其在营养成分的组成上与鲩鱼基本一致，但是鱼肉中的必需氨基酸含量、蛋白质含量均高于鲩鱼，甚至高于大部分鱼类，并且肉中鲜味氨基酸含量约为 6.61 g，占氨基酸总量的 39.70%，使脆肉鲩鱼肉味道鲜美。

6.1.2　脆肉鲩的烹调特点及加工方法

脆肉鲩在肉质上具有"脆""嫩""有嚼劲"的特点，体型相对较大，一般上市规格可达到 5 kg 以上，因此，在烹饪中需要特殊的烹调方式，不能采用与鲩鱼甚至其他普通鱼类一样的烹调方式，否则容易出现煮不烂、嚼不动，吃起来的感觉就像吃橡胶，难以下咽。

1. 刀工化整为件，火候讲究时效

中国传统烹调文化，对于鱼类，自古讲究全须全尾的大圆满意境。但这一准则在脆肉鲩的处理方面却行不通。因为脆肉鲩的体型较为硕大，体重基本上高于5 kg。如果采用全鱼进行烹饪，时间会比较长，而且会导致外硬内嫩的现象，同时，很难一次性将整条鱼吃完。这种情况在大型鱼类中普遍存在，一般采用分割部位多样化烹饪。另外，脆肉鲩由于特殊肉质的原因，不能长时间烹煮，因为肌肉中含有较高的胶原蛋白，一旦长时间加热，容易硬化变韧，煮不烂，嚼不动，影响食用。因此，脆肉鲩常用起片蒸、切块焖、火锅涮的烹调方法，化整为件。

烹饪水产品特别是鱼类食材，火候非常讲究。脆肉鲩由于其自身胶原蛋白含量较高，烹调不当易出现肉质过老，咬不动，嚼不烂，因此烹调脆肉鲩需要严格掌握烹调的时间和火候。例如，"会吃"的广东人为了确保每片脆肉鲩烹调火候都是恰到好处，经常将鱼肉改刀切单飞片或蝴蝶片，每块厚度在 3 mm 左右，用于"打甂炉"（火锅），并严格控制每片鱼肉氽烫的时间不超过 10 s，非常讲究烹调的时效性，最大限度保持了鱼肉的鲜与嫩。

2. 烹调技法多样，菜肴种类丰富

在烹饪中，鱼类食材的营养价值很高，可运用多种烹调方法，通过不同食材的搭配，呈现不同的菜肴造型、菜肴种类。

在烹调鱼类原料时，由于大部分鱼类原料水分含量占到一半以上，决定了鱼类具有肉质鲜嫩、烹调时易成熟的特性。另外，鱼类还有一种特殊的呈鲜物质为氧化三甲胺，氧化三甲胺极不稳定，在鱼死后体内的氧化三甲胺将不断地被还原为三甲胺，从而使鱼类带有腥味。随着鱼新鲜程度的不断降低，鱼体内的三甲胺成分就会随之增加，腥味则会加大。因此在烹调中鱼类原料需要做到去腥、留鲜、速烹等要求。

从外形上看，脆肉鲩的外形相比普通鱼类并没有什么特别的地方，烹调方式和呈菜模式与其他鱼类也没有太大的区别，但是，由于生长环境及长期的运动，其肉质已经产生明显的变化。长到近 5 kg 的脆肉鲩，具有皮爽肉脆、肉质极富弹性、脊骨坚爽、鱼味鲜甜的特点。因此在了解了鱼类的相关烹调特性后，结合脆肉鲩自身特点，脆肉鲩一般可采用的烹调方式有灼、煮、蒸（炊）、煲、浸、泡、炒、炸、焖、扒、拌等。在运用这些烹调技法的时候，有两个共同的特点及要求，一是都尽可能地缩短烹调时间，保持鱼肉的新鲜嫩滑；二是采用各种菜品保护及优化加工工艺，如挂糊、上浆等方式，尽量减少鱼肉的直接受热，保持肉质的水分不流失，确保鲜嫩爽滑。

根据脆肉鲩自身肉质特点、不同部位品质区别，运用不同的烹调技法，配搭

不同的食材原料，可以制作出多种丰富美味的佳肴，如水煮鱼片、油泡鱼片、橄榄糁煮鱼头煲、砂锅鱼腩煲、凉拌鱼皮、椒盐鱼方、小米粥油浸鱼片、菜汁烩鱼片、豉汁蒸鱼片、蒜香鱼粒、原味鱼生、翠竹鱼米、鱼鳔白菜煲等。

6.2　烹调制品加工技术

6.2.1　脆肉鲩初加工的基本要求

各类水产品的加工方法不尽相同，对脆肉鲩来说，在初加工过程时，应符合以下基本要求。

1. 除尽污秽杂质，满足食品卫生要求

鱼类水产品一般带有黏液、寄生虫，部分还带有毒腺体，含有毒物质。初步加工后，水产品大多带有血污或被内脏污物污染，这些都会影响菜肴质量和卫生，甚至危及食用者的安全。因此，必须注意清除污秽杂质，确保成品良好的卫生状况，切勿弄破鱼胆。

2. 按品种特点和用途，选择正确的加工方法

不同水产品或同一类原料因品种或用途不同，加工方法就有可能不同。例如脆肉鲩，根据不同部位的特点选择有效的烹调方式，如鱼肉可以用来炒、蒸；鱼头可适用于焖、煲等；同时根据菜品要求或烹调方式的不同，如用于蒸或焖，采用的刀工方式也不同。所以在对脆肉鲩进行加工前，既要因料施烹，也要随菜选料。若盲目加工，既不能满足菜式要求及烹调的需要，还有可能造成原料的浪费及菜品质量的下降。

3. 注意刀工的规整及菜肴成型的整齐美观

脆肉鲩加工过程中，一要保证水产品形状的整齐与美观，如刀口光滑、肉面要平滑、外形要完整，净料要干净不带血污；二要使水产品在正常烹制情况下成形美观。这一点主要靠下刀部位准确、刀工大小恰当等方面来保证。

4. 合理选用原料，做到物尽其用

由于脆肉鲩自身品质特点，加之成品鱼原料体形硕大，除顾客特殊要求之外，应当熟悉原料各部位的品质特点、规格要求，合理地利用原料，做到物尽其用。

6.2.2　脆肉鲩初加工的方法(图 6-1)

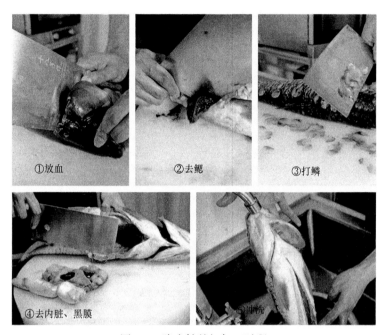

①放血　　　　②去鳃　　　　③打鳞

④去内脏、黑膜　　　　⑤清洗

图 6-1　脆肉鲩的初加工过程

1. 放血

放血的目的是使鱼肉洁白无血腥味，主要包括鳃口放血法和鱼尾放血法。

(1)鳃口放血法：左手将鱼按在砧板上，令鱼腹朝上，右手持刀，在鱼鳃的鳃盖口下刀，刀顺滑至鱼鳃，切断鳃根，随即放进水盆中，让鱼在水中挣扎，将血流尽死亡。

(2)鱼尾放血法：先斩鱼尾部，随即将鱼头斩下，把水管插进鱼喉，通水后，鱼血便随水从鱼尾冲出。

以上两种放血方式，可有效通过鱼自身的活动，促使鱼体内血液排出，避免因为脆肉鲩宰杀后，血液排不出凝结于体内，造成鱼肉洁白度不够及血液残留导致的腥味重。

2. 去鳃

鱼鳃，既腥又脏，烹调前初加工必须去除。去鳃时，一般可用刀尖或剪刀剔剪，也可以用手挖出，还可以采用坚实的筷子或竹枝从鳃盖中或口中将其拧出。

3. 打鳞

脆肉鲩去鳞，可选用菜刀刀背、鱼鳞刨刀、电动鱼鳞刨刀等，从鱼尾部向头部刨出或刮出鱼鳞。打鳞时，不可弄破鱼皮，特别是刀刮鱼鳞时更要注意。由于脆肉鲩体大鳞厚，用刀打鳞时精神要集中，注意安全，因为打鳞时是逆刀刮鳞，极容易伤及按鱼头的手，打鳞时可用毛巾裹手或带上棉手套，按压住鱼身，避免打鳞过程手部受伤。鱼鳞要打干净，尤其是尾部、头部或近头部、背鳍两侧、腹鳍两侧等部位，避免留有鱼鳞。

4. 取内脏

鱼类取内脏有三种方法：开腹取脏法（腹取法）、开背取脏法（背取法）、夹鳃取脏法，但由于脆肉鲩成鱼巨大，一般采用开腹取脏法的方式进行处理。即在鱼的胸鳍与肛门之间直切一刀，切开鱼腹，取出内脏。

5. 洗涤整理

作为淡水鱼类，脆肉鲩取内脏后，需继续刮去黑腹膜、鱼鳞等污物，整理外形，用清水冲洗干净。到此为止，初步加工才基本完成。

6.2.3 脆肉鲩烹调中肉质的优化和保护

优化和保护加工工艺是指在原料表面加上一层外壳或保护膜，使原料加热时的水分与风味物质、营养物质得到保护的加工工艺，餐饮业内一般称之为"着衣"。常见的包括"上浆""挂糊""拍粉""勾芡"等。这些加工工艺是对菜肴的优化保护处理，对菜肴的色、香、味、形以及营养，发挥着极其重要的作用。

脆肉鲩肉嫩滑爽脆，长时间加热易老韧，在烹调前需对肉质进行一定的保护和优化等预制处理。例如，脆肉鲩制作煎炸类菜品前，可采用拍粉、挂糊等方式；制作熘炒、水煮类菜品前，可采用上浆、勾芡等方式。

6.2.4 脆肉鲩的不同烹调方式及加工实例

【实例一】 水煮脆肉鲩

主料：脆肉鲩鱼肉（带骨）800 g。

辅料：芫荽 50 g，干淀粉 30 g，鸡蛋 1 个，黄豆芽 200 g，葱 2 根，姜 50 g，蒜片 15 g，鱼汤适量。

调料：盐 10 g，花椒 20 g，干辣椒 15 g，香叶 3 片，郫县豆瓣 40 g，清油 200 mL，酱油 15 mL，味精 1 g。

制作工艺：

(1)脆肉鲩洗净，鱼肉切成蝴蝶片（即第一刀不切断，第二刀再切断，厚度约 0.5 cm），把剩下的鱼排、骨剁成几块。

(2)将鱼片用少许盐、料酒、淀粉和一个蛋的蛋白抓匀，腌 15 min（鱼排、鱼骨另装盘，用同样的方法腌制）。

　　(3)锅中加少许底油，放入 5 个干辣椒炒香锅底，放入黄豆芽，加盐炒熟，放入容器底部。

　　(4)炒锅中加油，油热后，放入豆瓣爆香，加姜、蒜、葱、辣椒粉、一半花椒粒及干辣椒中小火煸炒。出味后加入鱼排、鱼骨，转大火，翻匀，加料酒和酱油、胡椒粉、白糖适量，继续翻炒片刻后，加一些鱼汤，同时放盐和味精调味。待水开，保持大火。将鱼片放入，用筷子拨散，3～5 min(约 8 成熟)即可关火。把煮好的鱼及全部汤汁倒入刚才盛豆芽的大盆中。

　　(5)另起一锅，倒入食油(以倒入大盆中时，把鱼和豆芽全部淹没为准)。待油热后，加入剩余的花椒、香叶、干辣椒，用小火慢慢炒出花椒和辣椒的香味，以免炒煳。辣椒颜色快变时，立即关火。

　　(6)把锅中的油及花椒、辣椒一起倒入盛鱼的大盆中，淋在鱼肉上，撒上葱花，放上芫荽即可。

　　【实例二】　脆肉鲩鱼头奶汤

　　主料：脆肉鲩鱼头(约 1000 g)1 个。

　　辅料：娃娃菜 200 g，姜 10 g，葱 2 根，芫荽 1 根，鱼骨 100 g，枸杞 20 g。

　　调料：盐 4 g，味精 3 g，胡椒粉 4 g，麻油 20 mL，清汤 800 mL。

　　制作工艺：

　　(1)洗净鱼头，用刀将鱼头先开成两半，去鳃，斩上花刀，控干血水，放入干净的碗中，腌上盐 1 g，备用。

　　(2)姜切片，葱白切断，芫荽切段，娃娃菜直刀一开四，备用。

　　(3)锅下油烧热，将鱼骨洗净下锅，煎至金黄，下清汤，猛火熬制汤汁奶白，滤除骨渣，留奶汤待用。

　　(4)热锅下油，放入姜片和鱼头，鱼头先煎正面，后煎背面，大火煎至表面稍稍金黄，放入葱段、奶汤、娃娃菜，下味精和少许盐调味，大火煮开保持沸腾状态 5 min 后转小火，根据具体咸淡再次调入食盐、胡椒粉、麻油、枸杞即可出锅。

　　(5)将娃娃菜至于碗底，鱼头放于菜上，倒入奶汤，放上芫荽即可。

【实例三】　砂锅鱼腩煲

主料: 脆肉鲩鱼腩 800 g。

辅料: 大蒜 8 瓣, 姜 80 g, 葱 2 根, 红葱头 5 个, 芫荽 15 g, 辣椒 10 g。

调料: 蚝油 30 mL, 酱油 25 mL, 糖 3 g, 盐 2 g, 花雕酒 100 mL, 胡椒粉 10 g。

制作工艺:

(1)蒜头去皮, 葱切段, 辣椒切圈, 姜切大片, 红葱头洗净。

(2)鱼腩洗净, 切大块, 控干水, 放盐、油、糖、酱油、蚝油、胡椒粉、葱、姜 30 g、花雕酒 50 mL, 腌半小时。

(3)砂锅烧热, 放少许油, 将姜片、蒜、葱放入煸至出香味后, 平铺在锅底, 垫上竹篾。

(4)将腌好的鱼腩段平摆入锅, 盖上砂锅盖, 中火煲 6 min 后, 开盖撒入葱段、辣椒, 在锅边淋上剩余 50 mL 花雕酒, 再盖上锅盖转小火煲 2 min, 开盖放上芫荽即可。

【实例四】　鱼鳔白菜煲

主料： 脆肉鲩鲜鱼鳔 12 个（约 200 g）。

辅料： 干贝 30 g，白菜 500 g，姜 30 g，水发香菇 10 g，芫荽 20 g，红椒 1 个。

调料： 盐 5 g，味精 2 g，麻油 20 mL，胡椒粉 10 g，蚝油 10 mL，上汤 150 mL。

制作工艺：

(1)鱼鳔每个切成 4 段，洗净。生姜切片，白菜和芫荽切大段，辣椒切角。

(2)热锅下油，将香菇、姜下锅爆香，加入鱼鳔、辣椒、干贝炒匀，调入上汤、盐、味精、蚝油焖煮收汁。

(3)另起砂锅倒油烧热，放下切好的白菜，和剩下的姜片铺底，再把炒好的鱼鳔倒入砂锅，加盐和味精拌匀，小火煲 5 min，加入芫荽段，撒上胡椒粉，加些麻油即可。

【实例五】　滑炒双脆

主料： 脆肉鲩鱼肉 300 g。

辅料： 嫩西芹 150 g，胡萝卜 100 g，葱 15 g，姜 20 g，鸡蛋 1 个。

调料： 盐 7 g，味精 5 g，胡椒粉 8 g，麻油 10 mL，湿淀粉 30 g。

制作工艺：

(1)鱼肉切片，加入盐 3 g、味精 2 g、胡椒粉 5 g、湿淀粉 10 g、蛋清、葱姜，腌制 10 min。

(2)西芹撕去老筋，切菱形片，胡萝卜切菱形片。

(3)锅中放水烧开，胡萝卜、西芹焯水至熟，滤干水分待用。

(4)热锅下油，烧至四成油温后，倒入鱼片，迅速播散，炸至鱼片微卷，约八成熟迅速捞出。

(5)把剩下的盐、味精、胡椒粉、麻油和湿淀粉混合调成碗芡。

(6)热锅冷油，将胡萝卜、西芹放入锅中快速翻炒，再放入鱼片，倒入碗芡翻炒出锅，装盘即可。

【实例六】　凉拌鱼皮

主料：脆肉鲩鱼皮 200 g。

辅料：红椒 10 g，芫荽 40 g，蒜头 50 g，姜 10 g，葱 20 g。

调料：味极鲜 20 mL，麻油 30 mL，辣椒油 15 mL，料酒 40 mL，芥辣 3 g，白糖 10 g。

制作工艺：

(1)取脆肉鲩鱼皮，去肉刮净，加入盐、姜葱、料酒揉搓，腌制 10 min，洗净待用。

(2)起锅煮水，沸水下鱼皮迅速焯熟，约 15 s 捞起，入冰水冰镇冷却。

(3)蒜头切片，红椒切丝，芫荽梗和叶分离，梗切段，叶切碎；加入味极鲜、麻油、辣椒油、白糖、芥辣等和匀成腌料，鱼皮切丝，拌入腌料和匀即可。

【实例七】　橙汁玉米鱼

主料：脆肉鲩鱼肉(约 800 g)。

辅料：姜 30 g，葱 3 根，鸡蛋 1 个，干淀粉 60 g，上海青 2 颗。

调料：盐 3 g，白糖 30 g，白醋 15 mL，料酒 20 mL，橙汁 100 mL。

制作工艺：

(1)将鱼肉洗净，剔骨，在鱼肉上剖上十字花刀，刀至鱼皮处不断，放入盐、姜、葱、料酒、蛋清腌制 10 min。

(2)上海青洗净去叶留头去芯，切成玉米外皮形状；下锅焯水焯熟待用。

(3)取出鱼肉，去除姜葱，控干水分，拍上干淀粉。

(4)油温烧至七成热，手提鱼肉，拍去多余干淀粉，用勺往鱼肉上淋热油，定型后放入鱼炸至金黄，盛出待用。

(5)锅内加入 50 mL 水，放入白糖 30 g、白醋 15 g、橙汁 100 mL 煮制收汁待用。

(6)将炸好的玉米鲩鱼装盘淋上橙汁，盖上上海青，形似玉米，即可。

【实例八】　蒜香鱼粒

主料： 脆肉鲩鱼排 500 g。

辅料： 蒜头 5 瓣，干淀粉 20 g。

调料： 盐 6 g，白糖 3 g，胡椒粉 3 g。

制作工艺：

(1)蒜头去头去尾，一半切蒜片，一半剁成蒜蓉，备用。

(2)鱼排切成鱼丁，大小约 2 cm×2 cm。

(3)放入盐、白糖和蒜蓉，抓匀腌制鱼丁 5 min。

(4)将蒜片放入 140℃的油中，炸至蒜香溢出，颜色呈浅金黄色，捞出沥干油待用。

(5)用淀粉把腌制好的鱼丁抓均匀，将鱼丁放入大约 170℃的油中，炸至表皮酥脆略带焦黄捞起，沥干油待用。

(6)热锅加油，倒入炸好的鱼粒和蒜片，加上胡椒粉翻拌均匀即可装盘。

【实例九】　吉列鲩鱼排

主料：脆肉鲩鱼肉 300 g。

辅料：鸡蛋 2 个，淀粉 100 g，面包糠 200 g，姜 5 g，葱 10 g，白砂糖 10 g。

调料：盐 3 g，味精 2 g，料酒 10 mL，吉士粉 100 g，橙汁 20 mL，白醋 20 mL。

制作工艺：

(1)脆肉鲩洗净后取肉，然后采用斜刀法片出长约 5 cm、宽 5 cm、厚度 0.5 mm 的鱼片。

(2)把脆肉鲩放在大碗里，加入姜、葱、酒、味精、盐、蛋液腌制 10 min 后，沾上面包糠，面包糠要压紧，避免炸的过程中面包糠散落。

(3)油温四五成下锅，刚下锅尽量不要翻动，避免面包糠脱落，炸制鱼排金黄即可。

(4)在锅中加入一勺水，加入吉士粉、白砂糖后等水开后勾芡，然后加入白醋、橙汁，调味至口感适合后，起锅加入酱碟中。

【实例十】　豆豉蒸脆鲩

主料：脆肉鲩鱼肉 300 g。

辅料：红椒 10 g，姜 30 g，葱 30 g，淀粉 5 g。

调料：豆豉 15 g，食盐 1 g，料酒 5 mL，蒸鱼豉油 10 mL，蚝油 10 mL。

制作工艺：

(1)鱼肉洗净，斜刀切成均匀的鱼片；葱白切段，葱绿切珠。

(2)把鱼片放入碗中，放入葱白、姜片，调入少许盐、料酒、豆豉、蒸鱼豉油、蚝油、淀粉水抓匀，腌制半小时，去除葱姜后装盘。

(3)上蒸笼，蒸 8 min 左右至鱼片熟透。

(4)出锅后拿掉表面的姜葱，撒上切好的葱末和红椒末，然后起锅热油，待油冒烟时，均匀浇在鱼片上即可。

【实例十一】　剁椒蒸鲩鱼头

主料：脆肉鲩鱼头 1 个(1000 g)。

辅料：生姜 5 g，葱花 15 g，剁椒 100 g。

调料：白糖 10 g，胡椒粉 3 g，料酒 10 mL，蒸鱼豉油 10 mL，蚝油 10 mL。

制作工艺：

(1)鱼头洗净后去鳃，斩成两半，加少许盐、蚝油，腌制 15 min。

(2)将腌好的鱼头蒸制 6 min 后取出，淋上蒸鱼豉油和料酒。

(3)锅中下油，把生姜末放入爆香，剁椒下锅至香味出来后，放白糖、胡椒粉、盐。

(4)把炒香的剁椒均匀铺在鱼头上，放入蒸柜，再蒸6 min。

(5)出锅前撒上葱花，淋上热油即可。

【实例十二】　油泡鲩鱼片

主料： 脆肉鲩鱼肉200 g。

辅料： 芹菜珠20 g，姜5 g，葱10 g，蒜蓉20 g，白膘肉末20 g，铁脯末5 g，鸡蛋1个，辣椒10 g。

调料： 盐1 g，味精4 g，胡椒粉1 g，淀粉4 g，鱼露5 mL。

制作工艺：

(1)将脆肉鲩鱼肉起片，加入盐、味精、胡椒粉、姜、葱、蛋白、淀粉水进行腌制。

(2)锅里放油，升温至四五成油温，放入腌制好的鲩鱼片拉油至刚熟，捞出，沥干油待用。

(3)调制对碗芡：鱼露、味精、胡椒粉、淀粉水、铁脯末、芹菜珠。

(4)锅中留底油，放入蒜蓉、白膘肉末、辣椒末炒香，倒入鱼肉，加入对碗芡，快速清炒均匀后出锅，装盘即可。

【实例十三】　橄榄糁鱼头煲

主料： 脆肉鲩鱼头1个(1000 g)。

辅料： 青蒜80 g，姜50 g，葱50 g，橄榄糁80 g，辣椒30 g，芫荽30 g，上汤150 mL。

调料： 盐2 g，味精2 g，胡椒粉1 g，麻油3 mL，淀粉5 g。

制作工艺：

(1)鱼头去鳞去鳃，斩件，加入少许淀粉水、盐、味精、姜、葱腌制待用。

(2)青蒜取茎部切段，辣椒切角，芫荽切段，待用。

(3)热锅下油，鱼头下锅快速拉油后捞起，沥油冲水去除油沫。

(4)将鱼头砌入砂锅，加入橄榄糁、上汤、蒜段，中火熬煮5 min后，用盐、味精、胡椒粉调味，滴上麻油，叠上芫荽即可。

【**实例十四**】　原味鱼生

主料：脆肉鲩鱼肉（活鱼取肉）300 g。

辅料：白萝卜丝 40 g，九层塔（罗勒）15 g，芫荽段 30 g，辣椒丝 30 g，姜丝 30 g，葱白丝 20 g，蒜片 30 g，芹菜段 40 g 等。

调料：芥末酱油，生蘸料（南姜末、芝麻酱、花生碎、麻油、芝麻、蒜油等）。

制作工艺：

(1)选材少泥味的脆肉鲩最佳，用清水吊养 2 d。

(2)活鱼先剁去鱼尾，放入水中游动，直至血液流净，约 10 min。

(3)打鳞开腹，剥出鱼皮，沿着脊椎骨起出鱼肉，过程中不可碰水。

(4)鱼皮焯水约 15 s 后泡冰水，鱼肉去除腹骨及红肌待用。

(5)把鱼肉挂在通风处，风干水分，使鱼肉更加鲜美爽脆。

(6)最后细切成薄如蝉翼的小片，中间放上切好的鱼皮，摆于竹篾继续风干。

(7)食用时，搭配上香辛类辅料，配上芥末酱油及生蘸料即可。

索　引